TÉCNICAS DE UNIÓN Y MONTAJE

TÉCNICAS DE UNIÓN Y MONTAJE

Carlos Alonso Marcos

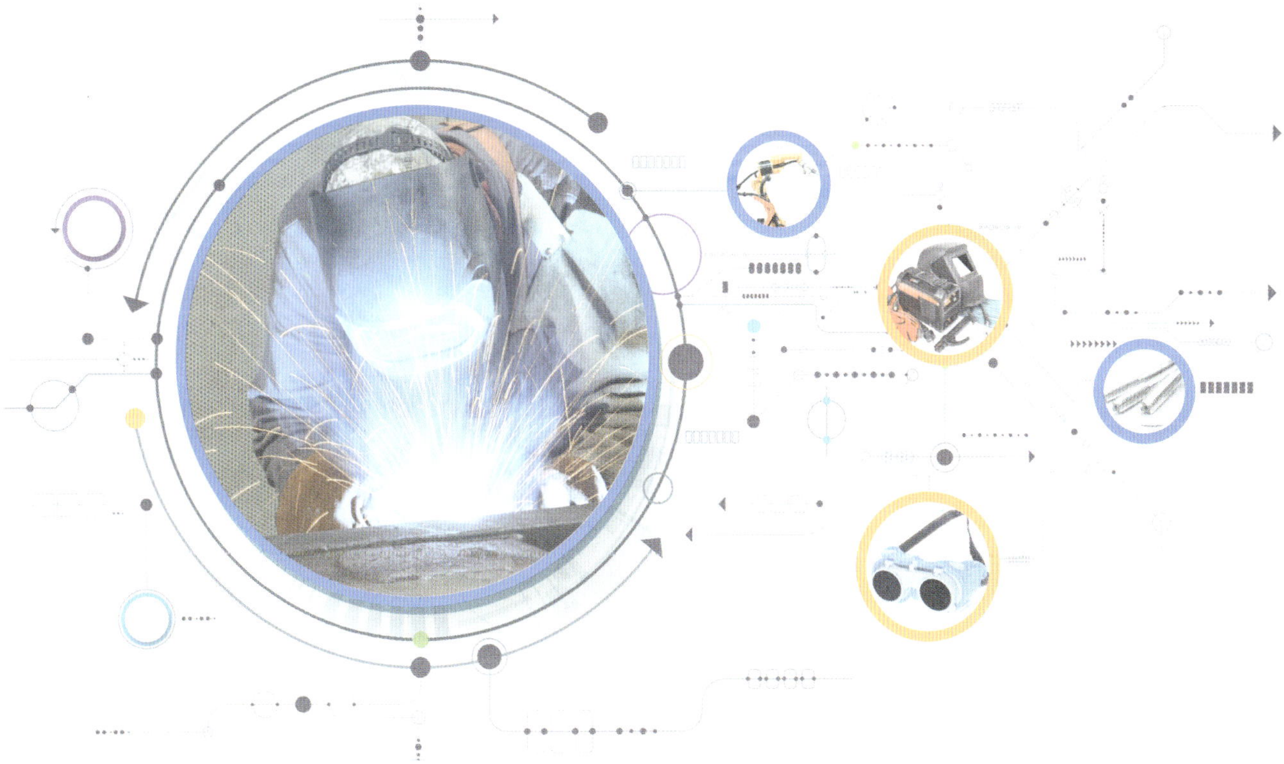

Técnico en Mantenimiento Electromecánico

Paraninfo

Paraninfo

Técnicas de unión y montaje

© Carlos Alonso Marcos

Gerente Editorial
María José López Raso

Equipo Técnico Editorial
Paola Paz Otero
Sofía Durán Tamayo

Editora de Adquisiciones
Carmen Lara Carmona

Producción
Nacho Cabal Ramos

Diseño de cubierta
Ediciones Nobel

Preimpresión
Montytexto

1.ª edición, 2022

C/ Sierra de Guadarrama 35. Naves 2, 3, 4 y 5
Polígono Industrial San Fernando II
28830 San Fernando de Henares
Teléfono: 914 463 350
clientes@paraninfo.es / www.paraninfo.es

ISBN: 978-84-1366-078-3
Depósito legal: M-10271-2022

(23.992)

Impreso en España / *Printed in Spain*

Gráficas Eujoa (Asturias)

La editorial recomienda que el alumnado realice las actividades sobre el cuaderno y no sobre el libro.

Agradecimientos

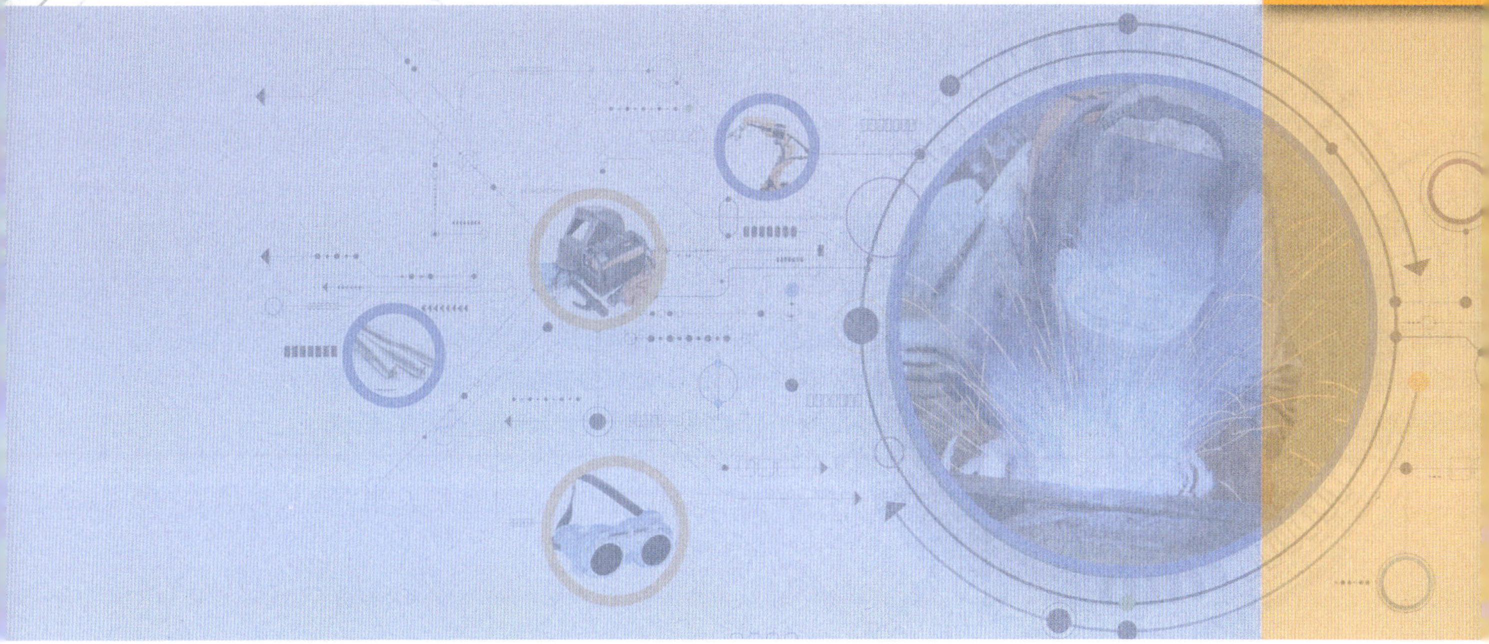

A Carmen Lara, por recordarme que no conocemos nuestro límite.

A Lucía Antón, Begoña De Aragón, Paloma Valverde, José M.ª Miguel, Beni Sánchez, Juan Carlos Sánchez y Charles Vega, mis «hermanas y hermanos mayores» que dan tanto y piden tan poco.

A Antonio Blas, que me espera para acompañarme en el Gran Viaje.

A Viador Alonso, buen trabajo padre.

A Mayte Fernández, la mejor compañera de vida.

A Darío Alonso Fernández por enseñarme a entender tantas cosas.

A todo aquel que se ha encontrado a sí mismo en un centro de formación en Soldadura.

Existe una fuerza motriz más poderosa que el vapor,
la electricidad y la energía atómica: la voluntad

Albert Einstein

No tengas miedo a hacerlo, ten miedo a no intentarlo
porque muchos de los que deambulan sin rumbo aún no están perdidos

J. R. R. Tolkien

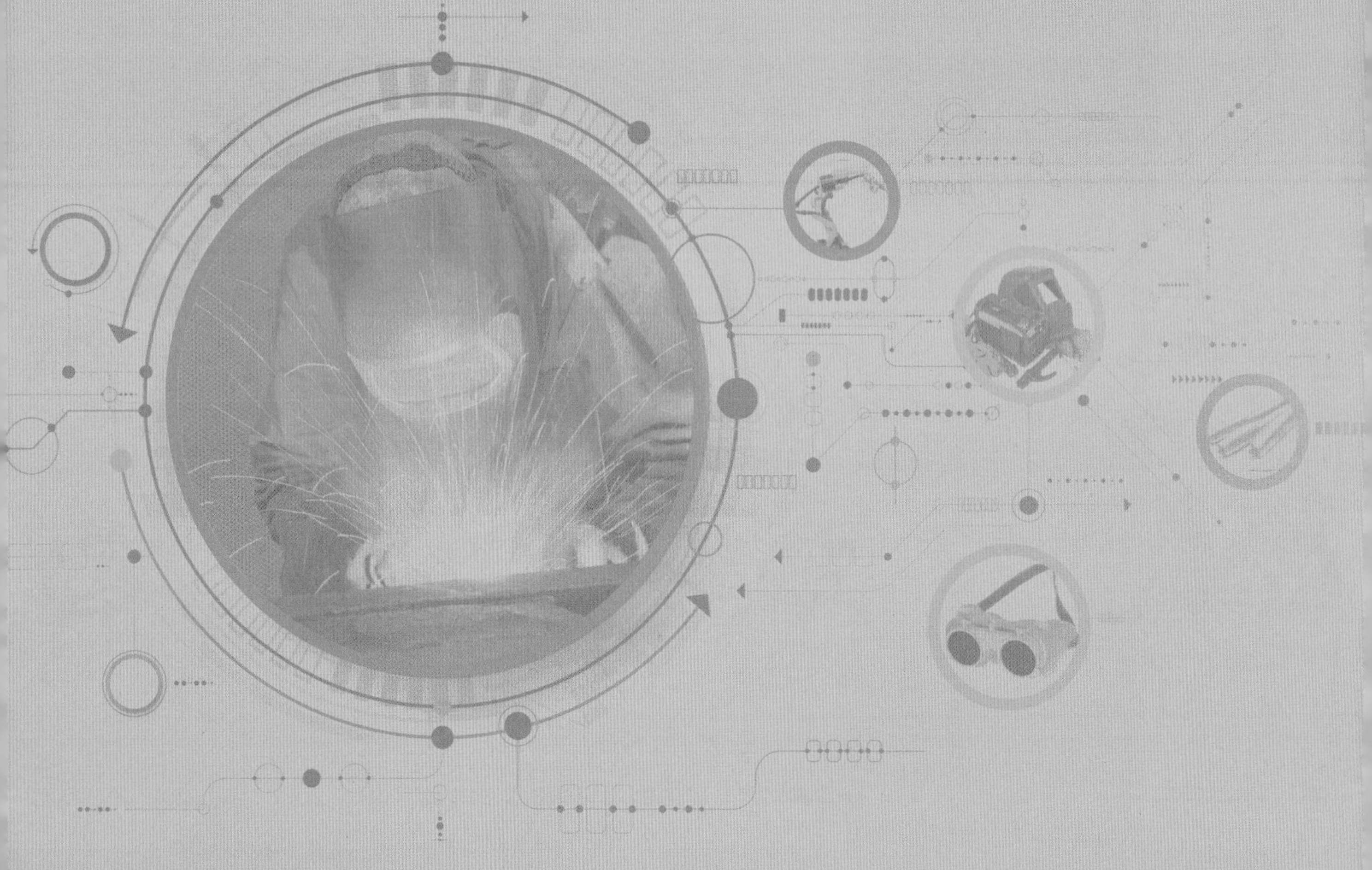

Presentación

Este libro desarrolla los contenidos del módulo profesional de **Técnicas de unión y montaje,** del Ciclo Formativo de grado medio en Mantenimiento Electromecánico, perteneciente a la familia profesional de Instalación y Mantenimiento.

Las unidades del libro se acompañan de multitud de **recursos didácticos** que ayudarán al futuro técnico a comprender la materia y acercarlo a su inminente realidad laboral:

- Numerosas ilustraciones, fotografías, esquemas y tablas.
- Gran cantidad de actividades propuestas.
- Recuadros con información complementaria.
- Mapas conceptuales finales en todas las unidades.
- Casos prácticos propuestos y resueltos al final de cada unidad.
- Actividades de comprobación de tipo test al final de cada unidad.
- Actividades de aplicación y ampliación al final de cada unidad.
- Prácticas de unión y montaje al final del libro.

Este libro dispone de los siguientes **materiales y recursos** disponibles en línea para el **profesorado** que confirme su adopción como libro de texto para impartir la materia:

- **Programación didáctica.**
- **Solucionario.**
- **Presentación en PowerPoint.**
- **Examina.**
- **LDP (Libro Digital Proyectable).**

Este libro dispone además de **materiales y recursos previo registro** disponibles en línea para el **alumnado:**

- **Prácticas de unión y montaje adicionales.**

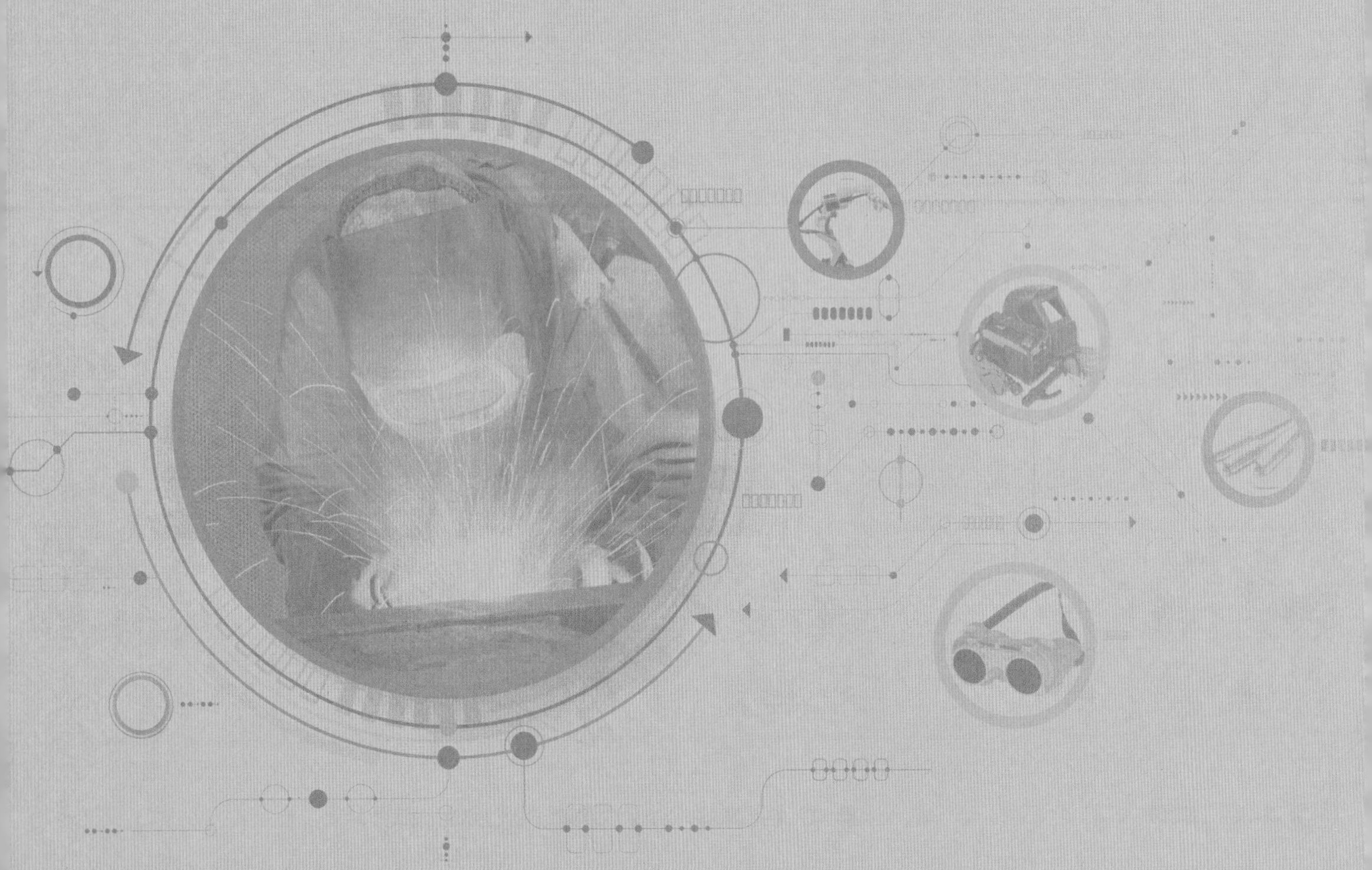

Índice

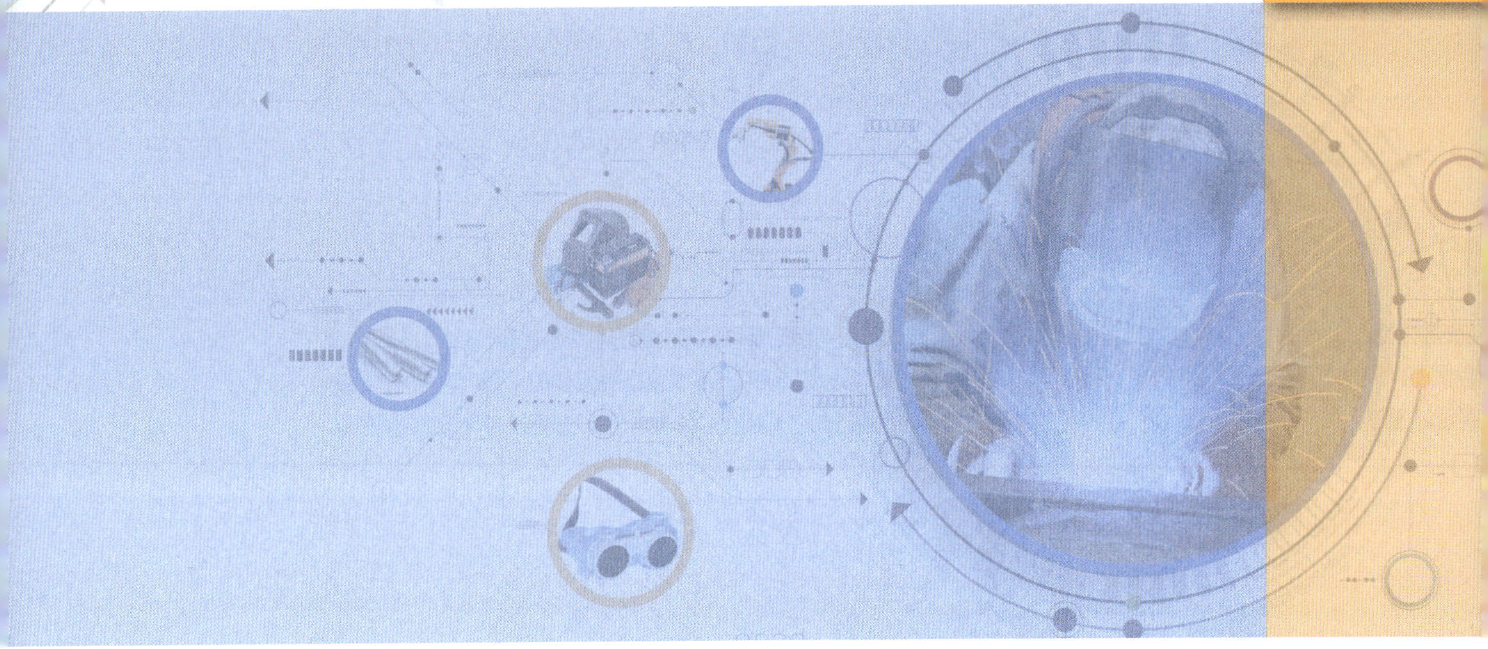

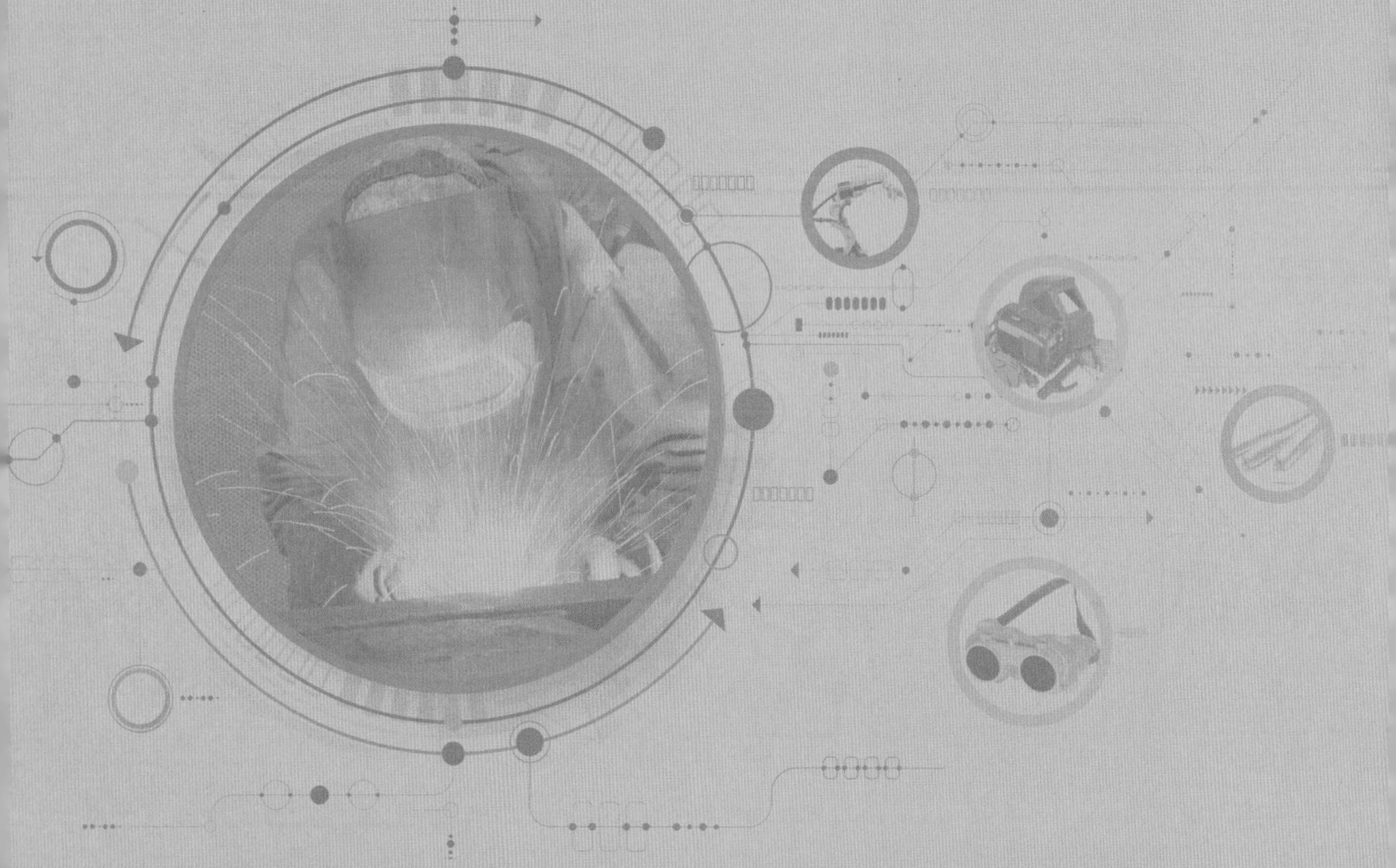

Procesos en operaciones de montaje y unión

1

En esta unidad se presentan y relacionan entre sí todas las operaciones necesarias para llevar a cabo el montaje y la unión de cualquier elemento que se pretenda fabricar. Para ello, es necesario conocer y comprender qué función desempeñan los sistemas de representación gráfica, las formas en las que están disponibles los perfiles metálicos y las herramientas usadas en el trazado, corte, montaje y unión.

Contenidos

Objetivos

- Conocer los materiales que se emplean en el montaje industrial.
- Interpretar correctamente la simbología que representa las operaciones de unión.
- Identificar los principales formatos en los que se encuentran disponibles los perfiles metálicos.
- Comprender el trazado como parte esencial del montaje y unión e implementarlo en la práctica.

1.1. Materiales y sus propiedades

Se puede definir el **montaje industrial** como el proceso que se encarga de la correcta ubicación de cada una de las piezas que conforman aquello que se quiere fabricar para posteriormente formar un todo con la ayuda de alguna técnica de unión. Todo ello siempre de acuerdo con las especificaciones técnicas, las normas de seguridad y los requerimientos del servicio que vaya a realizar el objeto a fabricar.

El montaje siempre constituye un reto, pues hay que realizarlo dentro de un plazo de tiempo limitado, y requiere ingenio para resolver las limitaciones y recursos para salir al paso de las situaciones imprevistas.

Los materiales que más se emplean actualmente en el montaje industrial son metálicos, aunque los avances de la ciencia han hecho que se les sumen otros como los polímeros, los cerámicos o los materiales compuestos que, incluso, en algún caso, están sustituyendo a los primeros.

Sabías que...

La construcción aeronáutica en sus orígenes empleaba materiales textiles y madera. Estos fueron rápidamente sustituidos por metales que en primer lugar fueron aceros, luego aleaciones de aluminio y más tarde aleaciones de titanio. En la actualidad gran parte de ellos han sido sustituidos por los materiales compuestos; en concreto, ya suponen un 50 % del total de la estructura del avión. Ejemplo de ellos son la fibra de carbono o la de vidrio, que se obtienen de la unión de dos o más materiales distintos donde uno ejerce el papel principal y el otro mejora las propiedades del primero.

El **hierro** (Fe en la tabla periódica de los elementos), en aleación con carbono (C) para formar aceros o fundiciones, es el principal elemento empleado en construcción, por presentar muy buena soldabilidad y facilidad para ser trabajado. La abundancia de hierro en la naturaleza, unida a su facilidad para ser reciclado, hace que su disponibilidad sea prácticamente ilimitada y que su precio no sufra grandes variaciones. En definitiva, es un material sostenible en lo ecológico y económico con excelentes propiedades para la construcción.

Figura 1.1. Factoría de acero industrial especializada en vigas para el sector de la construcción.

El **acero inoxidable** es una aleación de hierro – cromo – níquel (Fe, Cr y Ni, respectivamente) con una buena resistencia a la corrosión y excelente respuesta ante cargas y fuerzas. Se emplea mucho en las industrias química, farmacéutica, energética y alimentaria.

Recuerda

Una **aleación** está constituida por dos o más elementos, de los cuales al menos uno es un metal.

El **aluminio** (Al) es el tercer elemento más abundante de la Tierra. Se obtiene de la bauxita, que es una roca blanda formada principalmente por hidróxido de aluminio, y se necesita una gran cantidad de energía para su producción y refino. Gracias al reciclado se reduce la necesidad de extraerlo y, en consecuencia, aminora su impacto ambiental y demanda de energía hasta en un 90 %. Su buena resistencia en relación con su peso (tres veces menor a la del acero) hace del aluminio un material clave en sectores como la construcción naval, la aeronáutica, los recipientes de presión y las industrias automovilística, química, electrónica y alimentaria.

Figura 1.2. Accesorios de soldadura de acero inoxidable.

Figura 1.3. Perfiles cuadrados de aluminio soldados en el marco.

El **titanio** (Ti) es, junto con el aluminio, uno de los metales que conforman el grupo de las aleaciones ligeras. Es el noveno elemento (y séptimo metal) más abundante en la naturaleza; se obtiene del rutilo. El rutilo es un mineral de color rojo brillante compuesto mayoritariamente por óxido de titanio y tiene la mejor relación resistencia/peso de todos los metales (pesa un 40 % menos que el acero). Se emplea en construcción aeronáutica y espacial, en componentes para el sector de las plantas desalinizadoras, tuberías y depósitos de presión, en cirugía protésica y en el sector de la automoción.

Figura 1.4. Broca de acero recubierta de titanio.

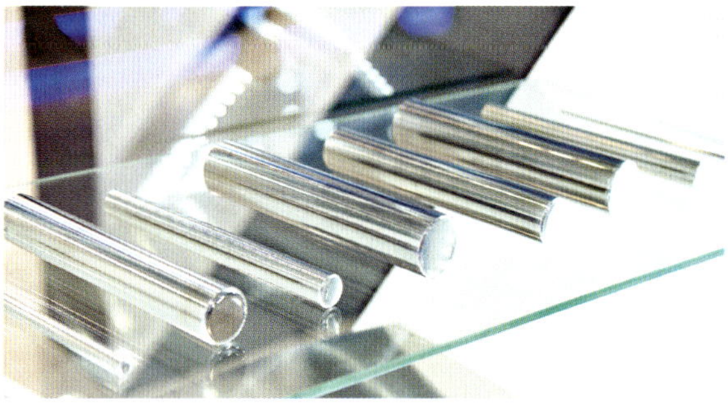

Figura 1.5. Piezas metálicas de aleación de níquel.

Las **aleaciones de níquel** (Ni) se caracterizan por tener en su composición un porcentaje de este elemento por encima del 50 % aleado con otros como cromo, cobalto (Co), molibdeno (Mo), hierro, aluminio o titanio. En general, presentan buenas propiedades a alta temperaturas,

Recuerda

Una **turbina** es un motor rotatorio que convierte en energía mecánica la energía cinética mediante un sistema de palas curvas llamadas **álabes.**

Sabías que...

Otro actual e interesante uso de estas aleaciones en estudio es su aplicación en cirugía para sustituir los implantes temporales de titanio. El magnesio es un elemento esencial para el cuerpo humano y el implante sería reabsorbido por el organismo tiempo después de su instalación, lo que evitaría tener que realizar una segunda intervención quirúrgica para extraer clavos y placas de titanio usados en cirugía para estabilizar temporalmente las fracturas de huesos como la tibia, el fémur (muslo) o el húmero (hombro).

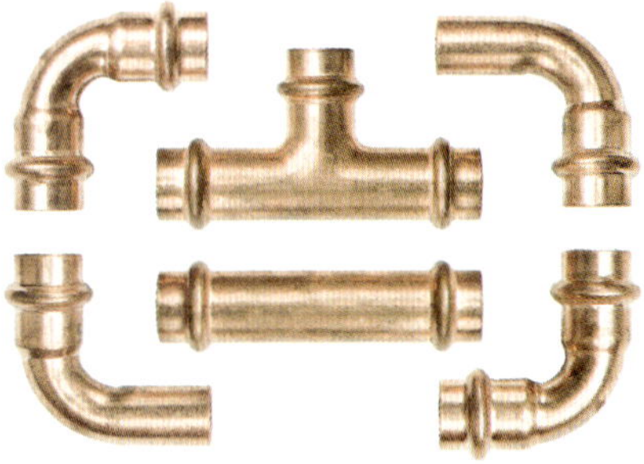

Figura 1.7. Tubos y codos de cobre.

Figura 1.8. Tuberías de plástico.

son muy resistentes al ataque de sustancias químicas y, por tanto, se emplean mucho en estructuras que soportan condiciones extremas como los intercambiadores de calor, que son dispositivos diseñados para transferir calor entre dos fluidos en contacto o separados por una barrera sólida, o las turbinas, tanto en la producción de energía como para la propulsión de aeronaves.

Las **aleaciones ultraligeras** son las que tienen como base el magnesio (Mg). La necesitad de determinadas industrias (como la aeronáutica, la automovilística o la electrónica) de reducir el peso de sus productos ha llevado a investigar sobre las aplicaciones de aleaciones de magnesio para usos estructurales. La aleación de magnesio con aluminio es la más utilizada porque alcanza la combinación óptima de resistencia mecánica, dureza y comportamiento frente a la corrosión.

Figura 1.6. Llantas de aleación de magnesio.

El **cobre** (Cu) es un metal estratégico por el aumento de su demanda y su disponibilidad limitada (actualmente su tasa de reciclado ronda el 30 % y más del 60 % de las reservas naturales han sido ya explotadas). Dado que está entre los tres elementos que mejor conducen la corriente eléctrica es muy utilizado en sectores como el de la construcción o la automoción eléctrica.

Los **plásticos** son materiales orgánicos, como la madera, que se obtienen de la celulosa, el carbón, el gas natural y el petróleo. Los plásticos son muy versátiles pues su baja densidad los hace ligeros; la mayoría de ellos son aislantes térmicos y eléctricos, así como resistentes a la corrosión de muchas sustancias que atacan a otros materiales. Mediante diversos procesos de fabricación se utilizan para obtener fibras, láminas, tubos, cajas, etcétera.

Las **cerámicas** son materiales sólidos inorgánicos constituidos por elementos metálicos y no metálicos. Se caracterizan por su bajo peso, gran dureza, y gran resistencia al calor y al desgaste, así como por ser excelentes aislantes. Es por todo esto que su principal aplicación en el montaje industrial es la fabricación de materiales para la construcción (por ejemplo, ladrillos) y de materiales refractarios aislantes del calor.

Figura 1.9. Horno de secado de materiales revestido interiormente con ladrillos refractarios.

Los **materiales compuestos** son aquellos que se forman por la unión de dos o más materiales con el fin de que el material final posea unas propiedades superiores a las que presentan los materiales originales. Para ello, uno de los materiales es la matriz que da forma al material compuesto y los otros mejoran su respuesta ante las fuerzas a las que se vaya a ver sometido. Se pueden clasificar según la naturaleza de su matriz; los materiales compuestos de matriz metálica (CMM) se emplean para construir estructuras en las industrias aeroespacial, aeronáutica o del automóvil y en la industria eléctrica/electrónica. Los metales más utilizados son aluminio, magnesio o titanio y se refuerzan con fibras continuas, discontinuas o de partículas de boro (B), grafito, alúmina o volframio (W).

Figura 1.10. Lana de roca. Material aislante formado por un entrelazado de filamentos de roca, escoria, arena de sílice o vidrio.

1.2. Simbología

Mediante las técnicas de unión se pueden fijar dos o más elementos entre sí una vez realizado su montaje. A la hora de elegir el tipo de unión se han de tener en cuenta algunos aspectos importantes que van a condicionar esta. Por ejemplo, como ya se ha visto, existe una gran variedad de materiales que, lógicamente, no tienen las mismas características. También se ha de tener en cuenta el servicio o misión que va a desempeñar la unión antes de realizarla. La última cuestión es si es preferible que la unión sea o no permanente.

Para ponerse en situación de cómo aplicar esto hay que imaginar el tener que realizar una instalación de tuberías de acero donde se han de unir varios tramos. En principio este material es soldable (no todos lo son, como se podrá ver) por lo que la unión por soldadura sería válida. Por otro lado, su servicio va a ser conducir un fluido, por lo que la unión debe ser estanca, sin fugas, algo para lo que también es adecuada la elección de la soldadura como técnica de unión en este caso. Por último, se debe tener en cuenta el tiempo de servicio que se espera de esta tubería: si va a ser largo la soldadura puede ser la opción definitiva, pero si ese tiempo de servicio va a ser reducido sería interesante cambiar a un método de unión desmontable que facilite un futuro mantenimiento o su reemplazo en caso necesario.

En otros casos la técnica de unión ya viene dada y solo hay que seguir instrucciones, pero eso solo significa que alguien ya se hizo estas preguntas anteriormente para definir cómo ha de ser la unión de los elementos del montaje.

A continuación se dan a conocer los tipos de unión:

- **Uniones desmontables:** dentro de estas se encuentran las uniones por ensamble, por tornillería y por pernos.
  - Las **uniones ensambladas** unen perfiles entre sí sobre todo para fabricar mobiliario, estructuras y otros elementos. Algunas pueden requerir tornillería o adhesivos, y otras no. La carpintería de aluminio para ventanas y cerramientos es un buen ejemplo.

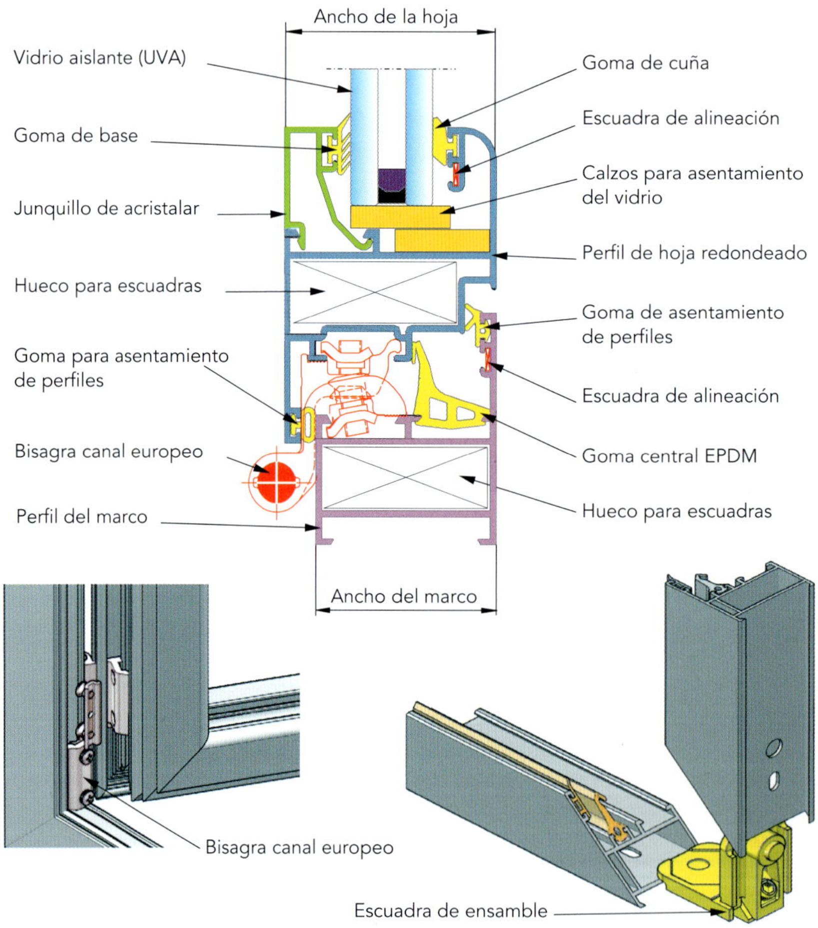

Figura 1.11. Corte y descripción de una ventana de aluminio sin rotura de puente térmico. *(Fuente: Soldadura y carpintería metálica. Miguel Ángel Mato San José).*

- Un **tornillo** es un cilindro que presenta por un lado una cabeza provista de ranuras para fijarlo o aflojarlo con ayuda de un destornillador. El cuerpo es roscado y se introduce en las piezas a fijar. En algunos casos los tornillos pueden acabar en punta y pueden ser introducidos en elementos que no tienen un agujero roscado; en otros casos el orificio está previamente roscado.
- Un **perno** es muy parecido al tornillo con ligeras diferencias. Por lo general, su cabeza no tiene ranura para destornilladores y es preciso usar una llave para aflojarlo o apretarlo. Los pernos también suelen ser de mayor tamaño que los tornillos, lo que les permite soportar más peso; habitualmente unen dos piezas por un agujero sin rosca que tiene una tuerca al otro lado.

Figura 1.12. Perno con tuerca.

- **Uniones permanentes:** en este grupo se engloban las uniones por adhesivos, por remaches o por soldadura.
  - Un **remache** está formado por un cuerpo cilíndrico alargado que se introduce en un agujero para unir dos o más piezas. Cuenta con una cabeza en un extremo y se podría decir que es como un tornillo, pero ni el cuerpo de este ni el agujero en el que se inserta están roscados. Los remaches se instalan con una herramienta llamada remachadora. Es un método de unión barato que ofrece gran variedad de modelos o materiales para remaches. Su hermano mayor se llama roblón.

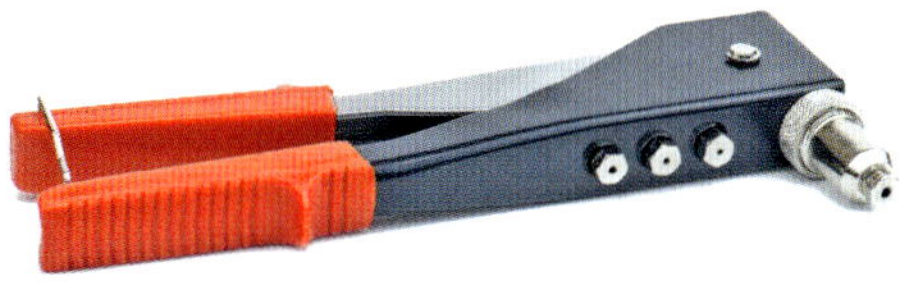

Figura 1.13. Remachadora.

  - Los **adhesivos** unen por la resistencia interna (cohesión) de una sustancia no metálica (adhesivo), generalmente un polímero, con capacidad para fijar materiales por cohesión. La fuerza cohesiva de cada adhesivo la determina su composición química.
  - La **soldadura** es un proceso de unión que emplea una fuente de calor para fundir una parte de las piezas (o material base) al tiempo que se le añade un material de aporte. Cuando la mezcla de material base y de aporte se enfría forma el cordón de soldadura. Este tipo de unión se utiliza generalmente para metales, aunque actualmente es habitual su uso para unir materiales plásticos.

Sabías que...

La unión de tornillo y tuerca es el sistema más extendido en el mundo para las construcciones metálicas. Su amplia variedad y facilidad de aplicación resuelven multitud de casos y necesidades de unión.

Los adhesivos tienen la ventaja de no producir deformaciones. También de que apenas aportan peso a la unión, no suponen riesgo de generar corrosión y se evita la agresión que supone para el metal soldarlo o taladrarlo.

Los remaches son la principal opción para asegurar el montaje de los elementos en sectores como la aeronáutica. Constituyen la solución más barata, segura y menos complicada de realizar. Además, permiten ensamblar muy rápidamente los elementos a la estructura del avión sin que estos sufran apenas alteraciones.

La representación simbólica de la mayoría de los tipos de unión consiste en un icono o dibujo. Generalmente estos dibujos aparecen en algún lugar del plano de montaje o en planos de detalle donde se aprecien claramente sus características de tal forma que no haya lugar a la confusión.

El icono que represente el tipo de unión puede verse apoyado por las hojas de proceso, un documento explicativo para los casos en los que la representación en solitario no proporciona toda la información imprescindible que asegure la correcta aplicación del tipo de unión, o también cuando esta requiere más de una operación o representa cierta complejidad. En estos casos la hoja de proceso dará información del orden de las operaciones y aportará las instrucciones necesarias para completar con éxito cada etapa de la aplicación del método de unión. Más adelante, en esta misma unidad, se hablará tanto de los planos (Apartado 1.3) como de las hojas de proceso (Apartado 1.8).

Para algunos procesos de unión, como las uniones remachadas, existe una norma que trata de su representación simbólica. La norma UNE 1045 relaciona los remaches con un símbolo que se refiere al tipo de cabeza y que depende del diámetro del remache y del agujero donde ha de instalarse.

También en el caso de la soldadura, y dada la dificultad de representarla mediante dibujos, así como de facilitar los detalles de esta, se desarrolló un sistema propio de simbología. Las normas de simbolización, anteriormente dos, han sido fusionadas en la norma UNE-EN ISO 2553:2014 de soldeo, procesos afines y representación simbólica en los planos de uniones soldadas. Esta es actualmente la norma que se refiere a la simbología de soldadura, es decir, una serie de símbolos estándar que se han desarrollado para representar en un plano cómo se ha de realizar una soldadura.

Tabla 1.1. Simbología de remachado según la norma UNE 1045

Diámetro del remache (mm)			8	10	12	14	16	18	20	22	24	27	30	33	36
Diámetro del agujero (mm)			8,4	11	13	15	17	19	21	23	25	28	31	34	37
Símbolos para:	Cabeza redonda por ambos lados		8,4			15		19				28	31	34	37
	Avellanados (embutidos)	Cabeza superior embutida	8,4			15		19				28	31	34	37
		Cabeza inferior embutida	8,4			15		19				28	31	34	37
		Ambas cabezas embutidas	8,4			15		19				28	31	34	37
	Remachar en montaje		8,4			15		19				28	31	34	37
	Taladrar en montaje		8,4			15		19				28	31	34	37

Tabla 1.2. Simbología de remachado según la norma UNE 1045

Tipo	Dimensiones exteriores	Dimensiones del área de dibujo
1	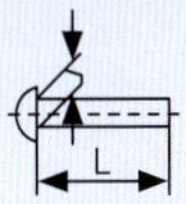	Remaches de cabeza esférica
2	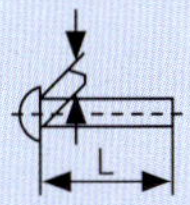	Remaches de cabeza esférica para construcciones estancas
3	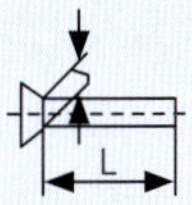	Remaches de cabeza avellanada
4	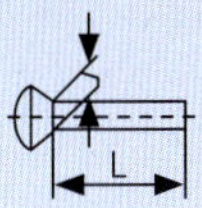	Remaches de cabeza avellanada y abombada
5	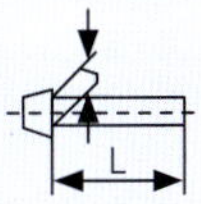	Remaches de cabeza troncocónica
6	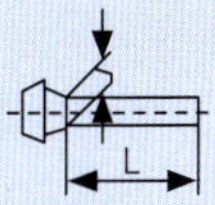	Remaches de cabeza troncocónica y avellanada
7	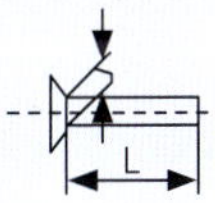	Remaches de cabeza plana y avellanada para construcciones navales y estancas
8	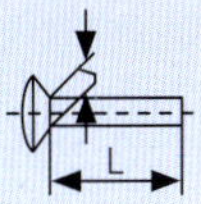	Remaches de cabeza avellanada y bombeada para construcciones navales y estancas
9	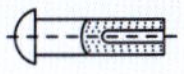	Remache perforado
10	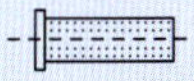	Remache hueco
11	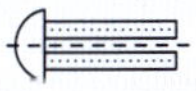	Remache tubular hendido
12	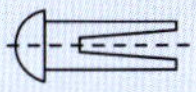	Remache entallado
13	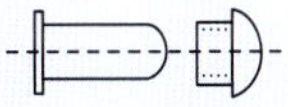	Remache tubular en dos piezas. Cabeza plana
14	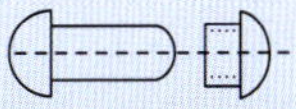	Remache tubular en dos piezas. Cabeza bombeada
15	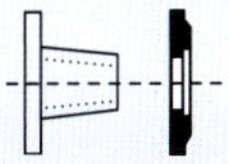	Ojete con arandela
16	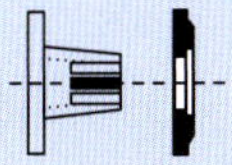	Ojete hendido con arandela

1.2.1. Partes de un símbolo de soldadura

La simbología de la soldadura se compone de una flecha, que señala la unión a soldar, una línea de referencia y una serie de elementos que le van a dar en conjunto su significado final.

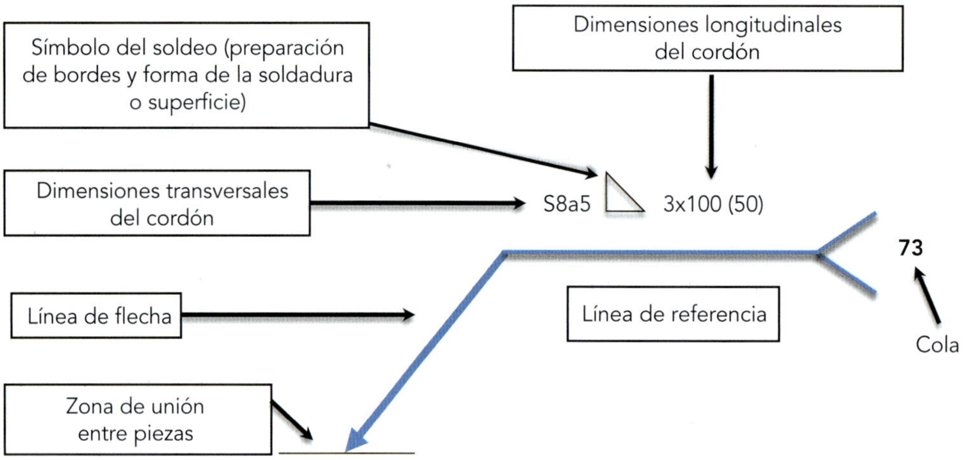

Figura 1.14. Elementos que conforman la simbología de una soldadura.

Cada uno de ellos tiene una posición única en la línea de referencia, algo necesario para asociarlos a lo que representan o indican.

1.2.2. Tipos de símbolos empleados en la representación de operaciones de soldadura

El icono o símbolo de soldeo que representa la preparación de los bordes (la forma, en casos particulares, que debe tener la unión con el fin de facilitar su soldadura), así como dónde debe ubicarse el cordón de soldadura y cuál ha de ser su aspecto final, es información muy desarrollada en la norma UNE-EN ISO 2553:2014. Como complemento al símbolo principal cuenta con símbolos auxiliares que permiten facilitar detalles complementarios muy útiles a quien tenga que realizar la unión, como, por ejemplo, especificar si la unión se ha de realizar en taller o en obra a la vez que facilita instrucciones precisas sobre su acabado final.

Los símbolos se pueden clasificar del siguiente modo:

- **Símbolos básicos:** son aquellos que proporcionan información sobre el tipo de preparación de los bordes y la forma que debe tener la soldadura.

Tabla 1.3. Símbolos elementales de soldadura

En «V» simple		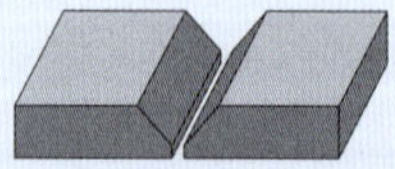
Bisel simple		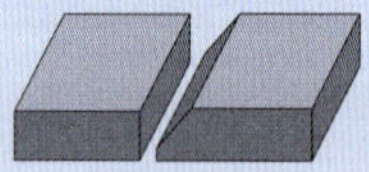

Con bisel simple doble		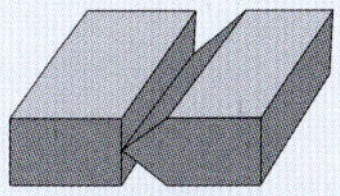
En «U» simple		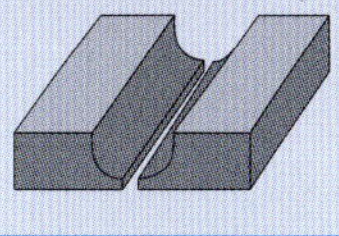
En «U» doble		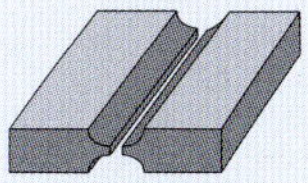
En «V» simple con talón amplio		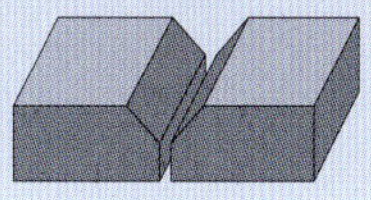
Bisel simple con talón amplio	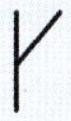	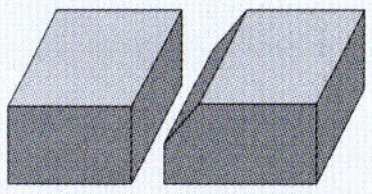
En «J» simple		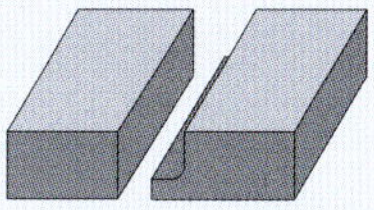
Recargue		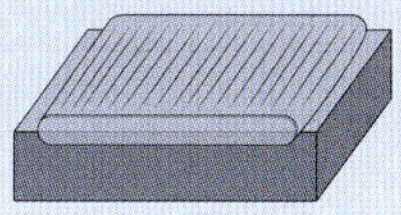

- **Símbolos suplementarios:** añaden información a la operación indicada por el símbolo básico.

Tabla 1.4. Información adicional, generalmente relacionada con la forma del cordón

Soldadura perimetral	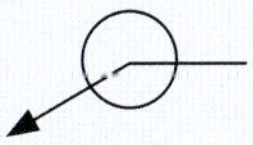	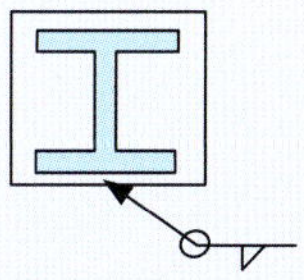
Soldar en el lugar de montaje (en campo)	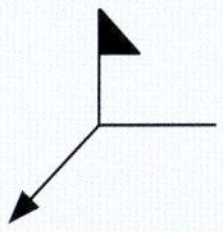	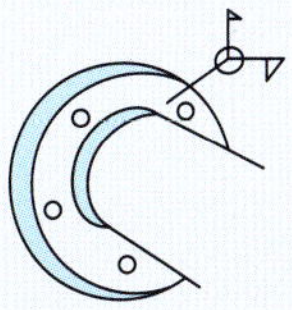
Soldadura de respaldo o reverso, realizada antes o después de una soldadura en «V» simple		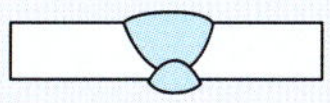

- **Símbolos de acabado:** indican cuál ha de ser el aspecto final del cordón de soldadura.

Tabla 1.5. Descripción de los símbolos de acabado

Acabado a paño (plano)	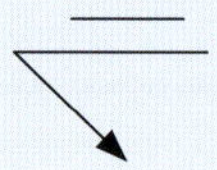	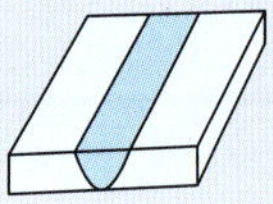
Convexo	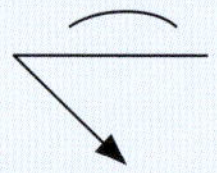	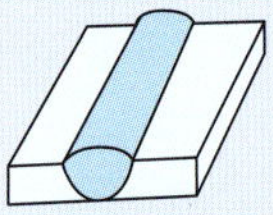
Cóncavo	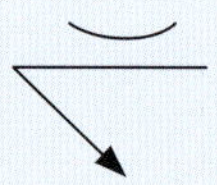	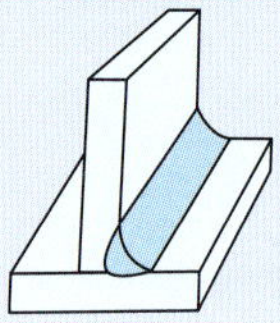

Los símbolos básicos y los suplementarios se encuentran en la línea de referencia junto con toda la información necesaria para poder realizar la soldadura. Esta línea de referencia en realidad la forman dos líneas paralelas, una de ellas discontinua. La línea continua representa el lado que señala la flecha y la discontinua el lado opuesto. Siempre que sea posible, se debe dibujar la línea continua sobre la discontinua.

En el caso de soldaduras simétricas se puede prescindir de la línea discontinua. Esta excepción sirve para que no haya duda de que las operaciones a realizar por ambos lados son idénticas.

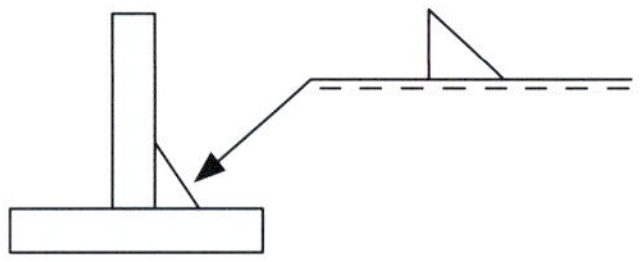

Figura 1.15. Ejemplo de representación de una soldadura en ángulo o rincón por el lado que indica la flecha.

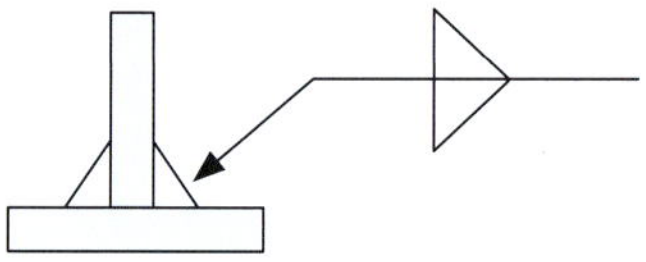

Figura 1.16. Ejemplo de representación de una soldadura en ángulo o rincón por ambos lados.

1.2.3. Representación de las dimensiones de las soldaduras

Ya se ha visto que la simbología es capaz de representar una operación de soldadura específica con o sin preparación de bordes, y que la posición del símbolo sobre la línea continua o discontinua indica el lado o lados a soldar de la pieza. Para informar de un modo más amplio sobre cómo ha de ser esa soldadura es posible incluir valores de medida de chaflanes, penetración de la soldadura, longitud de los cordones, etc. Por ejemplo:

- **Medida transversal:** se refiere a la penetración que debe tener la soldadura (si no aparece se entiende que debe tener penetración completa). Esta medida se coloca siempre al lado izquierdo del símbolo básico.

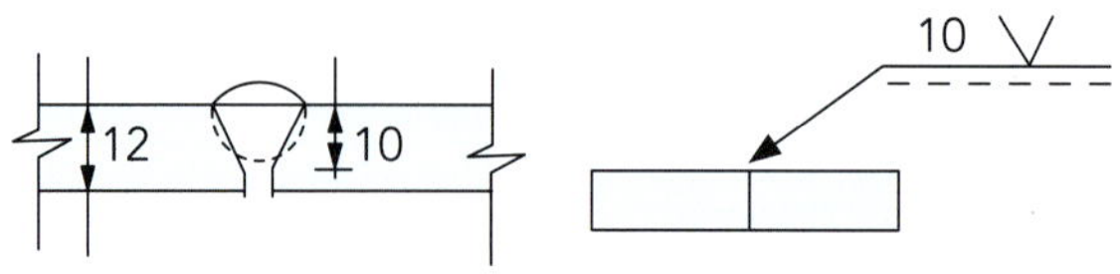

Figura 1.17. Ejemplo de representación de la medida de penetración en la pieza en una unión de dos piezas en línea, técnicamente conocida como unión a tope.

- **Referencias al chaflán:** irán en el símbolo básico (grados de biselado y entrehierro). Si se indican las dos se pone primero (más cerca del símbolo) la medida de separación entre bordes.

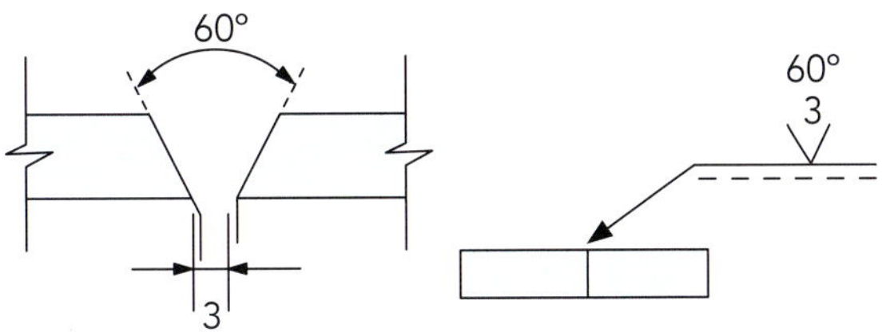

Figura 1.18. Ejemplo de representación de los grados de la preparación de bordes y de la separación previa indicada para este caso.

- **Medidas longitudinales:** en el ejemplo de la Figura 1.19 se aprecia un caso de soldadura en ángulo donde los cordones son discontinuos. Si en la simbología no se indica lo contrario se entenderá que la longitud del cordón es continua en toda la costura. En casos como este se indicará siempre a la derecha del símbolo de soldeo y, por este orden, el número de cordones a realizar, su longitud y por último, y entre paréntesis, la medida del espacio que no se ha de soldar.

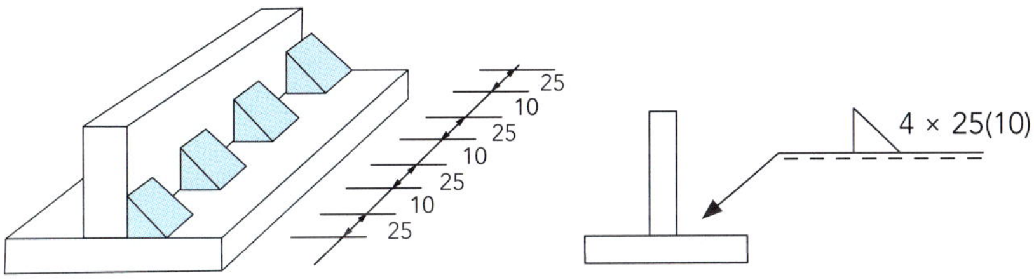

Figura 1.19. Ejemplo de representación de una soldadura intermitente.

Para las **soldaduras en ángulo** las dimensiones transversales siempre llevarán delante una letra que indica a qué se refiere esa medida:

- «z»: lado del cordón.
- «a»: garganta.

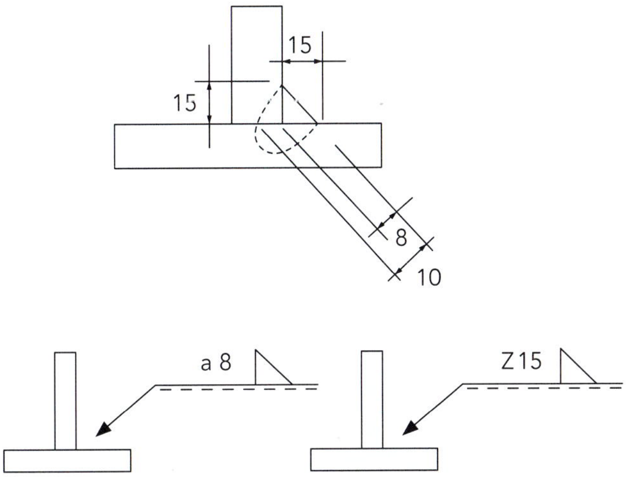

Figura 1.20. Como se aprecia en el ejemplo se puede distinguir entre la profundidad del cordón (a), también llamada garganta, y la medida del lado de ese cordón (z).

Además, la cola de flecha también puede incluir información importante para la soldadura. Su significado será distinto de tener un final abierto o cerrado.

- **Abierto:** pueden aparecer aclaraciones sobre la soldadura que se va a realizar, por ejemplo, el código del electrodo o varilla a emplear, que se requiere una soldadura de respaldo o el código del proceso más adecuado para la unión.

  Los códigos de los principales procesos manuales son:

  - 111: soldeo con electrodos revestidos.
  - 131: soldeo MIG por arco con alambre macizo y gas inerte.
  - 135: soldeo MAG por arco con alambre macizo y gas activo.
  - 136: soldeo MAG por arco con alambre tubular con fundente y gas activo.
  - 138: soldeo por arco con alambre tubular con polvo metálico y gas activo.
  - 141: soldeo TIG por arco con gas inerte, electrodo de volframio y varilla maciza.
  - 142: soldeo TIG por arco con gas inerte, electrodo de volframio y varilla tubular.
  - 143: soldeo TIG por arco con gas inerte, electrodo de volframio y sin varilla.
  - 145: soldeo TIG por arco con adición de gas reductor en el gas inerte, electrodo de volframio y alambre o varilla maciza.

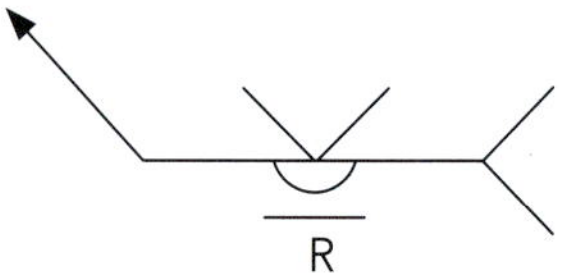

Figura 1.21. Soldadura de respaldo.

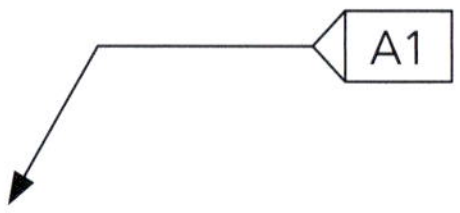

Figura 1.22. Referencia al plano A1.

- **Cerrado:** en caso necesario la cola puede ser cerrada para indicar una referencia específica, por ejemplo, a un plano de detalle.

1.2.4. Ejemplos de aplicación práctica de la simbología de soldadura

A continuación, para facilitar la comprensión de lo expuesto hasta ahora, se verán algunos ejemplos de aplicación práctica de la simbología de soldadura. Parte de los casos prácticos citados seguidamente se cuentan entre los más complicados de resolver en un plano de fabricación, pero la intención no es complicar innecesariamente el aprendizaje de la simbología de soldadura del lector sino garantizar su comprensión mediante ejemplos prácticos resueltos para que otros casos más sencillos sean interpretados fácilmente por este.

1. **Ángulos en cruz.** Se tomará como referencia o eje la pieza más grande a la que se le sueldan dos pequeñas, para no tener duda de cuál es el lado de la flecha y el otro lado en ambas normas.

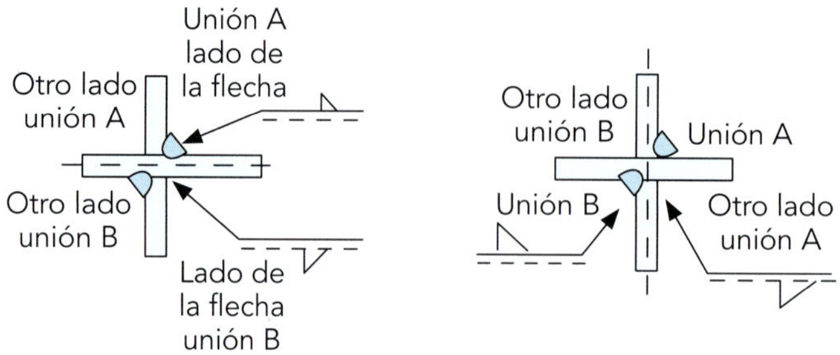

Figura 1.23. Siguiendo la línea de unión entre las piezas es fácil determinar cuál es el lado opuesto de la flecha.

2. **Línea quebrada.** Para indicar el lado que se bisela en las preparaciones de bordes simples la línea debe hacer un quiebro de modo que la flecha señale claramente el lado a biselar.

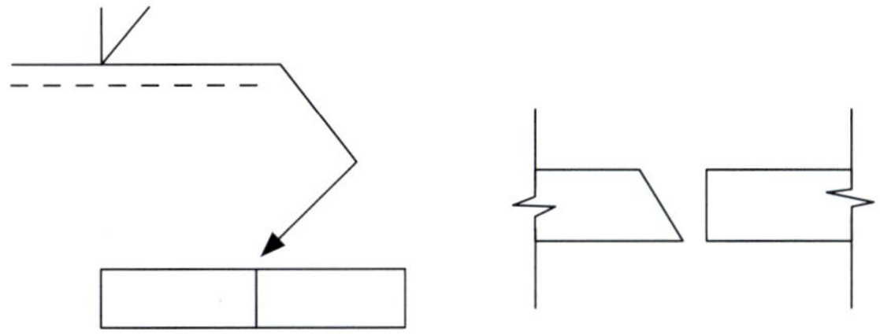

Figura 1.24. Como se aprecia en el caso práctico, es la flecha quebrada apuntando la pieza de la izquierda la que especifica en cuál de las dos piezas debe realizarse la preparación de los bordes.

3. **Soldaduras intermitentes en uniones a tope.** Se indicará, a la izquierda del símbolo de preparación de bordes o soldeo, los siguientes datos por este orden: número de cordones x longitud de los cordones (distancia entre estos).

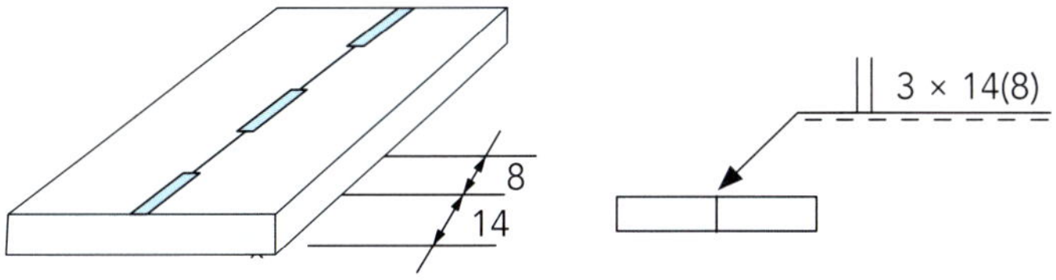

Figura 1.25. Ejemplo de representación en un caso donde no es necesario un cordón de principio a fin de una unión de dos piezas a tope.

4. **Soldaduras intermitentes en uniones en ángulo.** Se indicará a la izquierda del símbolo de soldadura las medidas «a» (garganta) y «z» (lado), y a la derecha el número de cordones por la longitud de estos. A continuación, y entre paréntesis, se especificará la medida del espacio entre cordones que no lleva soldadura.

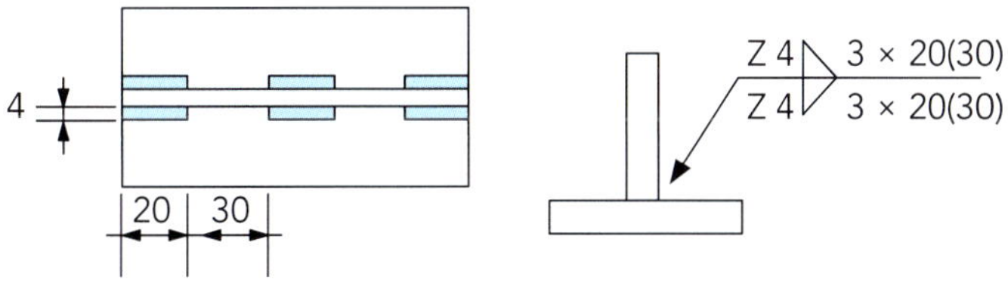

Figura 1.26. Ejemplo de representación de un caso similar al anterior en uniones en ángulo.

5. **Recargues.** El recargue es una soldadura de reparación que consiste en recrecer con cordones de soldadura su superficie devolviendo a la pieza una altura previa perdida por desgaste. La altura del recargue se indica a la izquierda del símbolo.

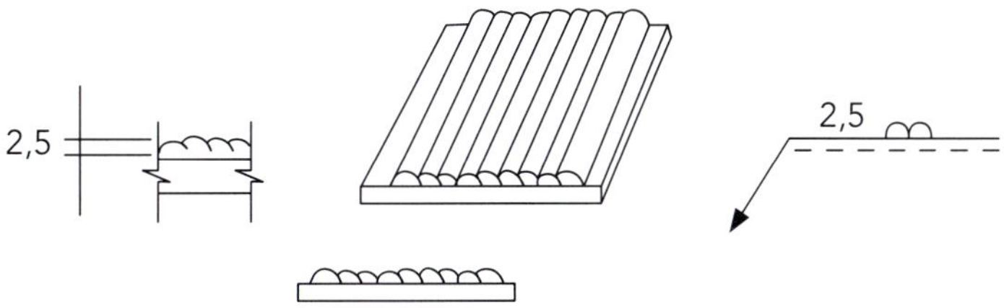

Figura 1.27. Ejemplo de especificación de la altura de recargue mediante simbología.

6. **Casos con biseles diferentes.** En algunos casos concretos es necesario que las preparaciones de bordes en una misma pieza se realicen con distinta inclinación, siempre con el fin de facilitar su soldadura.

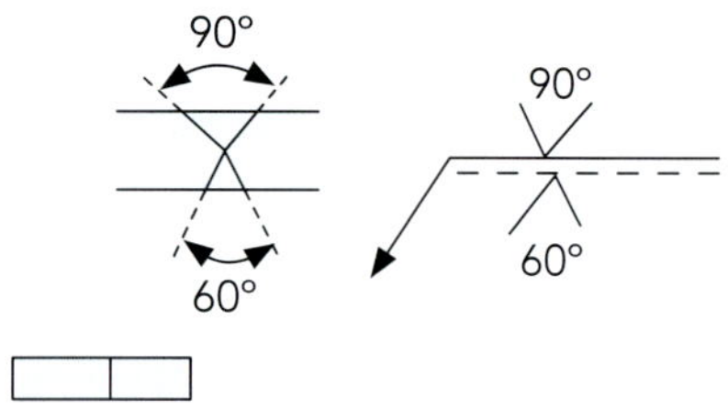

Figura 1.28. Ejemplo de representación de dos biselados diferentes.

1.3. Vistas, cortes y secciones

El plano de fabricación es una representación gráfica del futuro objeto que se va a construir. En función de su tamaño y de su complejidad será necesario generar una cantidad de planos diferente en cada caso, pues este plano o planos deben contener toda la información necesaria para la construcción del objeto.

El cajetín identifica cada plano. El cajetín es un rectángulo que se coloca en la parte inferior del plano, donde debe figurar la siguiente información:

- Designación de la pieza o conjunto representado en el plano.
- Número de plano.
- Razón social u organismo propietario del plano.
- Escala. Indica la relación de proporción entre las dimensiones reales de un objeto y las de su representación en el plano. Por ejemplo, la escala 1:10 indica que un milímetro del plano representa 10 mm en el objeto a tamaño real.
- En la sección «Dibujado» se indicará el nombre del técnico que ha dibujado el plano.
- En la sección «Comprobado» se indicará el nombre del técnico que verifica que el plano es correcto.

Figura 1.29. Elementos y campos que componen el cajetín.

En un plano general es habitual que el elemento a fabricar aparezca representado tal y como se vería desde distintos puntos de vista. Al menos se encontrarán dos vistas: planta y alzado, a las que se pueden sumar uno o varios perfiles. La planta es la representación del objeto a vista de pájaro, es decir, desde arriba. El alzado representa el objeto tal como se vería desde delante, es decir, es una vista frontal. Por último, los perfiles son sus vistas laterales; si los laterales son idénticos es suficiente representar un solo perfil.

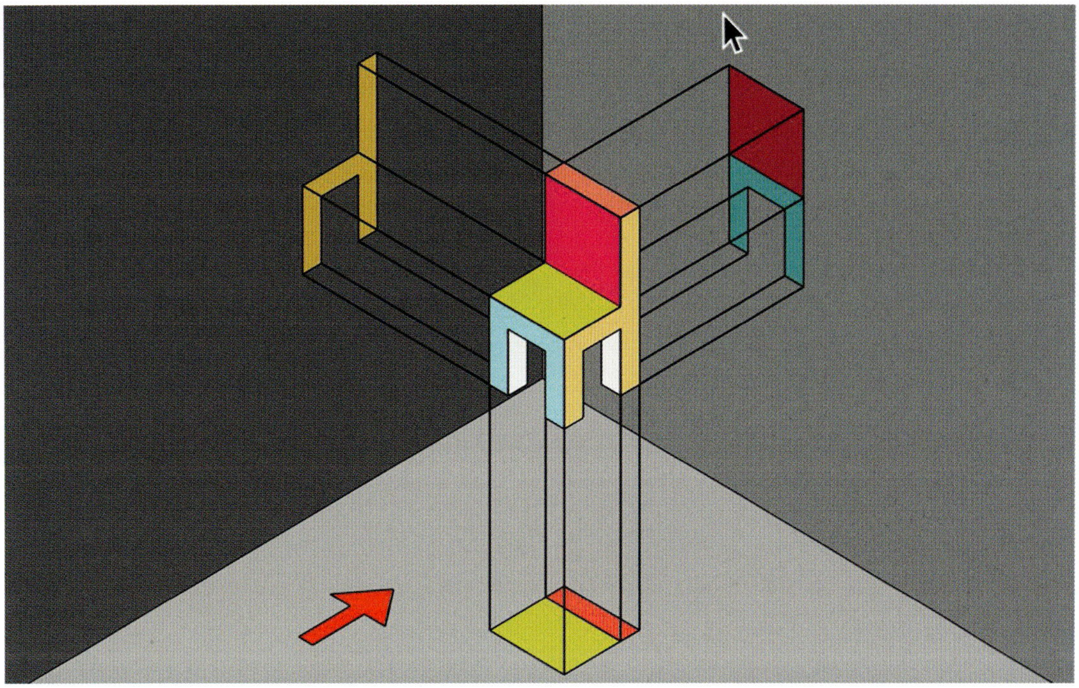

Figura 1.30. Dibujo de la planta, el alzado y el perfil de una pieza realizado con el *software* de diseño SketchUp 3D de alta calidad. *(Fuente: Curso.com TUTORIAL).*

Las dimensiones de un plano se representan mediante unas flechas llamadas **cotas.** En fabricación mecánica la unidad de medida es, generalmente, el milímetro. Cuando el elemento a construir es hueco puede ser necesario representar su interior. Se puede optar por dibujar con línea discontinua la parte oculta o bien recurrir a cortes o secciones.

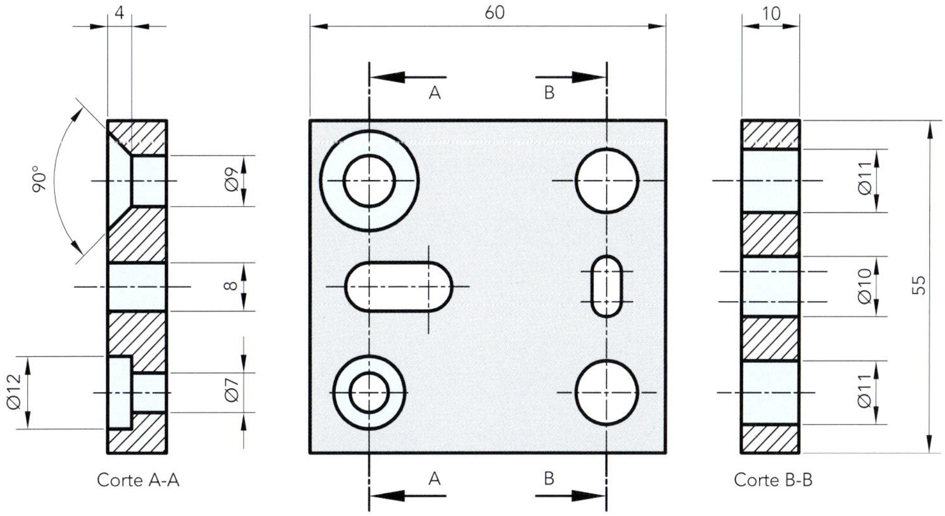

Figura 1.31. Cotas de la pieza que indican las medidas exactas. *(Fuente: Interpretación gráfica. Cristóbal López Gálvez – Francisco Ramón Orozco Roldán).*

El corte o sección consiste en simular que el objeto es atravesado por un plano imaginario con el fin de que su interior quede a la vista. Hasta ahí todo es común; sin embargo, no son lo mismo. La diferencia entre ellos es que el **corte** representa tanto la zona por la que pasa el plano imaginario como la que queda detrás de él, mientras que la **sección** solo representa la zona atravesada por ese plano.

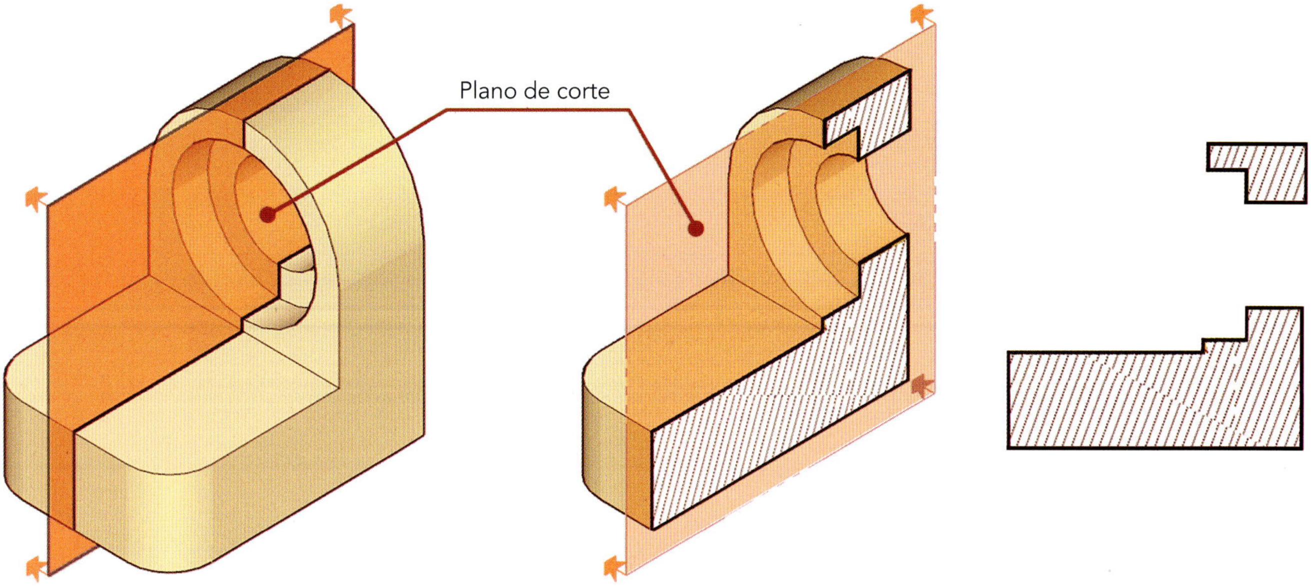

Figura 1.32. Corte (centro) y sección (derecha) de la figura representada a la izquierda.

En los dos casos se suele rayar con líneas inclinadas a 45° la zona de la pieza representada que corta el plano imaginario. Esto, especialmente en el corte, permite distinguir esa zona de la que queda detrás.

1.4. Formas constructivas de componentes

Para satisfacer la demanda de la industria los productos metálicos en acero y otros materiales están disponibles en diversos formatos.

- **Barras planas.** También son conocidas como pletinas o flejes. Están disponibles en longitudes de 6000 mm y amplia variedad de espesores.

Figura 1.33. Pletinas de acero para la construcción. *(Fuente: Duracero).*

Figura 1.34. Barra cuadrada.

- **Barras cuadradas macizas.** Con un largo también de 6000 mm, están disponibles desde 10 × 10 mm hasta 40 × 40 mm.
- **Barras redondas macizas.** Misma longitud que las anteriores y disponibles en diámetros desde 6 mm hasta 50 mm.
- Perfiles en forma de «I» (IPN e IPE) y «H» (HEA, HEB y HEM). Los **perfiles en «I»,** también conocidos como doble «T», se diferencian en que los IPE tienen las caras exterior e interior de las alas perpendiculares al alma, mientras que los IPN solo la cara exterior es perpendicular al alma y la interior tiene una inclinación del 14 %. La cara interior de los perfiles IPE es recta (se dice que presenta una arista viva) y en los IPN es redondeada.

  Los **perfiles en «H»** no se diferencian entre sí por su forma, que es común. La base está en el HEB y está disponible su versión aligerada (HEA) y su versión pesada (HEM). Estos perfiles son más pesados que los perfiles en «I», y también son superiores en prestaciones.

  Los dos tipos se emplean en la construcción de estructuras, bien para edificación civil o para cualquier elemento fijo (por ejemplo, un puente) o móvil (por ejemplo, el bastidor de un camión o de un tren).
- **Perfiles angulares en forma de «U» (UPE y UPN) y «T».** Son muy populares en la industria por su versatilidad. Los perfiles UPN y UPE, al igual que los perfiles en «I», presentan la misma diferencia en cuanto a la inclinación de las alas y la cara interior.

  Los perfiles en «T» o «L», con alas iguales y redondeados en la unión y en la arista, son muy habituales en estructura metálica ligera para canales, soportes y cerramientos.

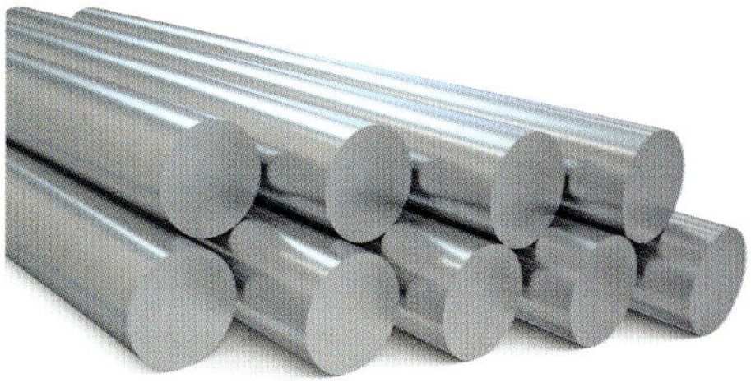

Figura 1.35. Barra redonda de acero.

Sabías que...

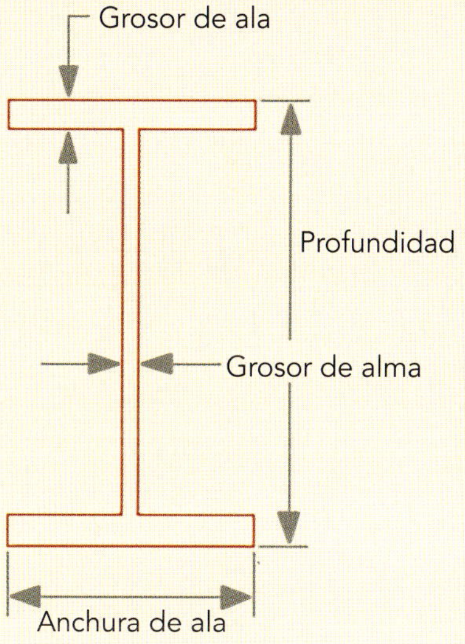

Alma y ala son las partes que definen un perfil metálico.

Figura 1.36. Perfiles en «T» y «L».

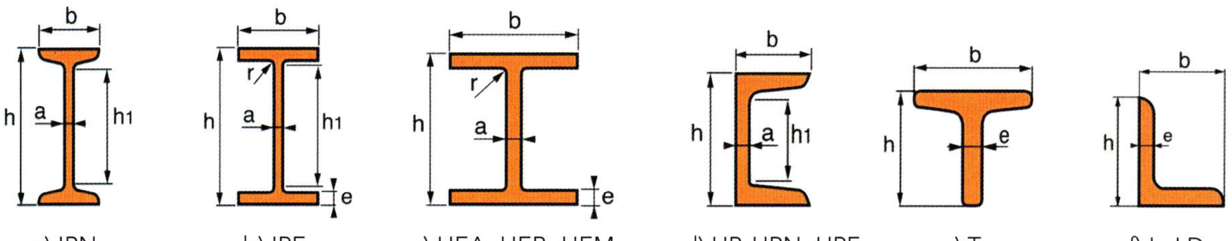

Figura 1.37. Tipos de perfiles de acero. *(Fuente: Soldadura y carpintería metálica. Miguel Ángel Mato San José).*

- **Tubos redondos, cuadrados o rectangulares.** Son elementos huecos con diversos espesores de pared, que se emplean habitualmente para la construcción de estructuras ligeras.

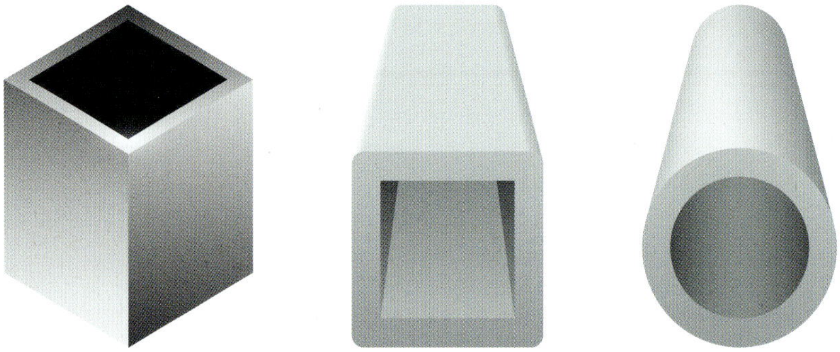

Figura 1.38. Tubos huecos cuadrado, rectangular y redondo.

- **Tubería para conducción de fluidos y gases a baja, media y alta presión.** Sirven como medio para transportar fluidos y gases a baja presión (< 5 kilopascales [KPa]) a media (5 a 600 KPa) o alta presión (> 600 KPa).

Figura 1.39. Tuberías de hierro galvanizado y de plástico.

- **Planchas de acero.** También conocidas como **palastros,** es un producto muy popular con una amplia variedad de formatos, siendo el de 2000 × 1000 mm uno de los más demandados.
- **Chapa perforada.** Una solución ligera y práctica para, por ejemplo, fabricar superficies transitadas (por ejemplo, peldaños de escalera). Existe una amplia variedad de calidades y temas para las perforaciones.

Figura 1.40. Palastros de diferentes medidas.

Figura 1.41. Chapa perforada.

Actividad propuesta 1.1

Distingue entre los siguientes perfiles:

1. 

2. 

3. 

1.5. Procedimientos de trazado: fases y procesos

El **trazado** consiste en dibujar la pieza que se desea fabricar sobre una chapa o perfil metálico con la mayor precisión y la ayuda de herramienta específica para tal fin. La persona encargada de esta operación es el **trazador** y su tarea consiste en trasladar las dimensiones de las piezas que aparecen en los planos de fabricación a las chapas o perfiles previamente a su corte, la siguiente operación.

El margen de error admitido en el trazado y corte de las piezas normalmente es muy pequeño, de ahí la dificultad de esta parte del proceso productivo. En general, este margen viene definido en el plano de fabricación por la llamada tolerancia dimensional que parte de asumir que es imposible lograr que las medidas de las piezas a fabricar sean exactas.

La **tolerancia** es un valor que limita la desviación final de las medidas. Tal límite de desviación debe garantizar que la pieza sea aceptable, es decir, la tolerancia es el margen de error que se puede permitir (tolerar) en la fabricación: si se supera este límite, la pieza no será válida pues no encajará en su lugar y, por tanto, se habrán perdido el tiempo y el material.

Desde luego, los límites de las tolerancias dependen de lo que se fabrique. Por ejemplo, un par de milímetros de error en las dimensiones de una puerta de garaje se pueden tolerar; sin embargo, es intolerable fabricar piezas para el motor de un avión con ese margen de error. Tampoco se emplean las mismas herramientas de medición y fabricación para un caso y otro, algo que resulta clave para tener éxito; por tanto, se puede decir que a menor tolerancia la herramienta que se emplee deberá permitir mayor precisión en la fabricación. Para entender esto hay que analizar el ejemplo anterior: los perfiles metálicos que forman la puerta de un garaje se cortan habitualmente con herramienta manual, como sierras o radiales, sin que ello deba poner en peligro las tolerancias; sin embargo, las piezas del motor de un avión se fabrican empleando máquinas de precisión como el CNC.

Sabías que...

CNC son las iniciales de control numérico por computadora. Se trata de un sistema que permite el control de una herramienta montada en el interior de una máquina mediante un *software* especialmente diseñado para ello. Estos equipos están dotados de programas de dibujo para el diseño de las piezas. Después de su diseño el operador introducirá las instrucciones de fabricación en el lenguaje de programación del CNC de modo que es posible cortar, taladrar, roscar, etc., con alta precisión pues la herramienta se posiciona en todo momento con respecto a los ejes de coordenadas que están definidos en tres dimensiones en el espacio por tres ejes llamados X, Y, Z, que se cortan en un punto O llamado origen.

Tabla 1.6. Símbolos que indican a qué se refiere específicamente el valor de la tolerancia en un plano

Tolerancias	Características	Símbolo
Forma	Rectitud	—
	Planitud	▱
	Redondez	○
	Cilindridad	⌭
	Perfil de una línea	⌒
	Perfil de una superficie	⌓
Orientación	Paralelismo	//
	Perpendicularidad	⊥
	Angularidad	∠
Localización	Posición	⌖
	Concentricidad y coaxialidad	◎
	Simetría	⌯
Alabeo	Circular	↗
	Total	⌰

En la representación en el plano de la pieza a fabricar indicarán, en su caso, las tolerancias que se pueden permitir en cada una de las operaciones que se tengan que realizar. En un casillero como el de la Tabla 1.6 se encontrará el símbolo que identifica el tipo de tolerancia y, a continuación, el valor de esta (generalmente en mm).

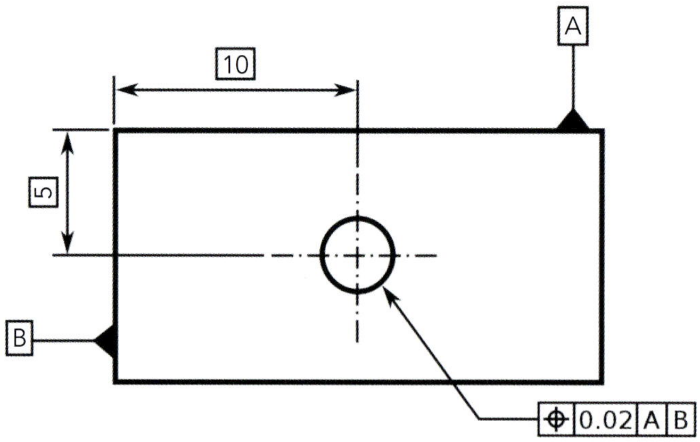

Figura 1.42. En la imagen se aprecia cómo se define la tolerancia que puede tener el taladro (0,02 mm) con respecto de las cotas del lado A (10 mm) o B (5 mm) de la pieza.

Para tener una idea de la dificultad que puede suponer el trazado hay que entender en qué consiste el dibujar en 2D piezas que después han de ser 3D. Multitud de piezas como tolvas, conos truncados, virolas, injertos de tubos, etc., al igual que figuras geométricas como cubos, pirámides y prismas, se dibujan en una superficie plana previo cálculo de su desarrollo, esto es, «desdoblando» la pieza para poder dibujarla sobre una superficie plana y, posteriormente, proceder con el plegado o curvado de esta para conformar el objeto.

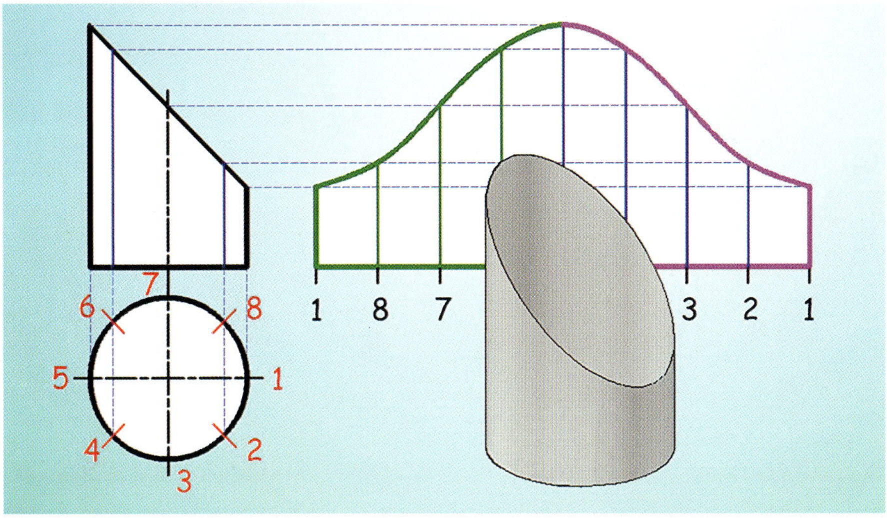

Figura 1.43. Desarrollo de una virola. *(Fuente: Antonio Castilla).*

Para poder realizar esta tarea el trazador debe poseer unos buenos conocimientos en geometría o conocer el manejo de herramientas informáticas de diseño para calcular las dimensiones en 2D del elemento a trazar, cortar y conformar en 3D.

Actividad propuesta 1.2

Indica cuál de los siguientes esquemas es el desarrollo de un cono.

1.

2.

3.

1.6. Maquinaria y herramientas de trabajo

Una vez concluido el trazado de las piezas necesarias para la fabricación se suceden otras operaciones. A continuación, se enumeran cuáles son y qué maquinaria o herramientas se emplean para ello:

- **Corte.** Como ya se sabe, el trazador se encarga de dibujar en la superficie de los perfiles metálicos el contorno de las piezas. A continuación, se procede al corte de esas piezas y, para ello, se emplean herramientas mecánicas como amoladoras (también conocidas como radiales) con disco de corte. Se trata de una herramienta con un motor eléctrico que sirve para lijar, pulir y cortar materiales como el metal, la piedra o la madera.

  Para cortar también están las cizallas, que cortan láminas metálicas de pequeño espesor de forma similar a una tijera, y las sierras de cinta. La sierra de cinta cuenta con una banda metálica dentada circular movida por un motor. Probablemente es la herramienta de corte más utilizada para cortar metales.

Figura 1.44. Radial con disco de corte y sierra de cinta.

Igualmente, se pueden utilizar equipos de corte térmico por plasma, oxicorte, láser, etc., o de otra naturaleza como los de corte por chorro de agua.

Figura 1.45. Corte por plasma que se realiza mediante un aparato que genera un arco eléctrico y lo estrangula haciéndolo pasar por la boquilla de un soplete muy pequeña que eleva la temperatura de un gas que pasa a fase de plasma a 20 000 °C.

- **Conformado.** Para el ajuste de las dimensiones de las piezas se emplean herramientas manuales como las radiales (esta vez con discos abrasivos) o máquinas más precisas como el torno, la fresadora o el CNC.
- **Curvado/doblado.** Dado que los perfiles metálicos que habitualmente suministran los proveedores son de naturaleza plana, cuando las piezas deben adquirir otra forma se recurre a maquinaria: por ejemplo, rodillos de curvado y dobladoras de tubos (en ambos casos pueden ser manuales o hidráulicos) para dar curvatura a perfiles de todo tipo. También se utilizan plegadoras para el doblado de chapas y perfiles.
- **Taladrado.** Para unir mediante tornillería o remaches es necesario perforar los perfiles implicados. Para ello se emplean taladros manuales, taladros de banco y punzonadoras. En casos donde se necesite alta precisión en esos taladros también se puede emplear el torno paralelo o CNC.

Figura 1.46. Fresadora CNC para mecanizado de metales, también por arranque de viruta, operaciones de ranurado y corte.

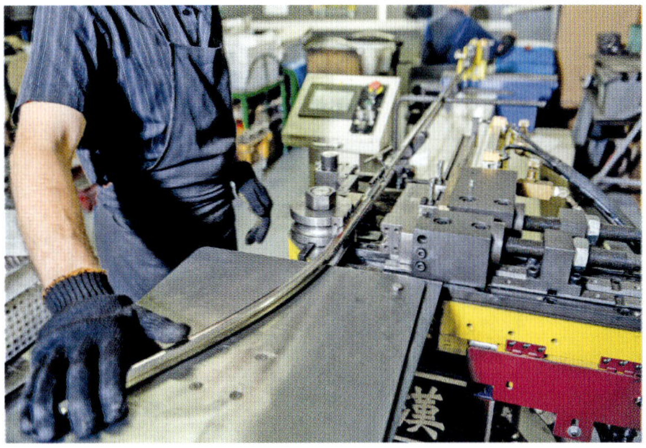

Figura 1.47. Dobladora de tubos. Se trata de una herramienta que permite manipular metales en frío, especialmente moldear y curvar tubos.

Figura 1.48. Punzonadora. Máquina que se usa para perforar chapas finas con un punzón y una prensa.

Para taladrar metales duros se utilizan brocas de acero HSS con cobalto, carburo de titanio o cromo-vanadio.

Actividad propuesta 1.3

Realiza un agujero de 12 mm de diámetro en una chapa de 3 mm de espesor. Para ello, marca con un granete y un martillo la chapa en el lugar elegido; esta marca servirá como centro para situar la broca del taladro manual.

Es recomendable pretaladrar con una broca de diámetro inferior (de 5 o 6 mm). Las revoluciones por minuto (r. p. m) se adaptarán al material: a mayor dureza de este, menor número de r. p. m. Las brocas de metal tienen los bordes muy afilados; la señal de que se han elegido bien las revoluciones es que del taladro surjan virutas largas de forma regular.

Se aconseja refrigerar con taladrina la broca y aplicar la menor presión posible al taladro mientras esté perforando la chapa.

Vocabulario

Curvadora de rodillos: máquina que con tres elementos realiza el curvado de chapas haciéndolas pasar entre dos de ellos (fijos) y variando la altura de un tercero (móvil), variación que permite modificar la curvatura de la chapa.

Láser: consiste en un rayo de luz que se concentra en un punto de la superficie del material que hace que se eleve su temperatura localmente hasta que este se derrita o vaporice.

Oxicorte: es un corte térmico que primero calienta el acero a 900 °C con una llama y luego lanza un chorro de oxígeno puro que produce una reacción de oxidación muy rápida que es la responsable de que se produzca el corte.

Plegadora: máquina herramienta diseñada para el doblado de chapa en frío.

Torno: máquina dotada de herramientas que permiten mecanizar por arranque de viruta, roscar, cortar, taladrar y ranurar piezas.

- **Soldadura.** En los casos donde la soldadura es manual se distinguen cuatro procesos: electrodo revestido, oxigás, MIG/MAG y TIG. En los casos donde sea necesario robotizar destaca la soldadura orbital para tubos o equipos montados sobre diversos automatismos. En la soldadura de perfiles de grandes espesores se utiliza el arco sumergido y el plasma o láser para piezas en miniatura o de espesor inferior a 1 mm.

Figura 1.49. Soldando con oxigás, MIG/MAG y TIG.

En las Unidades 6 y 7 se analizan en detalle las características de todos estos procesos.

1.7. Procesos de montaje y unión

El montaje de los elementos que conforman aquello que se va a fabricar se realizará siempre de acuerdo con las especificaciones indicadas en las hojas de trabajo o instrucciones técnicas (IT), documentos que se analizarán en el apartado siguiente y que dictarán el orden de las operaciones de montaje y unión.

Se podría decir que en un montaje todo parte de reunir las piezas que van a conformar el elemento a fabricar y presentarlas, es decir, colocarlas en su sitio comprobando que ajustan correctamente entre ellas y que las medidas del conjunto se mantienen dentro de las tolerancias dimensionales. Para que esto se pueda hacer sin error la superficie sobre la que se asienta el montaje debe estar nivelada.

Una vez presentadas las piezas y habiendo comprobado que ajustan correctamente se puede proceder a su unión temporal que, en el caso de que la técnica de unión elegida sea la soldadura, se realizará por punteado, esto es, se fijarán las piezas entre sí mediante pequeñas soldaduras. En las uniones por tornillería o remachado se pueden unir las piezas directamente con estos métodos según se vayan montando. Por último, en el caso de los adhesivos será necesario utilizar útiles de montaje como, por ejemplo, los sargentos (o gatos) que unan de forma temporal mientras fragua el pegamento.

Figura 1.50. Sargento o gato de apriete.

Tras cada punteado o fijación temporal se deben revisar las medidas para mantenerse siempre dentro de las tolerancias dimensionales. Dicho de otro modo, que lo fabricado no pierda las medidas o el montaje no habrá servido de nada.

Es importante diferenciar, en su caso, las operaciones de montaje y unión que deben realizarse en el taller de las que se realizarán en el lugar de la instalación. Como ya se sabe, la simbología de soldadura permite distinguir estas operaciones de un modo sencillo añadiendo un banderín al cuerpo de la flecha.

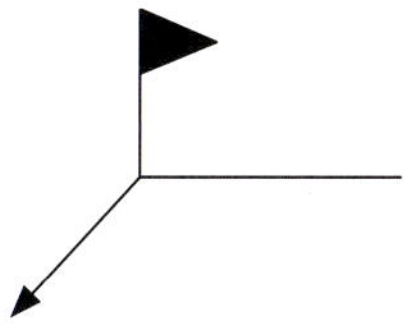

Figura 1.51. Soldadura de campo. Se indica con un banderín en el quiebro de la flecha.

Actividad propuesta 1.4

Coloca un sargento (gato de apriete). Para ello una de las mordazas es móvil y se puede desplazar por el mástil del gato hasta atrapar las piezas por ambas caras.

Para ejercer presión sobre las piezas la mordaza móvil está provista de una varilla roscada pasante que acaba en el extremo interior en una pieza cilíndrica y en una varilla en el extremo exterior que hace las veces de maneral para girar la varilla roscada.

Para colocarlo correctamente primero afloja totalmente la varilla roscada de tal modo que el cilindro quede completamente recogido y en contacto con la mordaza móvil. Ahora, lleva el gato a la posición deseada y atrapa con las dos mordazas las piezas a unir. Posteriormente, y mientras inmovilizas las mordazas, gira el maneral hacia la derecha para que la varilla roscada haga salir el cilindro y la presión ejercida por este permita que el gato quede fijado.

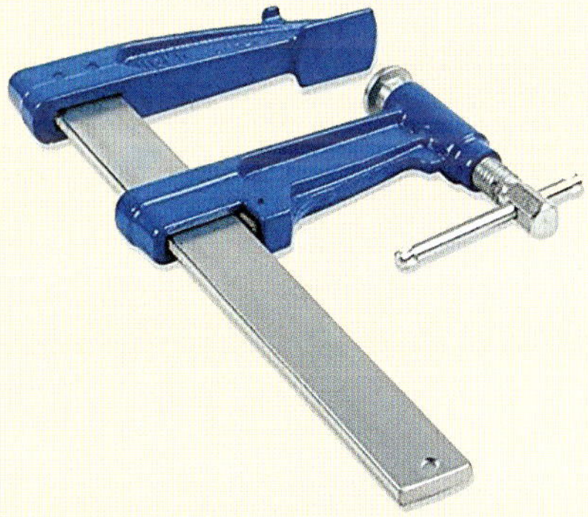

Figura 1.52. Un gato de apriete es, básicamente, una mordaza que ejerce presión sobre dos piezas que se van a unir.

1.8. Hojas de proceso. Estructura y organización de la información

La hoja de proceso es, en términos generales, el conjunto de instrucciones que, con mayor o menor detalle según sea necesario, conducen a lograr el correcto montaje y unión del elemento a fabricar.

En un análisis más a fondo se pueden encontrar varios tipos de documentos donde acceder a esas instrucciones con distinto grado de detalle, atendiendo al conjunto de operaciones o, por el contrario, a solo una parte del proceso de montaje y unión.

- **Procedimiento:** describe, de principio a fin, la forma de llevar a cabo un proceso de montaje y unión. Los procedimientos se utilizan para aquellas actividades en las que se encadenan varias operaciones e intervienen distintas personas o departamentos de la empresa.
- **Instrucciones de trabajo (IT):** se trata de documentación que describe de forma clara y precisa la manera correcta de realizar una determinada tarea que puede causar inconvenientes o daños de no realizarse de ese modo. Se redactan formando un equipo de personal encargado de realizar esa actividad y son aprobadas por la unidad técnica de la empresa.

  Por tanto, las instrucciones de trabajo se utilizan para describir una operación concreta, normalmente asociada a un puesto de trabajo (por ejemplo, montador, soldador, trazador, etcétera).

  En ambos casos se trata de textos apoyados con imágenes que describen operaciones. Por otro lado, existe un formato más reducido y específico muy empleado en operaciones de mecanizado en fabricación de piezas y otro similar para operaciones de soldadura.

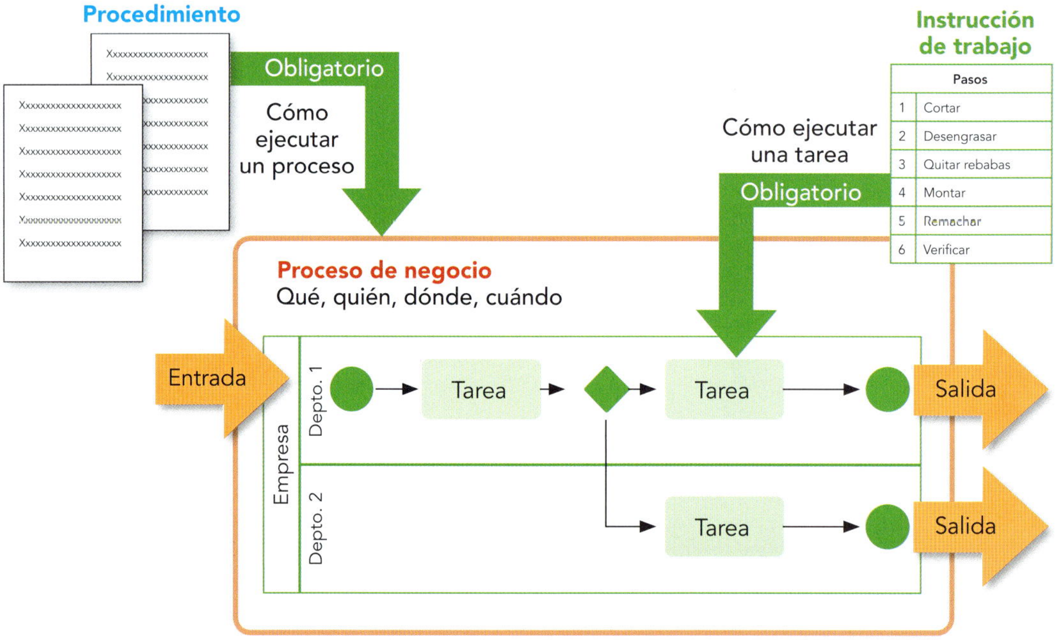

Figura 1.53. Proceso de instrucción de trabajo.

- **Hoja de trabajo:** en los procesos de mecanizado se emplea un formato tipo tabla que se cumplimenta con los datos necesarios para la fabricación de la pieza, como pueden ser los tipos de herramientas a emplear, el orden de aplicación y los parámetros de cada operación (por ejemplo, número de broca para taladrado y revoluciones por minuto, o velocidad de corte y tipo de refrigerante).

Recuerda

Una instrucción de trabajo se redacta respondiendo estas preguntas: ¿Qué debe hacerse? ¿Cómo se hace? ¿Quién hace, supervisa y aprueba? ¿Cuándo se hace? ¿Qué equipos, materiales y documentos se utilizan? ¿Cómo se registra y controla esta actividad?

Nombre de la pieza Fase de fabricación		Plano Disp. sujeción	
N.° de operación		Instrumentos	Medición
Descripción de la operación			Trazado
Máquina herramienta		Dimensión nominal y tolerancia dimensional	Lineal
			Ajuste
Herramienta de corte Disp. sujeción herramienta		Dimensión nominal y tolerancias geométricas	Forma
			Orientación
			Localización
			Alineación
Herramienta de corte Disp. sujeción herramienta			

Esquema de la operación de fabricación					
Parámetro de corte					
DESBASTE ACABADO REFRIGERANTE					
V_c	N	$f_{desbaste}$ a	V_c	N $f_{acabado}$ a Sí No	
(mm/mín)	(r. p. m.)	(mm/mín) $n_{p\text{-}desbaste}$ (mm)	(mm/mín)	(r. p. m.) (mm/mín) $n_{acabado}$	Total operación (mm) (mín)

Figura 1.54. Hoja de proceso.

- **WPS (*Welding Procedure Specification*) o especificación del proceso de soldadura:** en este formato y de un modo similar al de la hoja de trabajo se pueden ampliar datos que no se puedan facilitar al operario mediante simbología. Hay que recordar que el cuerpo de la flecha dispone en la cola de un espacio donde hacer referencia a documentos. En el caso de la WPS de la Figura 1.55, el símbolo de soldadura asociado puede llevar en la cola esta numeración (WPS n.° CH9MVN-01) para que el operario acceda a la información que contiene dicha WPS.

  Como se muestra en la Figura 1.55 consiste en un dibujo donde se enumeran los cordones a realizar, el lugar donde debe ubicarse cada uno y los parámetros necesarios para que el soldador regule el equipo.

Welding Procedure Specification (WPS)

Welding Procedure No: CH9MVN-01

Consumables		Base Material	
Welding process (root):	TIG (GTAW)	Parent Material:	A335 P91
- Consumable:	**9CrMoV-N**		ASME IX P-Number 5B
- Specification:	BS EN: W CrMo 91 AWS: ER90S-B9		
Welding process (fill):	MMA (SMAW)		
- Consumable:	**Chromet 9MV-N**	Thickness:	15-60mm
- Specification:	BS EN, E CrMo 91 B	Outside Diameter:	16″ NB (406mm OD)

Joint Details		Joint Position	
Joint Type:	Butt single sided	Welding Position:	ASME: 5G
Manual/Mechanised:	Manual		BS EN: PF

Joint Sketch

Joint for thickness < 20mm

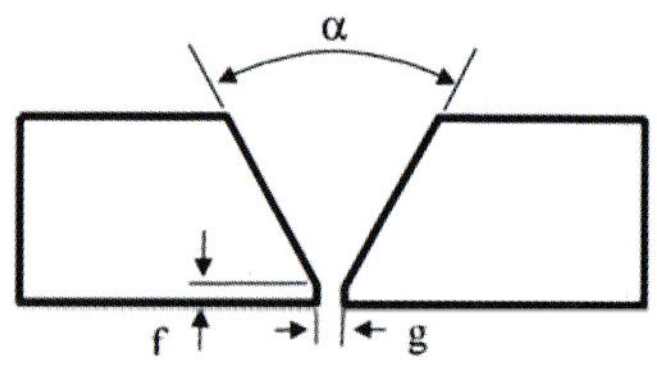

f = 1-3mm; g = 2-4mm; α = 70°

Joint for thickness > 20mm

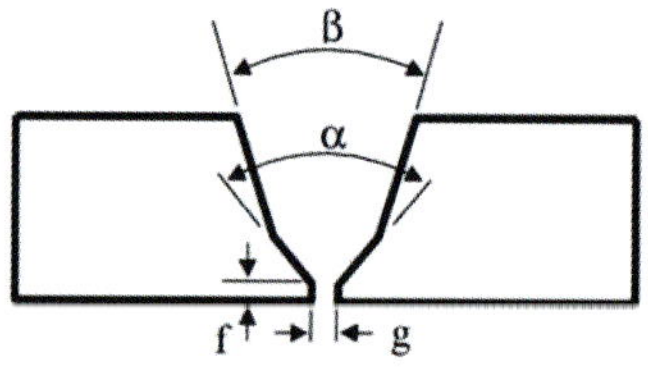

f = 1-3mm; g = 2-4mm; α = 70°; β = 20°

Welding Details

Run	Process	Consumable	Diameter mm	Current A	Voltage V	Type of current / Polarity	Wire Feed Speed m/min	Heat Input kJ/mm
1	TIG	**9CrMoV-N**	2.4	70-110	~12	DC-	NA	~1.2
2-3	TIG	**9CrMoV-N**	2.4	80-140	~12	DC-	NA	~ 1.2
4-7	MMA	**Chromet 9MV-N**	3.2	90-130	~24	DC+	NA	~ 1.0
Rem	MMA	**Chromet 9MV-N**	4.0	120-170	~25	DC+	NA	~ 1.2

Electrode Baking or Drying:	300-350°C/1-2h
Gas – root (TIG) shielding:	Pure Ar
purge:	Pure Ar (note 1)
Gas Flow Rate (TIG) – Shielding:	8-15 l/min
Purge:	4-10 l/min
Tungsten Electrode Type/Size:	2% Th/2.4mm
Details of Back Gouging/Backing:	NA

Preheat Temperature:	200°C min (note 2)
Interpass Temperature:	300°C max

Post-Weld Heat Treatment:	Note 3.
Temperature:	760°C ± 10°C
Time:	1h/25mm (2 hours min)
	Note 4.

Notes:

1. Maintain purge for runs 1-3.
2. Preheat 150°C min for TIG.
3. Cool to ~100°C before PWHT.
4. Heating & cooling rate <100°C/h (above 300°C).
5. Stringer beads, maximum weave 3 x ø.

Figura 1.55. WPS sobre especificaciones del proceso de soldadura.

Actividad propuesta 1.5

Responde a las siguientes preguntas relacionadas con la Figura 1.55:

- ¿Con qué proceso se realizan los cordones n.° 1 a n.° 3?
- ¿Y los cordones n.° 4 a n.° 7?
- ¿Qué valores de corriente se indican para el cordón n.° 1?
- ¿Qué polaridad se ha de emplear para realizar los cordones n.° 4 a n.° 7?

Sabías que...

Una WPS o especificación del proceso de soldeo viene de un documento que se crea previamente llamado PQR.

El PQR (*Procedure Qualification Record* o registro de calificación del procedimiento) viene de realizar las pruebas que se consideren necesarias en una soldadura concreta de un trabajo que se debe realizar. Esta serie de pruebas deben pasar un examen visual que determine que están libres de defectos y, más tarde, llevar a un laboratorio que realice ensayos de calidad sobre esas pruebas, es decir, someterlas a cargas, fuerzas que las doble, estiren o compriman, así como radiografías, ultrasonidos, etc. El registro de los parámetros con que se llevó a cabo cada prueba se realiza en un documento similar a la WPS (el PQR); en caso de que alguna de las pruebas supere el examen visual y de laboratorio se considera que se ha encontrado el modo de realizar correctamente esa soldadura del trabajo en cuestión. Entonces, se toman los datos del PQR y con ellos se cumplimenta el WPS.

Enlaces web de interés

Tipos de materiales:
https://www.edu.xunta.gal/espazoAbalar/sites/espazoAbalar/files/datos/1464947174/contido/1_tipos_de_materiales.html

Identificación de materiales por chispa:
http://www.alexandersaavedra.com/2010/06/identificacion-de-metales-por-prueba-de.html

Fabricante de corte:
https://www.hypertherm.com/es/

Representación simbólica de uniones soldadas:
https://ocw.unican.es/pluginfile.php/228/course/section/139/tema_3.3.pdf

AEG metalurgia:
https://www.aeg-powertools.eu/es-es/products/metalworking

Skil, herramientas eléctricas:
https://www.skil.es/instrucciones-paso-a-paso/taladrar-metal.html

Casos prácticos

Caso práctico RESUELTO

Identifica las siguientes máquinas/herramientas y relaciónalas con el trabajo que se puede hacer con ellas:

a)

b)

c)

Solución:

a) **Radial**

También conocida con el nombre de *rotaflex*, galletera o amoladora angular. Se compone de un motor eléctrico, un eje de transmisión y un conversor de movimiento que modifica la dirección de giro del motor. Sobre el eje se acopla el disco seleccionado dependiendo de la tarea que se pretenda realizar y que rota velozmente cuando se activa el interruptor. Los usos principales son: lijar o decapar, desbastar, lijar, pulir, bruñir y cortar diversos materiales como plásticos, maderas y metales. Se utiliza mayoritariamente para:

Abrir huecos para instalar nuevas ventanas o puertas de paso.

- Cortar materiales metálicos tipo vigas de acero.
- Lijar y desbastar metales.
- Decapar pinturas viejas.
- Eliminar óxido.

b) **Sierra de corte**

La sierra de cinta, también llamada serrucho de banda, es una sierra eléctrica que, a través de una tira metálica dentada, larga, estrecha y flexible, sirve para cortar diversos tipos de materiales, aunque la que se utiliza para el corte de metal tiene la particularidad de necesitar un refrigerante que cae sobre la hoja de corte con el objeto de bajar su temperatura; de este modo se evita el sobrecalentamiento que produciría la fricción o el corte y, consecuentemente, el desafilado de la cuchilla. Son máquinas grandes que han de estar asistidas por una persona que conozca perfectamente su manejo.

c) **Fresadora**

Crea piezas con la forma deseada mecanizándolas mediante una herramienta rotativa que se llama fresa. Para el sector del mecanizado, estas máquinas herramientas constituyen una máquina fundamental.

La **fresadora CNC** está diseñada para elaborar piezas con exactitud. Trabaja bajo el sistema de control numérico por computadora (CNC), es decir, se programa a través de un ordenador y puede realizar las funciones de lijar, cortar, dibujar, etc. Se utiliza en fábricas y talleres porque necesitan una alta precisión en las piezas que fabrican, tanto en el tamaño como en la exactitud de sus medidas.

Caso práctico PROPUESTO

Identifica en los siguientes materiales de la tabla sus características, señala si son ferrosos o no, describe su composición y propiedades, además de indicar su principal aplicación.

Material	Ferroso		Composición	Propiedades	Aplicaciones
	Sí	No			
Titanio					
Níquel					
Cobalto					
Aluminio					
Hierro					

Mapa conceptual

PROCESOS EN OPERACIONES DE MONTAJE Y UNIÓN

- **Materiales. Propiedades**
  - Hierro: buena soldabilidad. Material excelente para la construcción
  - Acero inoxidable: buena resistencia a la corrosión. Se usa en la industria química, farmacéutica, etcétera
  - Aluminio: muy buena resistencia en relación con su peso. Se usa en la industria del automóvil, química, etcétera
  - Titanio: ligero, tiene la mayor resistencia en relación con su peso. Se usa en automoción y en la cirugía protésica
  - Níquel: buenas propiedades a altas temperaturas. Se usa en estructuras con condiciones extremas
  - Cobre: conduce muy bien la corriente eléctrica. Se usa en construcción y automoción
  - Plásticos: ligeros, de baja densidad, resistentes a la corrosión. Con ellos se fabrican tubos, cajas, etcétera
  - Cerámicos: bajo peso, alta dureza. Se usan en construcción
  - Materiales compuestos: unión de dos o más materiales
- **Simbología**
  - Partes de un símbolo de soldadura
    - Flecha que señala la unión y la línea de referencia
  - Tipos de símbolos utilizados en soldadura
    - Básicos y suplementarios
  - Representación de las dimensiones de las soldaduras
    - Medida transversal. Penetración de la soldadura
    - Referentes al chaflán. Irá en el símbolo básico
    - Medidas longitudinales: indican la longitud del cordón
  - Ejemplos de aplicación práctica de la simbología de soldadura
    - Ángulos en cruz
    - Línea quebrada
    - Soldadura intermitente en uniones a tope
    - Soldadura intermitente en uniones en ángulo
    - Recargues
    - Biseles
- **Vistas, cortes y secciones**
- **Formas constructivas de componentes**
  - Barras y perfiles
- **Procedimientos de trazado: fases y procesos**
- **Maquinaria y herramientas de trabajo**
  - Amoladora
  - Fresadora
  - CNC
  - Radial
  - Rodillo de curvado
  - Taladro
  - Punzonadora
  - Plegadora...
- **Procesos de montaje y unión**
- **Hojas de proceso. Estructura y organización de la información**

DE COMPROBACIÓN

1.1. ¿Cómo se llama la aleación de hierro y carbono?
a) Acero al carbono.
b) Acero inoxidable.
c) Hierro dulce.

1.2. ¿Cuál de los siguientes metales constituye la base de una aleación ultraligera?
a) Aluminio.
b) Titanio.
c) Magnesio.

1.3. ¿Cuál de los siguientes métodos de unión se corresponde con un cilindro roscado cuya cabeza carece de ranuras y es preciso usar una llave para aflojarlo o apretarlo?
a) Tornillo.
b) Perno.
c) Remache.

1.4. ¿Cuál de los símbolos que se citan a continuación se encuentra en la categoría de símbolo básico?
a) Acabado a paño.
b) Soldadura perimetral.
c) Bisel simple.

1.5. ¿Podrías indicar la correcta definición de planta en un plano general?
a) Es la representación del objeto a vista de pájaro, es decir, visto desde arriba.
b) Se trata de su vista lateral.
c) Es la vista del objeto tal y como se vería estando situado delante del mismo.

1.6. ¿Cómo se llama la herramienta de representación gráfica que consiste en atravesar con un plano imaginario una pieza donde solo se representa la zona atravesada por ese plano?
a) Cota.
b) Corte.
c) Sección.

1.7. ¿A qué tipo de formato de perfil comercial se le llama palastro?
a) Tubo redondo.
b) Plancha de acero.
c) Chapa perforada.

1.8. ¿Cuál es la versión aligerada de los perfiles en H?
a) HEA.
b) HEB.
c) HEM.

1.9. ¿Qué límite de tolerancia tiene el trazado?
a) 1 mm.
b) 0,5 mm.
c) El límite es variable dependiendo de lo que se fabrique.

1.10. ¿Qué es un desarrollo geométrico?
a) Una sucesión de operaciones ordenadas en el tiempo que conducen el montaje del elemento a fabricar.
b) Es la representación de una pieza en 2D que permite dibujarla o trazarla sobre una superficie plana.
c) Es la variación de las dimensiones que una pieza sufre con la dilatación o contracción por efecto de la temperatura.

1.11. ¿Cuál es la operación que va a continuación del trazado?
a) Corte.
b) Curvado.
c) Taladrado.

1.12. ¿Cuál de las siguientes herramientas se usa en operaciones de conformado de piezas?
a) Taladro.
b) Amoladora radial.
c) Punzonadora.

1.13. ¿A qué se refiere el concepto de unión temporal por punteado?
a) A la fijación mediante sargentos.
b) A punzonar una chapa para unirla con otra.
c) A ejecutar pequeñas soldaduras localizadas en puntos concretos.

1.14. ¿Qué nombre recibe el documento que recoge todos los detalles de las soldaduras a realizar en una unión concreta?
a) WPS.
b) IT.
c) Hoja de trabajo.

Actividades finales

DE APLICACIÓN

1.15. Expresa cómo definirías el montaje industrial.

1.16. Explica qué elementos componen la aleación conocida como acero inoxidable.

1.17. Comenta en qué tipo de construcciones y aplicaciones se emplea el titanio.

1.18. Describe qué son los materiales compuestos.

1.19. Desarrolla cuáles son las principales características de los materiales cerámicos.

1.20. Expón a partir de qué elementos se obtienen los plásticos.

1.21. Especifica cuáles son las llamadas uniones permanentes.

1.22. Explica cuál es la norma vigente de simbología de soldadura.

1.23. Comenta en qué se diferencia un perno de un tornillo.

1.24. Define lo que es un palastro.

1.25. Expresa en qué sector se emplean los remaches como principal método de unión.

1.26. Explica si es lo mismo un corte que una sección. Razona tu respuesta.

1.27. Analiza las diferencias entre un perfil IPE y uno IPN.

1.28. Comenta a qué hacen referencia las siglas CNC.

1.29. Explica qué tipo de brocas se emplean para taladrar los metales duros.

1.30. Describe lo que es el oxicorte.

1.31. Detalla cuál es la definición de tolerancia.

1.32. Enumera los principales procesos de soldadura manual.

1.33. Indica qué diferencia un procedimiento de una instrucción de trabajo.

1.34. ¿Cuál es la traducción al castellano del término inglés WPS?

1.35. Relaciona los siguientes símbolos de soldadura con su correcta designación.

DE AMPLIACIÓN

1.36. Distingue los tipos de aceros (acero al carbono y acero inoxidable 304) con ayuda de un imán.

1.37. Resuelve el siguiente caso práctico de simbología.

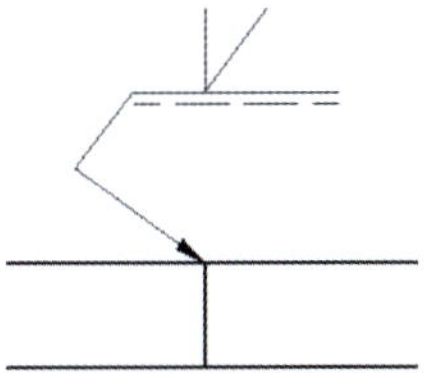

1.38. Identifica materiales metálicos según la forma y el tono de la chispa que desprenden al esmerilarlos.

1.39. Observa estas preparaciones de bordes y relaciónalas con el símbolo de soldadura que las represente.

a) 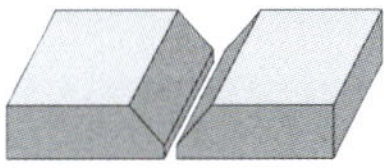

b) 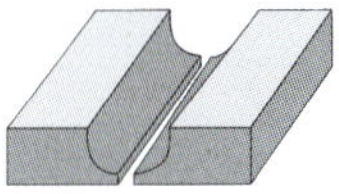

c) 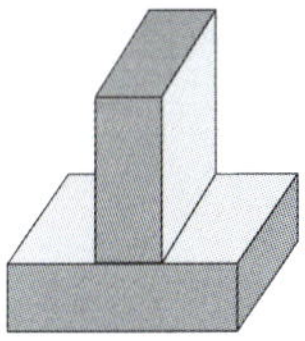

d) 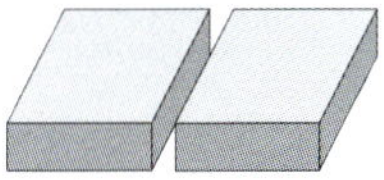

1.40. Resuelve los siguientes casos de simbología de soldadura.

a) 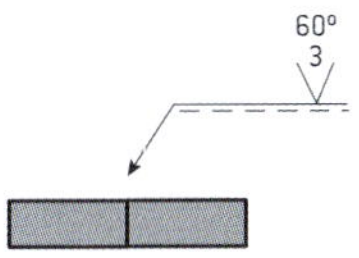

b) 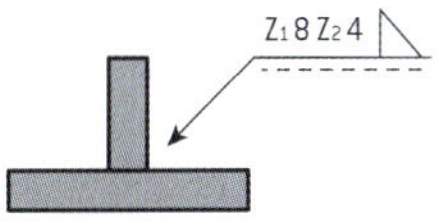

c) 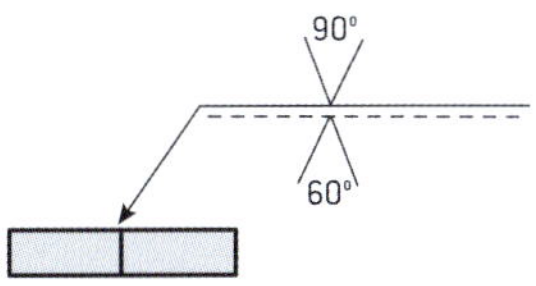

Actividades finales

1.41. Indica en cada caso el símbolo que representa el valor de tolerancia en un plano con respecto a una dimensión o característica particular que deba cumplir la pieza fabricada:

- Planitud.
- Paralelismo.
- Perpendicularidad.
- Redondez.

1.42. Explica a qué proceso de soldadura se refieren los siguientes códigos numéricos.

- 141.
- 135.
- 111.
- 138.
- 142.

Identificación de materiales

2

Una forma de identificar los metales es prestar atención a su color, ya que comúnmente varía desde los tonos plateados como el aluminio, a un rojo amarillento como el del cobre. El acero y el hierro tienen una tonalidad grisácea que varía en función del acabado de la superficie. En las operaciones y el trabajo de la persona soldadora, es fundamental que identifique el metal con el que ha de trabajar y cuáles son los más adecuados para determinadas tareas.

En esta unidad se estudiarán los materiales, sus propiedades y sus aleaciones, así como su tratamiento.

Contenidos

Objetivos

- Conocer las propiedades de los materiales metálicos.
- Profundizar en el conocimiento de las aleaciones metálicas.
- Estudiar las estructuras de los materiales y sus composiciones.
- Aprender cómo es la normalización de los materiales metálicos, polímeros y cerámicos.

2.1. Propiedades de los materiales metálicos

Los metales son la base de la industria de la fabricación metálica. En general tienen múltiples aplicaciones, son duraderos, asequibles y reciclables. Generalmente sólidos a temperatura ambiente, son también conductores del calor y la electricidad, a la vez que presentan una buena relación entre peso y resistencia. Los materiales metálicos se clasifican en dos familias:

- **Ferrosos o compuestos principalmente por hierro:** son, por ejemplo, el acero al carbono, la fundición de hierro, los aceros aleados y los inoxidables.
- **No ferrosos:** no tienen presencia de hierro o este no es su elemento principal. Dentro de estos se distingue entre:
  - Pesados como el cobre, el plomo, el estaño o el zinc.
  - Ligeros como el aluminio o el titanio.
  - Ultraligeros como el magnesio.

De todos los metales que se pueden encontrar en la industria de la fabricación mecánica el acero es la aleación más utilizada. Con acero se construyen estructuras para puentes o edificios, herramientas, maquinaria industrial y electrodomésticos, y también está presente en la industria del automóvil, naval o ferroviaria.

A las características que distinguen entre sí a los materiales metálicos se las conoce como **propiedades mecánicas,** que se citan a continuación:

- **Dureza:** es el grado de deformación permanente que deja en un metal una fuerza o carga. A mayor dureza será necesaria más fuerza para conseguir deformarlo. Para medir y comparar la dureza se aplica una fuerza con un penetrador (que puede ser una bola, un diamante o un cono) y se mide la huella que deja. A menor huella mayor dureza.

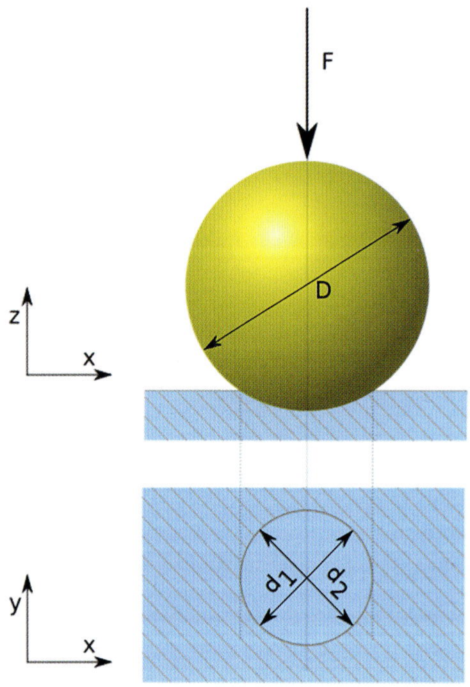

Figura 2.1. En el ensayo de dureza la huella que deja el penetrador permite definir esta. Resistencia (kg/mm²) = carga aplicada/sección. *(Fuente: BrinellSkizz.jpg. Lokilech).*

- **Elasticidad:** cuando a un metal se le aplica una fuerza que lo deforma, y al dejar de aplicarla este recupera su forma original, se dice que es elástico. El límite elástico es la máxima resistencia que puede soportar un metal sin provocar una deformación permanente y su unidad es kg/mm^2.
- **Resistencia mecánica:** se refiere a la fuerza necesaria no solo para superar el límite elástico, sino para romper el metal.
- **Tenacidad:** es la capacidad del material de soportar, sin deformarse ni romperse, los esfuerzos bruscos que se le apliquen.
- **Resiliencia:** es la cantidad de energía necesaria para llevar a un material a su límite elástico.
- **Fatiga:** es el fallo por fractura de un material que se da cuando se aplican esfuerzos que cambian con el tiempo.
- **Fluencia:** es la deformación que se produce en un período de tiempo en el que un material está sometido a un esfuerzo y una temperatura constante. Algunos metales se pueden deformar solo por sostener su propio peso. Un ejemplo es el caso del acero al carbono, cuando trabaja a temperaturas mayores de 400 °C. En particular, se conoce como *creep* o fluencia en caliente.
- **Ductilidad:** es la capacidad del metal para deformarse plásticamente en frío sin romperse.
- **Soldabilidad:** es el grado de facilidad con que un material permite que se obtengan soldaduras sanas, homogéneas y que además la unión se comporte satisfactoriamente en las condiciones en las que debe estar de servicio.

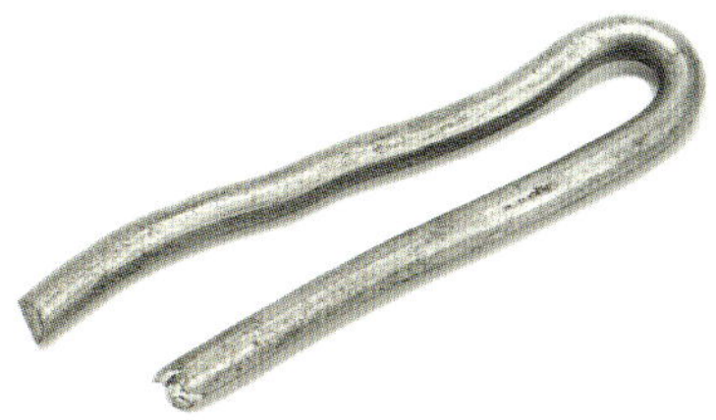

Figura 2.2. La ductilidad es la capacidad de un metal para estirarse sin debilitarse.

2.2. Aleaciones metálicas

Se puede definir una **aleación** como un producto homogéneo que resulta de la combinación de dos o más elementos, de los cuales al menos uno es un metal, para constituir otro material. En toda aleación hay un material principal o base; por ejemplo, el acero es una aleación con hierro como material base y carbono como el aleante más importante, aunque también pueden intervenir otros como el silicio o el manganeso.

¿Para qué sirve una aleación? Se emplean más aleaciones que metales puros en la fabricación mecánica. La razón está en que la aleación mejora algunas de sus propiedades mecánicas, como pueden ser su respuesta ante los esfuerzos y su resistencia a la corrosión o a la temperatura. Estas propiedades se modifican mediante los aleantes y la presencia de estos determina el grado de mejora. De forma general, según aumente el aleante mayor será la modificación de las propiedades del metal base, pero es importante tener claro que la mejora de unas propiedades mecánicas puede suponer un empeoramiento en otras. Por ejemplo, añadir carbono al acero aumenta su dureza; sin embargo, también reduce su ductilidad, es decir, pierde capacidad para deformarse sin romperse si se le somete a una fuerza, por tanto, se fragiliza.

Los elementos que forman la aleación deben poseer la capacidad de mezclarse homogéneamente cuando se encuentren en estado líquido y el producto final debe tener una estructura interna típicamente metálica (como se verá en el Apartado 2.2.1).

Sabías que...

Un **producto homogéneo** es aquel que tiene una composición y estructura uniforme presentando las mismas propiedades en todos los puntos.

A continuación se expone la forma de clasificar la familia de los aceros en función tanto del tipo de aleante como por la presencia de este en la aleación, y las consecuencias que ello puede tener en operaciones comunes de unión y montaje, como la soldadura, el taladrado o el mecanizado.

2.2.1. Clasificación de los aceros

Los elementos principales del acero son hierro y carbono, a los que se pueden sumar otros. El acero se clasifica según los componentes que participan en la aleación y el grado de presencia de estos. Se distinguen los siguientes tipos de acero.

☐ Aceros al carbono

Según el porcentaje de carbono que tenga la aleación, el acero al carbono se clasifica así:

- **Bajo contenido en carbono:** puede ser muy bajo (menos de 0,15 %) o bajo (entre 0,15 % y 0,30 %). Se puede soldar por medio de cualquier proceso manual (electrodo, MAG, TIG, oxiacetileno), sin apenas riesgo de problemas metalúrgicos. Con MAG y TIG debe estar libre de algunos gases disueltos en el metal en la fabricación (desgasificación) o estos darán problemas de poros. También el consumible de soldadura se ha de escoger de forma adecuada para evitar la porosidad. El taladrado o mecanizado también es sencillo y la herramienta requerida es la más económica (por ejemplo, HSS laminada).

Sabías que...

HSS son las siglas en inglés de *High Speed Steel*, o lo que es lo mismo, **acero rápido.** Se trata de un acero aleado que permite la perforación a alta velocidad.

- **Medio carbono:** su presencia va de 0,30 % a 0,50 %. Para este contenido en carbono se recomienda de forma habitual precalentamientos y poscalentamientos. Para el taladrado se recomiendan brocas HSS rectificadas.
- **Alto carbono:** su contenido va de 0,50 % a 0,90 %. Soldarlo es bastante más complicado, porque la ZAC (zona afectada por el calor) se puede endurecer quedando frágil. Se consigue su soldadura con precalentamientos específicos al porcentaje de C o con tratamientos térmicos para devolver la ductilidad (recocido, que se verá en el Apartado 2.5.1). Para el taladrado se recomiendan las HSS rectificadas recubiertas de una aleación de titanio o cobalto.

Tabla 2.1. Referencias en precalentamiento de aceros. Esta temperatura se debe mantener entre pasadas

Porcentaje de C	Temperatura de precalentamiento
0,3	150 °C
0,4	200 °C
0,5	250 °C

☐ Aceros aleados

Los aceros aleados se distinguen de los aceros al carbono porque tienen presencia de elementos como manganeso y silicio que contribuyen a mejorar sus propiedades mecánicas, físicas o químicas.

- **Aceros para herramientas:** presentan habitualmente un contenido en carbono de un 0,5 % a un 1,5 %. La única opción de soldadura posible es de reparación con consumible de composición similar, precalentamiento y luego un postratamiento térmico para aliviar tensiones.
- **Aceros al manganeso antidesgaste o Hadfield:** contienen carbono entre un 0,7 % y un 1,5 % y superan el 12 % de manganeso. También se sueldan con consumible del mismo contenido en aleantes que el material base y se taladra con brocas HSS al cobalto o metal duro.
- **Aceros de baja aleación:** su contenido en carbono es bajo, de un 0,15 % a un 0,2 %. En la aleación debe haber cromo (entre 0,5 % y 9 %) y molibdeno (entre 0,5 % y 1 %). Estos aceros son resistentes a la fluencia en caliente (o *creep*, el acero al carbono pierde su resistencia mecánica a partir de 400 °C y se sustituye por estos, que se pueden utilizar hasta temperaturas de 600 °C). Son muy utilizados en centrales térmicas, nucleares, plantas petroquímicas, etc. Su soldabilidad es muy buena. El tipo de material de aporte con el que se sueldan depende del resultado final que se requiera y se taladra con brocas HSS al cobalto.

☐ Fundición de hierro

Puede contener entre un 2 % y un 6,67 % de carbono (aunque normalmente tiene entre 3 % y 4,5 % de carbono), que lo hace muy duro y frágil al mismo tiempo. Se puede decir que no tiene ductilidad o es muy limitada. El carbono puede estar libre formando grafito o como carburo de hierro (Fe_3C).

El hierro fundido nodular, la fundición gris y el hierro fundido maleable admiten la soldadura. A la fundición blanca no se le aplican procesos de soldadura de unión, solamente de recargue superficial pues se usa mucho para servicios que requieren alta resistencia al desgaste.

El taladrado se realizará con broca HSS al cobalto, al titanio o al circonio.

☐ Aceros inoxidables

Se distinguen cuatro tipos:

- **Austeníticos:** tienen un contenido muy bajo en carbono, cromo de un 17 % a un 27 % y níquel de un 6 % a un 20 %. Son fácilmente soldables, dúctiles y no son templables.
- **Ferríticos:** contenido de carbono entre un 0,1 % y un 0,3 % y de cromo entre un 15 % y un 30 %. Puede fragilizarse la ZAC después de la soldadura. Buena resistencia a la corrosión.
- **Austenoferríticos o dúplex:** carbono entre un 0,01 % y un 0,08 %, cromo entre un 18 % y un 29 % y níquel entre un 3 % y un 8 %. Buena soldabilidad, propiedades mecánicas y resistencia a la corrosión.
- **Martensíticos:** carbono entre un 0,1 % y un 1,2 %, cromo entre un 12 % y un 17 %. No admiten bien la soldadura. Son duros y con más baja resistencia a la corrosión. Para el taladrado se recomienda usar brocas de cromo-vanadio, cobalto o carburo de titanio.

Tabla 2.2. Designación de hilos de soldadura de aceros inoxidables según AWS y UNE EN

Tipos	Designación EN ISO 14343 A	Designación AWS A5.9:2017
Austeníticos	G 19 9 L G 19 9 Nb G 19 12 3 L G 19 12 3 Nb	ER308L ER347 ER316L ER318
Martensíticos y ferríticos	G13 G13 4 G17	ER410 ER410NiMo ER430
Superausteníticos	G 19 13 4 L G20 25 5Cu L	ER317L ER385
Austenoferríticos	G 22 9 3 NL G 25 9 3 Cu	ER2209 ER2553
Resistentes al calor	G 16 8 2 G 19 9 H G 19 12 3 H G 25 20	ER 16.8.2 ER308H ER316H ER310

¿Por qué son inoxidables? Esta propiedad se la da el cromo. Este elemento crea una fina capa de óxidos en la superficie de la aleación de forma espontánea cuando entra en contacto con el oxígeno del aire. Una vez formada actúa como una capa protectora muy resistente a la corrosión.

¿En qué se diferencian los aceros inoxidables de los aceros de baja aleación? Para que un acero pueda crear esa capa protectora es necesario que contenga cromo al menos en un 13 %. Aunque hay cromo en los aceros de baja aleación, este no es suficiente.

Si se corta por la mitad el acero inoxidable, ¿pierde esa protección? No, el cromo está presente por igual en toda la aleación. En la zona del corte se volverá a crear esa capa protectora rápidamente. Eso sí, hay que cortarlo con herramientas adecuadas:

- Taladrinas libres de cloro (los cloruros actúan como agentes corrosivos).
- Útiles de corte que no se hayan utilizado con otros materiales, sobre todo con acero al carbono.
- Si se utiliza el plasma se debe sustituir el aire comprimido por un gas de protección. Combinar oxígeno del aire a presión y alta temperatura superaría la capacidad de la capa protectora.
- Si antes o después se tornea, se esmerila, se lima, etc., hay que hacerlo con útiles que no se utilicen con acero al carbono.

Algo tan simple como almacenar el inoxidable junto al acero al carbono puede producirle corrosión. Al cortar acero al carbono con una radial, si las chispas caen en el inoxidable, también es muy probable que lo contamine.

¿Qué hacer con una pieza contaminada? Si se está seguro de que la pieza está contaminada se recomienda un proceso de decapado y pasivado. Si no se está completamente seguro y la pieza es pequeña se la puede dejar sumergida en agua 24 horas y observar si se forma óxido o no. Hay reactivos que pueden sacar de dudas al momento, como la prueba de ferroxilo: consiste en aplicar una solución de agua destilada al 94 %, ferrocianuro de potasio al 3 % y ácido nítrico al 3 % (de concentración 60 % a 70 %). Utilizando un pulverizador se rocía sobre la superficie del acero inoxidable; si este está contaminado por la presencia de hierro, la zona se colorea de azul. Para eliminar esas inclusiones se utiliza una pasta de ácido nítrico/fluorhídrico. Una vez eliminado se vuelve a comprobar y se lava la zona con agua limpia, preferiblemente desionizada.

En la Tabla 2.3 se presentan algunos defectos típicos y el método que se suele utilizar para eliminarlos.

Tabla 2.3. Defectos que pueden aparecer en los aceros y su posible solución

Defectos en aceros inoxidables	Cómo eliminarlos
Suciedad y polvo	Lavar con agua. Si es necesario, hacerlo con detergente y agua a presión.
Óxidos	Tratar con solución de ácido nítrico y fluorhídrico. Comprobar su eliminación con la prueba del ferroxilo. Lavar con agua limpia.
Inclusiones de partículas de hierro	Tratar con solución de ácido nítrico al 20 % y comprobar su eliminación con la prueba del ferroxilo. Si el hierro está aún presente, utilizar una solución de ácido nítrico (10 %) y ácido fluorhídrico (2 %). Repetir si es necesario y volver a comprobar con la prueba. Lavar con agua limpia.
Salpicaduras de soldadura	Proteger los laterales de la costura con cinta adhesiva o productos específicos. Eliminarlas si es necesario con abrasivo de grano fino.
Aceite y grasa	Eliminar con acetona o limpiadores alcalinos.
Restos de adhesivos	Eliminar con productos solventes o puliendo con abrasivo fino.
Pintura, rotuladores, marcadores y tiza	Lavar con agua, acetona o limpiadores alcalinos.
Óxidos coloreados tras la soldadura	Tratar con decapante químico, mezcla de ácido nítrico y fluorhídrico. Aclarar con agua limpia.
Marcas de calentamiento de la ZAC	Tratar la superficie con una solución de ácido nítrico al 10 % y ácido fluorhídrico al 2 %. Aclarar con agua limpia y pulir si es necesario con un abrasivo fino.

Actividad propuesta 2.1

Identifica los siguientes aceros en función de su composición química:

- Muy bajo contenido en carbono, cromo de un 17 % a un 27 % y níquel de un 6 % a un 20 %.
- Carbono entre un 0,7 % y un 1,5 % y superan el 12 % de manganeso.
- Carbono entre un 2 % y un 6,67 %.
- Carbono inferior al 0,15 % y hasta un máximo de 0,30 %.

2.3. Estructura cristalina de los aceros

Si se toma una muestra de acero y se realiza una metalografía, esto es, se pule esa muestra con el fin de reducir su rugosidad al mínimo para posteriormente aplicarle un reactivo químico llamado nital (2 % de ácido nítrico + 98 % de etanol; a la acción de aplicarlo se denomina ataque) se va a revelar la microestructura de la muestra y si se observa al microscopio se puede apreciar que está formada por células denominadas granos.

¿Qué es el grano cristalino? Es una estructura delimitada por bordes irregulares denominados límite de grano. Este grano, ya a escala subatómica, está formado por un conjunto de celdas elementales donde los átomos se ordenan siguiendo un patrón continuo, es decir, estructuras donde los átomos se disponen en posiciones concretas de esa celda elemental.

En el caso del acero de bajo carbono el patrón de ordenación que siguen sus átomos a temperatura ambiente tiene nombre propio: **estructura cristalina cúbica centrada en el cuerpo** (de ahí lo de grano cristalino).

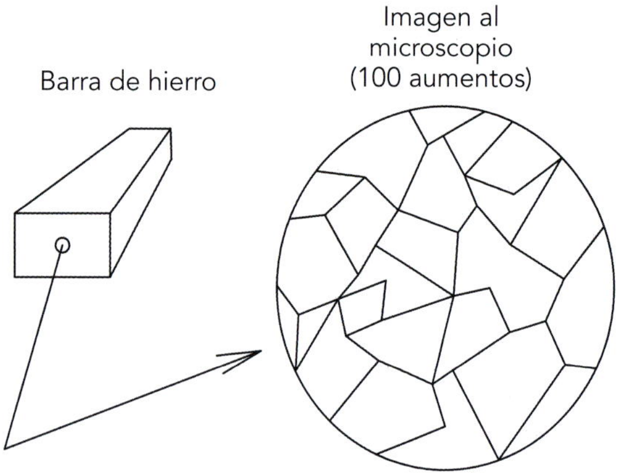

Figura 2.3. Grano de ferrita.

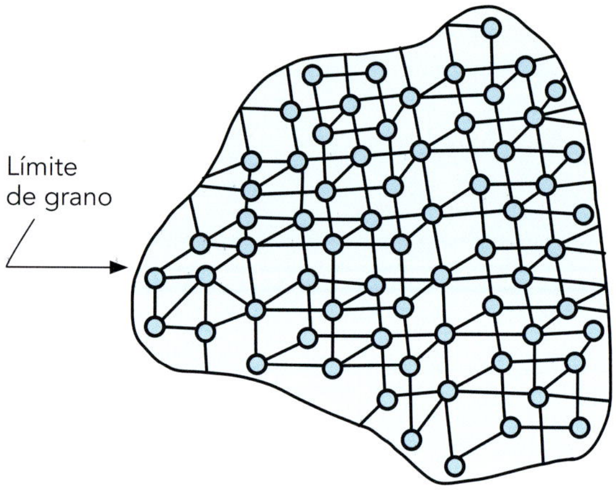

Figura 2.4. Estructura cristalina y límite de grano.

Dos cosas muy importantes que deben conocerse en relación con el grano del acero son las siguientes:

- La estructura cúbica centrada en el cuerpo (BCC, *Body Centered Cubic)* no es permanente, sino que sus átomos se pueden ordenar siguiendo otros patrones dependiendo de la temperatura a la que se encuentre el acero. Esto tiene una consecuencia directa: si cambia la estructura cristalina, también cambian las propiedades mecánicas del metal.
- El tamaño del grano también influye en las propiedades mecánicas; a menor tamaño de los granos, mayor es la dureza del metal y, al mismo tiempo, disminuye la ductilidad de este. Esta propiedad, ligada al tamaño del grano, se puede controlar; solo hay que elevar suficientemente la temperatura del metal y se produce el crecimiento de este ya que los límites de grano permiten la difusión de los átomos de modo que unos granos pueden crecer y otros desaparecer. Si se deforma el acero, se eleva después su temperatura y se juega con la velocidad de enfriado también se puede reducir el tamaño de los granos.

Estas dos características suponen que se pueden modificar las propiedades del acero aplicando tratamientos térmicos, como se podrá ver en el Apartado 2.4.1.

2.3.1. Proceso de cristalización

El punto de fusión del hierro, que está en 1538 °C, es la frontera entre las fases líquida y sólida de este metal. Se ha visto que con los medios de observación adecuados se puede observar que está formado por granos cristalinos donde a nivel molecular sus átomos se ordenan formando patrones cúbicos. La pregunta es: ¿cómo se forman esas estructuras cristalinas?

Si la temperatura baja por debajo del punto de fusión el hierro comienza a solidificar en tres etapas:

- En la primera etapa se forman unos pequeños núcleos estables sólidos dentro del hierro líquido. Se la conoce como **nucleación.**

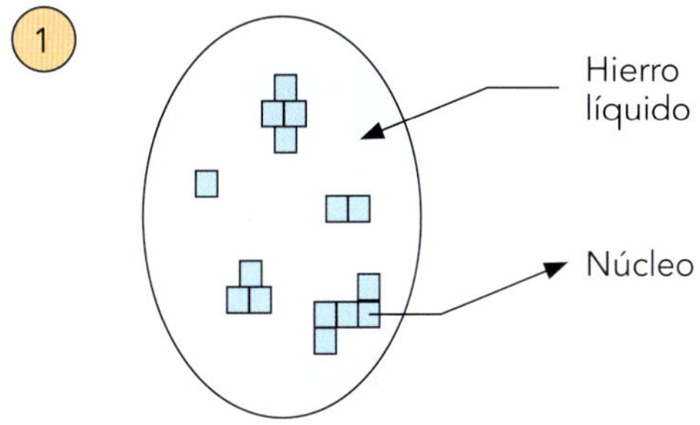

Figura 2.5. Nucleación.

- En la segunda, llamada **cristalización,** el núcleo crece en todas las direcciones formando un precristal con una estructura similar a la de las ramas de un árbol que se denomina dendrita.

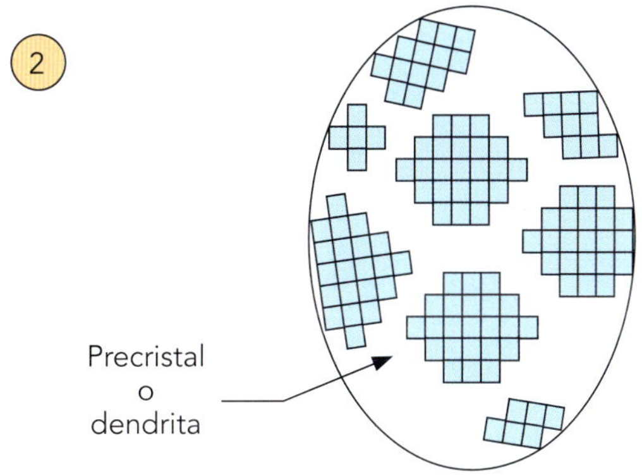

Figura 2.6. Dendrita.

- Por último, en la **formación del grano,** los átomos del líquido pasan a formar la estructura de este. Como se ha visto, interesa que el grano sea pequeño porque el metal tendrá mejores propiedades mecánicas.

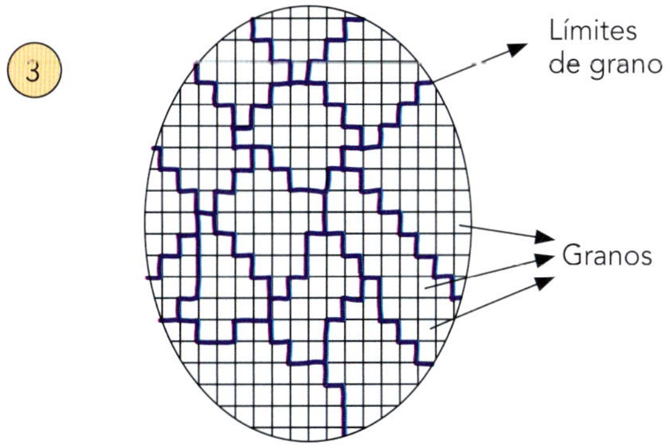

Figura 2.7. Límite de grano.

2.3.2. Curva de enfriamiento

Cuando los átomos del hierro puro empiezan a ordenarse según va descendiendo la temperatura este cambia a la fase sólida, pero, como se anticipaba en el Apartado 2.2.1, la estructura cristalina que presenta no es siempre la misma. Dependiendo de la temperatura a la que se encuentren sus átomos se ordenarán siguiendo patrones distintos. Se dice que todos los metales que presentan esta propiedad son alotrópicos.

Se distinguen tres rangos de temperatura en los que se produce un cambio del patrón de su estructura cristalina:

- Entre 1538 °C y 1388 °C la estructura que siguen los átomos es cúbica centrada en el cuerpo.
- Entre 1388 °C y 912 °C cambia a cúbica centrada en las caras.
- Por debajo de 912 °C vuelve a cambiar a cúbica centrada en el cuerpo.

Como ya se sabe no es el hierro puro, sino la aleación llamada acero al carbono (hierro como metal base y carbono como aleante principal) el metal que más se emplea en todo tipo de construcciones metálicas. A continuación se verá en detalle lo que ocurre en cada rango de temperatura a la vez que se podrá entender el papel que juega el carbono y cómo se incorpora a la estructura cristalina del hierro. Para ello, se expone el proceso de cambio de fase al revés, desde la temperatura ambiente hasta alcanzar el punto de fusión:

- A temperatura ambiente se tiene lo que se conoce como **hierro alfa** (**α**) donde los átomos del hierro se disponen en una estructura cristalina cúbica centrada en el cuerpo, es decir, un átomo en cada esquina del cubo y otro en el centro con una particularidad: cada uno de los átomos de las esquinas está compartido con los cubos adyacentes, luego solo 1/8 de átomo de cada uno pertenece únicamente a la celda. Por tanto, se puede decir que 1/8 de átomo × 8 esquinas = 1 átomo. Si se le suma el átomo del centro, en total la celda cuenta con 2 átomos de hierro (Fe).

  La estructura cúbica centrada en el cuerpo (BCC) del hierro se dice que tiene muy baja solubilidad con el carbono (C) pues lo que ocurre es que existe muy poco espacio entre los átomos de Fe para que el C se aloje.

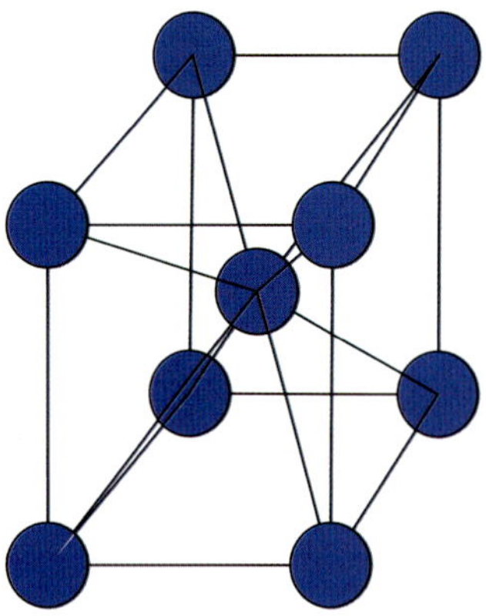

Figura 2.8. Hierro alfa o estructura cristalina cúbica centrada en el cuerpo (BCC).

Figura 2.9. BCC de hierro (radio atómico de 24,8 nm) con el carbono intersticial (15,4 nm).

Se llama **posición intersticial** al alojamiento del grafito en la estructura BCC. De cómo sean los huecos o intersticios entre los átomos de Fe depende la posible inserción de los átomos de C; en este caso, los huecos a temperatura ambiente no permiten esa inserción y hay apenas un 0,09 % de C a unos 727 °C. Esto es posible debido a que el radio atómico del C es de 15,4 nm, menor al del Fe (24,8 nm).

- El carbono se puede encontrar en aleación con hierro de varias formas:
  - **Disuelto con hierro alfa.** Como se acaba de ver se disuelve muy poca cantidad de carbono y la estructura cristalina será BCC. Cuando el hierro alfa contiene carbono pasa a llamarse **ferrita.**
  - **Disuelto con hierro gamma (γ),** que se verá a continuación, donde la estructura cristalina será otra. Cuando el hierro gamma contiene carbono pasa a llamarse **austenita.**
  - **En forma de carburos de hierro (Fe_3C),** que pasa a llamarse **cementita.**

Recuerda

Un efecto del aumento de la temperatura es que se produce el crecimiento del grano y los átomos se alejan entre ellos permitiendo que el carbono se pueda alojar en los huecos.

- A los 912 °C cambia a hierro gamma y los átomos de Fe se ordenan formando una estructura cúbica centrada en las caras, es decir, un átomo de hierro en cada esquina del cubo y uno en cada cara. En realidad, dado que los átomos son compartidos con los cubos adyacentes solo pertenecen a la celda 1/8 de átomo de cada esquina y 1/2 de cada cara: por tanto, 1/8 de átomo × 8 esquinas = 1 átomo, y 1/2 de átomo de cada cara × 8 = 3 átomos; en total, 1 + 3 = 4. De ahí que se considere que hay 4 átomos de Fe en cada cubo/celda de la estructura cúbica centrada en las caras o FCC (*Face Centred Cubic*).

  Una particularidad del hierro gamma es que su estructura tiene mayor tamaño y los huecos o intersticios son más grandes; por tanto, la inserción del carbono es más fácil pudiendo solubilizar un 2,11 % como máximo, que ya supone una considerable diferencia con la cantidad de C que podía albergar el hierro alfa, y en consecuencia una forma de cambiar sus propiedades mecánicas, en concreto un aumento de la dureza (y una reducción de su ductilidad).

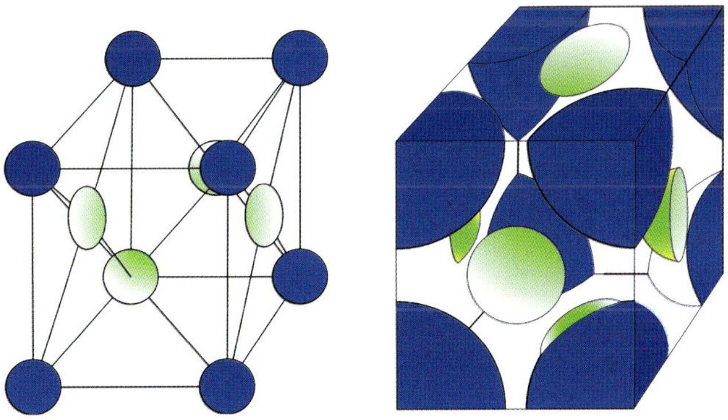

Figura 2.10. Hierro gamma con estructura cúbica centrada en las caras.

- Por último, entre 1400 °C y 1538 °C sus átomos se vuelven a ordenar de nuevo en forma de estructura cúbica centrada en el cuerpo o BCC. Debido a que el cambio se produce a una temperatura próxima al punto de fusión esta fase tiene una utilidad limitada.

2.3.3. Regla de fases en el diagrama de equilibrio hierro carbono

Los aceros son, como ya se sabe, aleaciones de hierro y carbono donde este último se encuentra presente entre un 0,03 % y un 2,11 %. Se distinguen los siguientes:

- Hierro puro como una aleación Fe-C con menos de un 0,03 % de C.
- Acero como una aleación Fe-C con un contenido en C entre 0,03 % y 2 %.

- Fundición como una aleación Fe-C que contenga entre un 2 % y un 6,67 % de C.
- Los constituyentes de las aleaciones Fe-C como se ha visto pueden ser ferrita (hierro alfa) o austenita (hierro gamma), pero hay otros como cementita, perlita, martensita y ledeburita que se pueden obtener jugando con dos factores: porcentaje de carbono en la aleación y tiempo de enfriado.

Un diagrama de equilibrio representa las fases de un material para diversas temperaturas y composiciones. Generalmente, el valor de temperatura aparece en el eje de ordenadas (por ejemplo, en grados Celsius) y la composición (expresada en porcentaje) en el eje de abscisas.

Además de todo lo anterior, en los diagramas de equilibrio aparecerán una línea de *líquidus*, que delimita la transición entre la fase líquida y el inicio de la solidificación, y una fase de *sólidus* que marca la transición entre la fase en solidificación y la fase sólida.

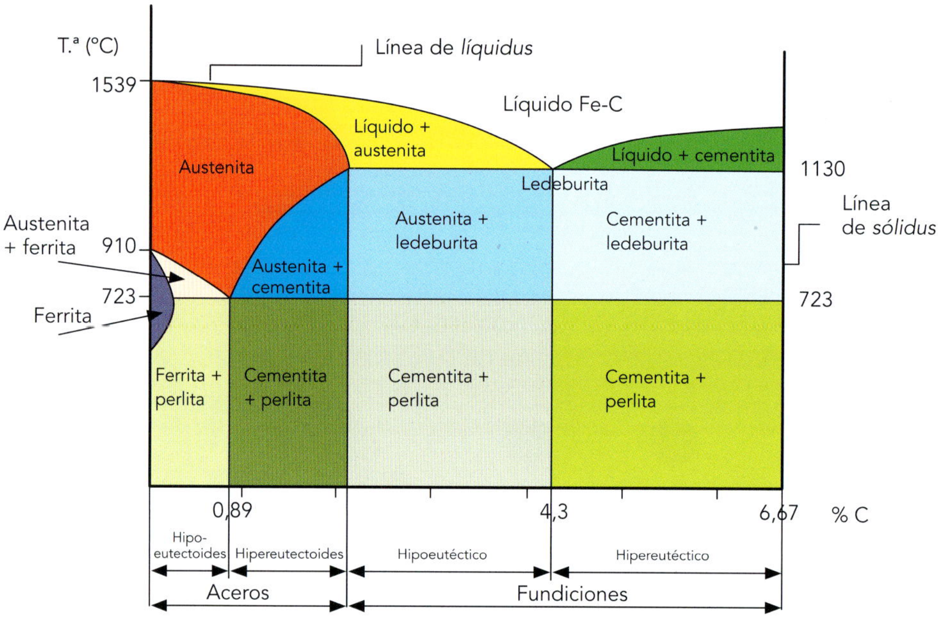

Figura 2.11. Diagrama Fe-C con todos sus constituyentes. *(Fuente: María Jesús Saiz Guadalajara, profemjesus.webcindario.com).*

El llamado **diagrama hierro-carbono** representa las fases en función de la temperatura del acero y el contenido en carbono en condiciones de equilibrio termodinámico (cambios muy lentos de temperatura). Además de ferrita y austenita existe:

- **Cementita:** se ha visto que cuando Fe y C forman carburos de hierro (Fe_3C) reciben este nombre. Su estructura cristalina es de tipo ortorrómbica con 12 átomos de hierro y 4 átomos de carbono por celda. Esta estructura le hace el más duro y, a la vez, el más frágil constituyente de los aceros.
- **Martensita:** después de la cementita es el siguiente constituyente con mayor dureza que se puede encontrar en los aceros y un buen ejemplo de la importancia de la velocidad de enfriado, pues solo se obtiene cuando se enfría rápidamente la austenita. El enfriamiento rápido del acero austenizado hasta una temperatura próxima a la ambiental da lugar a esa estructura sin difusión del carbono. Se requiere un contenido mínimo de carbono en dicha estructura con un límite algo superior al 1 %. La estructura cristalina es un cubo BCC alargado en una de sus tres dimensiones llamada red tetragonal centrada (Figura 2.13).

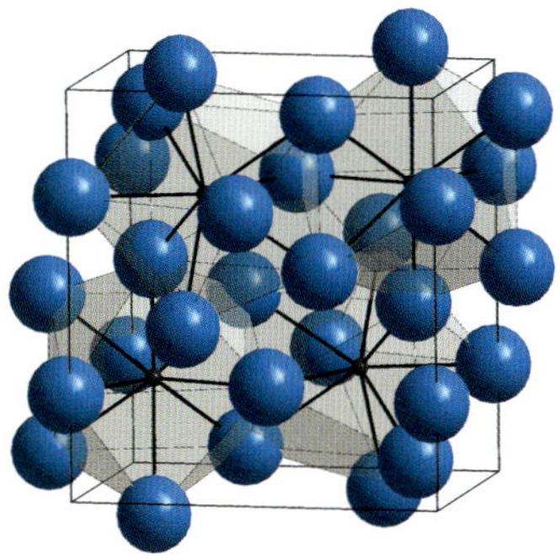

Figura 2.12. Estructura cristalina ortorrómbica. *(Autor: Orci). (Fuente: Orci. Creative Commons Attribution-Share Alike 3.0 Unported, 2.5 Generic, 2.0 Generic y 1.0 Generic).*

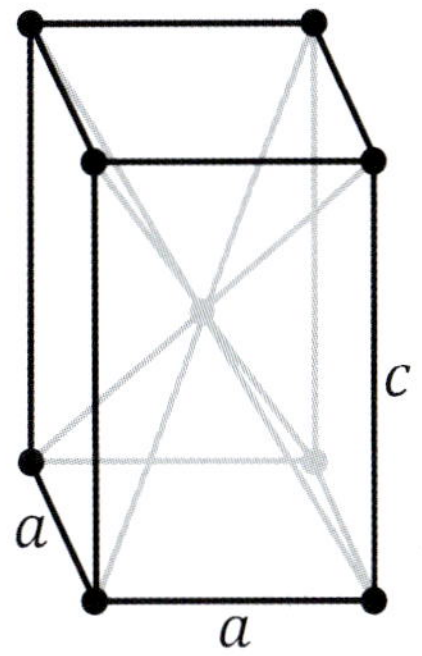

Figura 2.13. Estructura tetragonal centrada en las caras. *(Autor: Rocha. Libre GNU).*

- **Ledeburita:** en este constituyente se mezclan austenita (hierro gamma) y cementita (carburo de hierro o Fe_3C), que está presente en algunas fundiciones de hierro.
- **Perlita:** la ledeburita es estable hasta los 723 °C; a temperaturas más bajas se descompone en cementita y perlita, o cementita y ferrita si el enfriamiento es suficientemente lento. En este constituyente se mezclan ferrita (hierro alfa) y cementita, que se disponen en forma de capas o láminas alternas siempre que el enfriamiento sea lento.

Los cambios de estado del hierro y el acero se verifican cuando los cambios de temperatura son lentos, según se representa en el diagrama hierro-carbono.

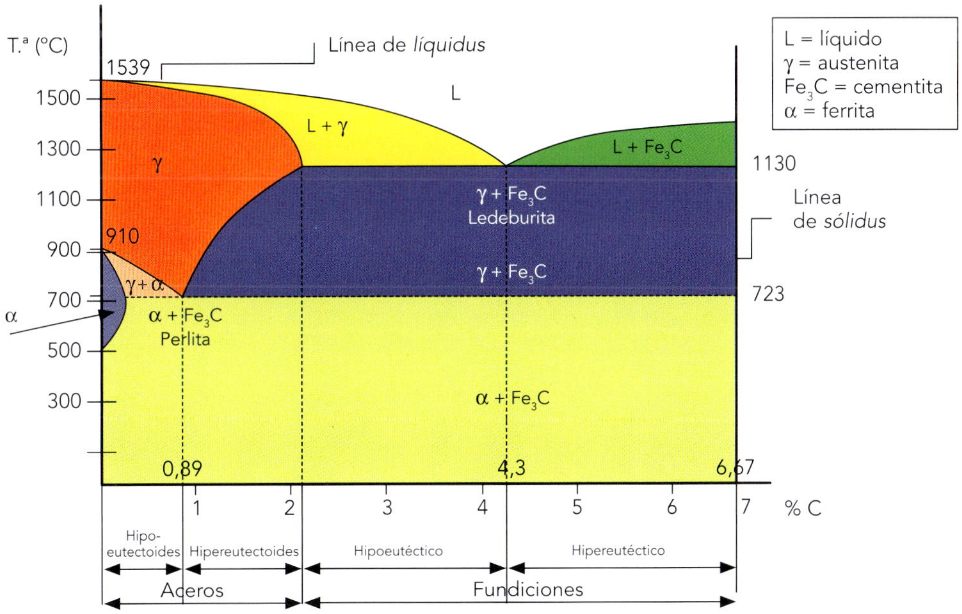

- En la **zona L** hay una sola fase, líquida y homogénea.
- En la **zona L + γ** hay dos fases, una de líquido y otra sólida austenita.
- En la **zona** γ hay una fase sólida formada por austenita.
- En la **zona** α hay una fase sólida formada por ferrita.
- En la **zona L + Fe_3C** hay dos fases, una de líquido y otra sólida cementita.
- En la **zona** γ **+ Fe_3C** hay un sólido formado por dos fases, austenita y cementita.
- En la **zona** α **+ Fe_3C** hay un sólido formado por dos fases, ferrita y cementita.

Figura 2.14. Diagrama Fe-C con todos sus constituyentes. *(Fuente: María Jesús Saiz Guadalajara; profemjesus.webcindario.com).*

- **Bainita:** está compuesta por una matriz ferrítica y de partículas alargadas de cementita. Los aceros bainíticos son más duros y resistentes que los perlíticos por su estructura más fina, que les proporciona una valiosa combinación de resistencia y ductilidad.

Los puntos críticos, también conocidos como temperatura crítica o de transformación del diagrama Fe-C, definen la temperatura a la que se produce un cambio de fase, ya sea por calentamiento o por enfriamiento del acero. Los cambios de una a otra necesitan su tiempo para que pueda producirse tanto la transformación alfa-gamma o gamma-alfa, como la formación de la perlita. En los aceros de bajo contenido en carbono la transformación puede producirse sin mayor problema, incluso si el tiempo que tardan en enfriarse es muy pequeño; sin embargo, los aceros de medio o alto contenido en carbono demandan un tiempo mayor para alcanzar una transformación completa. Cuando ese tiempo no se tiene en cuenta la transformación es incompleta y se producirá martensita (una «congelación» de la estructura austenítica), y si ese tiempo es muy corto la transformación de austenita en ferrita y cementita no llega a iniciarse y se obtendrá la mayor cantidad posible de martensita.

La temperatura de formación de martensita se puede obtener por la fórmula de Steve y Haynes:

$$Ms\ (°C) = 561 - 474 \cdot (\%\ C) - 33 \cdot (\%\ Mn) - 17 \cdot (\%\ Ni) - 17 \cdot (\%\ Cr) - 21 \cdot (\%\ Mo)$$

Los porcentajes deberán cumplir los siguientes valores: carbono entre 0,1 % y 0,55%; manganeso entre 0,2 % y 1,7%; níquel como máximo al 5 %; cromo como máximo al 3,5 % y molibdeno como máximo al 1 %.

Al enfriamiento brusco que causa una nula transformación se le denomina **temple,** un fenómeno que junto con otros que se verán en el Apartado 2.4.1 constituyen los llamados tratamientos térmicos.

Una cuestión importante es que el estudio de las transformaciones se puede estudiar a través del diagrama Fe-C que va a indicar el grado de equilibrio que se alcanzaría según la composición y la temperatura (es decir, desde un punto de vista termodinámico) y, por otra parte, se puede estudiar la velocidad a la que se produce el proceso (es decir, la cinética) para analizar el estado final del metal en función de la velocidad del enfriamiento.

Si la velocidad de enfriamiento es adecuada su combinación con la variación de la temperatura y la composición permitirá obtener diversas aleaciones. Para su estudio existe otra herramienta, el diagrama TTT (tiempo-temperatura-transformación), que se emplea para representar cómo afectan estas tres variables al acero que finalmente se va a obtener.

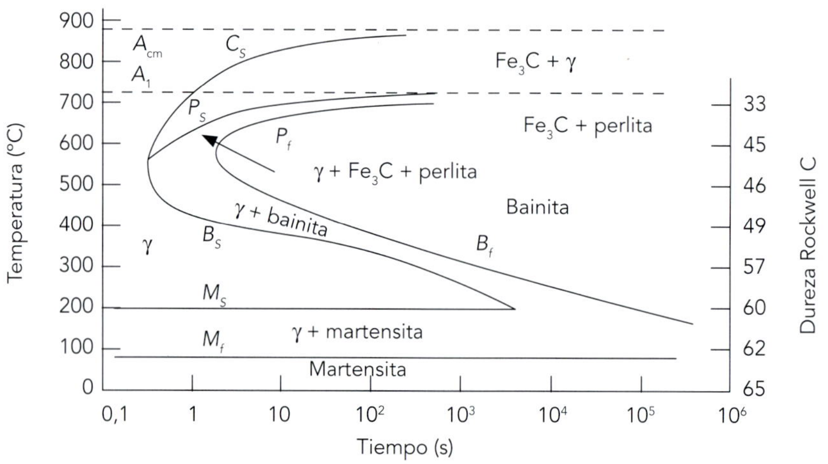

Figura 2.15. Diagrama TTT.

La determinación en cada caso de los diagramas de fase o de equilibrio necesarios para la obtención de materiales se hace por la vía experimental.

De este modo es posible determinar:

- Los elementos necesarios, es decir, el material base y el aleante.
- La proporción de las fases finales del material.
- Las temperaturas de formación de las fases líquida y sólida.
- Las alteraciones que puede sufrir un material en función de la temperatura o de la presión ambiental.

En la obtención del diagrama de fase se siguen dos etapas:

- Se preparan varias soluciones líquidas de ambos materiales.
- Se somete a cada una de las soluciones a un enfriamiento controlado hasta llegar a temperatura ambiente vigilando mediante microscopio electrónico la microestructura de la aleación mientras se mide el tiempo del proceso de enfriado y la temperatura a la que se produce el cambio.

2.4. Tratamiento de los materiales

Como ya se ha visto, el acero es una aleación alotrópica, es decir, la forma de ordenarse de sus átomos puede seguir un patrón distinto según su temperatura. Se sabe también que parámetros como la temperatura y el tiempo de enfriado afectan a la transformación y que esto se emplea preferentemente para fabricar aceros de grano fino. Controlar el tamaño del grano es una necesidad, ya que aumenta el límite elástico y una ductilidad y una tenacidad mejores.

El tratamiento, térmico o termoquímico, de los metales es una herramienta que permite mejorar propiedades mecánicas como la dureza y la resistencia, o bien otras como la plasticidad para facilitar su conformado sin cambiar notablemente su composición química.

2.4.1. Tratamientos térmicos

Someter a los metales a un ciclo de calentamiento y enfriamiento controlado permite cambiar su estructura cristalina para, por ejemplo, reducir (o aumentar) el tamaño del grano. Las temperaturas para realizar los siguientes tratamientos térmicos dependen de la composición química y del estado del material, por lo que los valores aquí indicados son aproximados. Se distingue lo siguiente:

- **Normalizado:** consiste en calentar el acero a temperaturas entre 800 °C y 920 °C (temperatura de normalización) y sacarlo después del horno para dejarlo enfriar al aire con el fin de acelerar su enfriamiento, que dará lugar a una estructura de grano fino constituida por ferrita y perlita fina. La consecuencia de esto es un aumento del límite elástico y una mejora de la tenacidad y la ductilidad en comparación con un acero al que se deja enfriar lentamente en el horno.

  La llamada temperatura de normalización debe ser la menor posible, pero que asegure que se alcance únicamente la fase austenítica. En el diagrama Fe-C se puede apreciar que esta temperatura de normalización se reduce según aumenta el porcentaje de carbono de la aleación.

- **Temple:** un acero con más de un 0,3 % de carbono es templable. Para ello se calienta el metal a una temperatura superior a la de austenización y se enfría muy bruscamente para obtener el máximo de martensita que, hay que recordar, es la fase más dura después de la cementita.

Figura 2.16. Acero temple. *(Fuente: templesindustrialesalcala.es/tratamientos-termicos/).*

El temple vuelve al acero muy duro y, a la vez, frágil. El enfriamiento puede realizarse a diferentes velocidades en función de la cantidad de carbono del acero y la dureza que se quiera alcanzar; para ello se pueden enfriar aceros en agua, aceite o soluciones salinas. La velocidad de enfriamiento de las soluciones de agua con sales es la mayor, mientras que los aceites darán la velocidad de enfriamiento más lenta reduciéndose el riesgo de formación de grietas en la pieza debido a que este es más moderado.

- **Revenido:** a menudo, tras un temple va un revenido. La alta dureza y a la vez fragilidad que alcanza el acero tras el temple se puede reducir con un revenido a la par que le devuelve parte de su ductilidad y plasticidad. Por tanto, se complementan uno al otro y cuando se aplica un temple más un revenido al tratamiento conjunto se le llama **bonificado.**

Figura 2.17. Tratamiento térmico revenido. *(Fuente: Censa industrial).*

Cuando se templa un acero el enfriamiento rápido de la austenita no da tiempo a que se difunda el carbono, con lo cual se produce una transformación de hierro gamma a hierro alfa saturado de carbono que se denomina martensita. La dureza e inestabilidad de la martensita se debe a que la red cristalina es tetragonal y está muy deformada por los átomos de carbono, lo que dificulta su deformación plástica, de ahí su fragilidad.

Después del temple se elige la temperatura de revenido, que será más baja que la temperatura de austenización. En función de esta se distinguen tres tipos de revenido:

1. **Revenido a baja temperatura (180 °C a 220 °C).** Conserva la estructura martensítica, pero reduce las tensiones internas manteniendo valores de dureza que rondan los 700 HB. Se aplica en herramientas, como el cortafríos, que deben mantener la resistencia al desgaste.
2. **Revenido a media temperatura (300 °C a 400 °C).** En este caso sí se llega a transformar la martensita en una mezcla muy fina de cementita y ferrita, que presenta valores de dureza entre 400 HB y 500 HB y valores de alargamiento entre 5 % y 10 %. Se aplica por ejemplo en los muelles.
3. **Revenido a alta temperatura (500 °C a 550 °C).** A esta temperatura se transforma en una mezcla fina de cementita y ferrita, pero presenta menor dureza (250 HB - 400 HB) y mayor valor de alargamiento (10 % - 20%)

Sabías que...

Se llama dureza Brinell (HB) a una escala que refleja el grado de penetración de un objeto en el material. Cuanto más alto es este valor, más duro es el material. El valor de la dureza es estimado pues depende mucho de la composición del acero.

- **Recocido:** la diferencia entre el temple, el normalizado y el recocido está en la velocidad de enfriamiento: rápida y forzada en fluido en el temple, más progresiva y al aire en el normalizado y muy lenta en el recocido. El recocido ablanda el acero y lo vuelve dúctil, maleable y conformable plásticamente hablando. Generalmente se apaga el horno y se deja enfriar dentro el acero.

Figura 2.18. Acero recocido.

2.4.2. Tratamientos termoquímicos

La parte común con los tratamientos anteriores es que se somete al acero a un calentamiento seguido de un enfriamiento; la novedad es que se añaden nuevos elementos que van a modificar la composición química de la superficie del metal.

Los principales tratamientos termoquímicos son los siguientes:

- **Carburación:** también conocido como **cementación,** consiste en austenizar la superficie del acero en un ambiente rico en carbono para que la austenita pueda disolver una parte de este. Para ello, se lleva el acero a una temperatura cercana a los 950 °C; la cantidad de carbono que se disuelve depende de la composición inicial del acero y del tiempo de duración del tratamiento.

- **Aplicando un revenido al finalizar se reducen las tensiones internas:** se emplea en aceros de bajo carbono (menos de un 0,2 %) para mejorar su resistencia al desgaste y a los golpes, a la vez que conservan su tenacidad.

Nota técnica

El nitrógeno forma compuestos con los elementos químicos que forman parte del acero aleado, tales como el cromo, el molibdeno o el vanadio.

- **Nitruración:** es otro proceso con mayor efecto de endurecimiento superficial del acero, en este caso mediante la incorporación de nitrógeno. Se calienta el material en un horno estanco a una temperatura inferior a la de temple (500 °C a 550 °C) y se le pone en contacto con amoniaco que produce el endurecimiento de las capas superficiales por la formación de nitruros. El proceso es largo, de 20 a 60 horas, y aumenta la resistencia de estos aceros al desgaste y a la corrosión, por lo que es muy usado para tratar piezas de maquinaria (pistones o cigüeñales) o herramientas (brocas).
- **Cianuración (o carbonitruración):** se trata de una combinación de los dos procesos anteriores que consiste en la saturación del acero con carbono y nitrógeno simultáneamente. Se emplea para el endurecimiento de pequeñas piezas de acero de medio o alto contenido en carbono y se procede calentando estas a temperaturas entre 815 °C y 870 °C en atmósfera de C y N para la difusión de estos al acero. Posteriormente se templa en aceite para reducir el riesgo de fisuración.
- **Sulfinización:** se trata la pieza con un baño de azufre a unos 565 °C con una parte menor de nitrógeno y carbono. Con ello se mejora la resistencia al desgaste en herramientas o partes móviles sometidas a rozamiento.

Actividad propuesta 2.2

Realiza los siguientes tratamientos térmicos:

- Templar la punta de un cortafríos. Calienta la punta del cortafríos con la llama de un soplete de oxigás hasta que cambie su color gris mate por un naranja brillante. A continuación, sumerge la punta en un recipiente con agua. Una vez frío procede a afilar la punta. Debes tener cuidado con:
  - Calentar solo la punta, que es la parte que pretendes endurecer, para no fragilizar el cortafríos.
  - El vapor de agua que surgirá del recipiente al enfriar la punta.
- Recocer una sierra de cinta. Las hojas de sierra de cinta se fabrican en rollos para luego ser cortadas a medidas estándares e introducidas en una máquina que suelda sus extremos, mecaniza el cordón eliminando su sobrespesor y aplica un recocido para devolverle la ductilidad perdida al tramo soldado.
- Reparar una hoja de sierra rota. Para esta reparación, corta los extremos de la hoja con una cizalla para que sus bordes coincidan totalmente. Después, suéldala con TIG y varilla de acero inoxidable 304L y, por último, realiza un tratamiento térmico con muy pocos medios: calienta la zona soldada hasta que su color cambie a naranja, retira entonces el soplete hasta que recupere su color normal para, de nuevo, repetir la operación por tres veces. Una vez realizada esta alternancia de calentamiento/enfriado al aire, entierra la zona tratada en un recipiente con arena fina y déjala enfriar lentamente para que la zona recupere parte de su ductilidad.

2.4.3. Normalización de materiales metálicos, poliméricos y cerámicos

La ASTM (Asociación Estadounidense para Pruebas de Materiales) define la normalización como el proceso de formular y aplicar reglas para una aproximación ordenada a una actividad específica para el beneficio y con la cooperación de todos los involucrados; en el caso concreto de los materiales supone la creación de unas normas que los identifiquen en grupos con el fin de evitar errores de identificación unificando y simplificando en lo posible.

Las normas son documentos que una entidad nacional se encarga de redactar, revisar periódicamente y, en su caso, actualizar. En España es AENOR el organismo encargado.

El alcance de las normas puede ser nacional (por ejemplo, normas UNE), europeo (normas EN) o internacional (normas ISO). Con base en esto se distinguen los siguientes grupos de materiales y las correspondientes normas que los designan.

☐ Metálicos

Los materiales metálicos son aquellos que, en general, son buenos conductores del calor y la electricidad, poseen alta densidad y presentan estado sólido a temperatura ambiente.

- **Aceros.** Actualmente la norma en vigor es la UNE EN 10027-2:2016 que los subdivide en dos grupos principales:

  Grupo 1. Aceros definidos por su aplicación o características mecánicas o físicas:

  - **B:** aceros para hormigón armado.
  - **D:** productos planos para deformación en frío.
  - **E:** acero para la construcción mecánica.
  - **H:** productos planos laminados en frío de acero de alta resistencia.
  - **L:** aceros para tuberías.
  - **M:** aceros para aplicaciones eléctricas.
  - **P:** aceros para recipientes a presión.
  - **R:** aceros para carriles.
  - **S:** aceros para la construcción metálica.
  - **T:** aceros para embalajes.
  - **Y:** aceros para pretensado.

  La designación consiste en la letra correspondiente al grupo seguida de un número que identifique alguna característica mecánica.

  Grupo 2. Aceros designados en función de su composición química:

  - **C:** aceros no aleados con contenido medio de manganeso (Mn) inferior al 1 %.
  - **X:** aceros aleados con un porcentaje en su peso de algún aleante mayor o igual al 5 %.
  - **HS:** aceros rápidos.
  - **S:** aceros no aleados con contenido en Mn mayor o igual al 1 % en aceros de fácil mecanización o con un porcentaje de su peso en aleantes inferior al 5 %.

  En este caso la designación consiste en la letra del grupo seguida de un número que indique el porcentaje del elemento o elementos principales de cada acero.

- **Fundiciones.** La norma en vigor para 2020 es la UNE EN 1560:2011. Tanto para este caso como en los siguientes materiales metálicos tan solo se mencionará la norma, puesto que este libro, en lo referente a metales, solo se centra en los aceros.
- **Cobre.** Para este material la norma vigente es la UNE EN 1421:2017.
- **Aluminio.** En este caso, la norma vigente es la UNE EN 1780:2003.

☐ No metálicos

En este grupo se concentran:

- **Poliméricos.** Cuando los recipientes o las partes de maquinaria están fabricados en materiales plásticos supone grandes ventajas como, por ejemplo, costes de fabricación más ajustados, mejores propiedades mecánicas en comparación con los materiales cerámicos o ausencia de riesgo de corrosión como en los metales.

  En la composición de los polímeros se encuentran principalmente dos elementos, carbono e hidrógeno, y otros secundarios el como oxígeno presente en el poliéster, el nitrógeno en las poliamidas, el flúor en el teflón, el cloro en el PVC y el silicio en las siliconas.
- **Cerámicos.** Estos materiales parten de cocer arcilla como materia prima. La arcilla está constituida de silicatos de aluminio hidratado que proceden de la descomposición del feldespato que contienen rocas como el granito. Cuando es pura su color es blanco y según aumentan las impurezas va cambiando al rojo anaranjado. La cocción le hace perder el agua y transforma la arcilla en cerámica dura pero frágil. El caolín es la arcilla más blanca y pura; se emplea en la fabricación de porcelanas o de material refractario.

  Los materiales cerámicos se caracterizan por ser inertes químicamente hablando, resistir altas temperaturas, ausencia de conductividad eléctrica y baja porosidad. Precisamente esta última característica es la que los clasifica pues mientras unos, como la arcilla cocida y la loza (cuya materia prima es la arcilla), son ligeramente porosos, otros, como el gres y la porcelana (cuya materia prima es el caolín), son impermeables.

Nota técnica

Los silicatos de aluminio son una mezcla de aluminio, sílice y oxígeno combinados con agua para dar arcilla.

2.5. Propiedades y clasificación de los materiales plásticos

Los plásticos están formados por moléculas con el carbono como principal componente. El carbono forma compuestos de bajo peso molecular, llamados monómeros, que se disponen en una larga cadena unidos por enlaces químicos entre sí para dar una molécula de gran peso o macromolécula. Esta cadena, el **polímero,** puede ser lineal o tridimensional.

Los plásticos se elaboran a partir de recursos naturales como el petróleo, el gas natural, el carbón o vegetales y sales. Sus principales propiedades son:

- No conducen el calor ni la electricidad, es decir, son aislantes.
- Son insolubles en agua.

- Son ligeros debido a su baja densidad.
- Son fácilmente conformables por su bajo punto de fusión.
- Son baratos de fabricar.
- En conclusión, son materiales de bajo coste, ligeros, muy versátiles y duraderos.

Se distinguen dos tipos de plásticos en función de su respuesta al calentamiento:

- **Termoplásticos:** se pueden calentar un número indefinido de veces porque no sufren cambios en su estructura química con el cambio de temperatura.
- **Termoestables:** su estructura química se altera al elevar su temperatura y una vez transformados ya no se puede cambiar su forma.

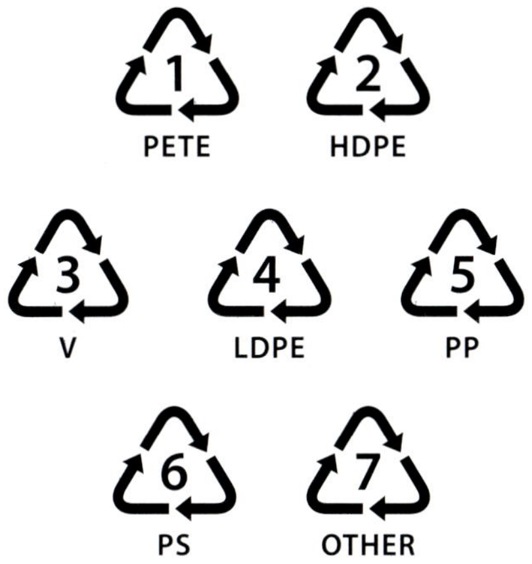

Figura 2.19. Iconos identificadores de los distintos tipos de plásticos.

Dentro de los termoplásticos se dispone de estos tipos:

1. **Polietileno tereftalato (PET):** es transparente, impermeable a líquidos y gases, inerte e irrompible. No es tóxico y se fabrica a partir del ácido tereftálico y del elitenglicol.
2. **Polietileno de alta densidad (PEAD):** presenta las mismas características que el anterior salvo que no es transparente, que es resistente a temperaturas bajas y que no es impermeable a gases. Es muy versátil en su transformación por múltiples procesos como la extrusión, la inyección o el soplado. También se fabrica a partir del gas natural, en concreto del etileno, uno de sus componentes.
3. **Policloruro de vinilo (PVC):** permite obtener productos con características como las de los anteriores y, además, es ignífugo y de alta resistencia en exteriores flexibles o rígidos. Las materias primas a partir de las que se fabrica son la sal común y el gas natural.

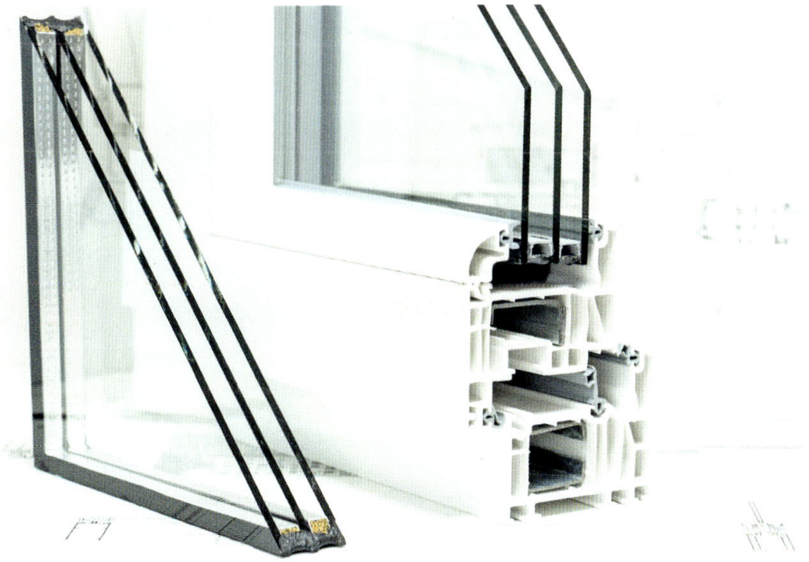

Figura 2.20. Corte sección de una ventana de PVC.

4. **Polietileno de baja densidad (PEBD):** es más económico de fabricar que el anterior. Tiene las mismas características, además de mayor flexibilidad. Su materia prima es el gas natural.

5. **Polipropileno (PP):** como características particulares tiene que es un plástico rígido que resiste hasta 135 °C, no es permeable a los olores y es el de más baja densidad. Se obtiene de polimerizar el propileno.

6. **Poliestireno (PS),** que se divide en:
   - PS de alto impacto donde el poliestireno, polímero muy frágil a temperatura ambiente, mejora su resistencia al impacto al añadirle polibutadieno.
   - PS Cristal que se obtiene directamente de la polimerización del estireno puro. Es uno de los plásticos más brillantes y transparentes y el nombre le viene de su rigidez y fragilidad semejante al cristal.

Por último, y ya fuera del grupo de los termoplásticos, están los **plásticos termoestables.** Entre otros, forman este grupo el poliuretano, la poliamida o el policarbonato. Su principal característica es una alta resistencia a la temperatura, productos químicos y buenas propiedades mecánicas en general.

Tabla 2.4. Resumen de las propiedades de los distintos tipos de plásticos

Símbolo	Tipo de plástico	Propiedades	Usos comunes
01 PET	PET (*Polyethylene Terephthalate*, polietileno tereftalato)	Contacto alimentario, resistencia física, propiedades térmicas, propiedades barreras. Ligereza y resistencia química.	Bebidas, refrescos y agua, envases para alimentos (aderezos, mermeladas, cremas, farmacéutica, etcétera).
2 HDPE	HDPE (*High Density Polyetylene*, polietileno de alta densidad)	Poco flexible, resistente a químicos, opaco, fácil de pigmentar, fabricar y manejar. Se suaviza a los 75 °C.	Algunas bolsas para supermercado, bolsas para congelar, envases para leche, helados, zumos, champú, químicos y detergentes, tapas, etcétera.
3 PVC	PVC (*Plasticised Polyvinyl Cloride PCP-P*, policloruro de vinilo)	Es duro, resistente, puede ser claro, puede ser utilizado con solventes, se suaviza a los 80 °C.	Tuberías, envases en general, mangueras, suelas para zapatos, cables, correas para reloj, etcétera.
4 LDPE	LDPE (*Low Density Polyethylene*, polietileno de baja densidad)	Suave, flexible, traslúcido, se suaviza a los 70 °C, se raya fácilmente.	Film para alimentos, bolsas para basura, envases para laboratorio, etcétera.
5 PP	PP (*Polypropylene*, polipropileno)	Difícil pero aún flexible, se suaviza a los 140 °C, traslúcido, soporta solventes, versátil.	Bolsas para alimentos, equipo para jardinería, cintas para embalar, envases para uso veterinario y farmacéutico, etcétera.

Símbolo	Tipo de plástico	Propiedades	Usos comunes
6 PS	PS (*Polystyrene*, poliestireno)	Claro, rígido, opaco, se rompe con facilidad, se suaviza a los 95 °C afectado por grasas solventes.	Cajas para discos compactos, cubiertos de plástico, imitaciones de cristal, juguetes, envases cosméticos, etcétera.
7 OTHER	Otros (SAN, ABS, PC, Nylon)	Incluye muchas otras resinas y materiales. Sus propiedades dependen de la combinación de los plásticos.	Partes del automóvil, cubiteras, piezas de diversos tipos, etcétera.

Actividad propuesta 2.3

Relaciona los siguientes objetos con el tipo de plástico más adecuado:

- Bolsas para supermercados.
- Envases para refrescos y agua.
- Tuberías, mangueras y cables.
- Film para alimentos y bolsas de basura.
- Cajas para discos compactos y juguetes.

2.6. Instalaciones exteriores (corrosión y oxidación)

Cuando se diseñan estructuras metálicas hay que tener siempre en cuenta las características del medio en el que van a realizar su servicio para valorar qué material emplear en su fabricación y el grado de protección frente a la oxidación que van a requerir.

Se ha visto que las normas sirven para designar los materiales, pero además de esta función también son una guía para elegirlos. El origen de la normalización se remonta a finales del siglo XIX. Alemania fue el primer país del mundo en redactar normas que facilitaran la producción y el comercio de sus productos, garantizaran la calidad de los materiales y simplificaran el proceso de diseño facilitando al fabricante una indicación sobre el tipo de material más adecuado al servicio que va a prestar esa construcción al menor coste posible. Después de la Segunda Guerra Mundial se creó la ISO (*International Organization for Standardization*, Organización Internacional de Normalización), ya citada en esta unidad, un organismo encargado de controlar y regular la normalización a nivel internacional.

Entre otras cosas, la norma facilita la información necesaria para la correcta elección del material más adecuado que, al menor coste posible, realice un servicio con seguridad durante su vida útil.

Por ejemplo, un intercambiador de calor puede estar parcialmente fabricado en acero al carbono en zonas donde la temperatura que alcance estando de servicio no suponga un riesgo de fallo o accidente. Sin embargo, las zonas del mismo intercambiador que soporten las más altas temperaturas deben fabricarse en acero inoxidable que presenta, entre otras propiedades, mayor resistencia a la corrosión y una temperatura de servicio libre de fallos más alta. La norma le indica al fabricante qué tipo de material debe usar para la fabricación de los elementos de ambas zonas del intercambiador de calor velando también por ajustar el coste de los materiales sin dar de lado a la seguridad: utilizar solo acero al carbono en ambas zonas sería barato pero inseguro, usar solo acero inoxidable sería innecesariamente caro para garantizar la seguridad.

¿Por qué emplear materiales diferentes en cada zona? Una de las razones está en que la temperatura afecta de forma distinta a ambas: su aumento hace perder rápidamente propiedades mecánicas al acero al carbono (se vuelve más «débil» ante esfuerzos de tracción, presión, etc.); sin embargo, un acero inoxidable tan común como el 304 puede resistir servicios a temperaturas de hasta 900 °C.

Otra razón está en cómo ese aumento del calor afecta a la rapidez con la que los aceros se oxidan. Si el acero al carbono es expuesto al oxígeno del aire forma óxidos en superficie. Si expuesto al oxígeno se le añaden otros factores como, por ejemplo, la presencia de humedad o el aumento de temperatura, la consecuencia es que aumentará la velocidad a la que se formará óxido superficial en el acero al carbono.

La consecuencia de la oxidación superficial de los metales (es decir, su deterioro) se denomina **corrosión.** El acero inoxidable 304 del ejemplo es un material que también forma óxido superficial con la diferencia de que este reviste al inoxidable de una capa exterior protectora (como se vio en el Apartado 2.2) que va a impedir que la corrosión progrese, no indefinidamente, pero sí durante un largo período de tiempo. Por esta razón se emplean materiales de este tipo (que se «autoprotegen») en superficies vulnerables a la corrosión.

Nota técnica

Un intercambiador de calor es un equipo que está constantemente intercambiando calor de un fluido a otro de menor temperatura a través de una placa metálica o tubo (generalmente buen conductor térmico) que permita ese intercambio sin que esos fluidos se mezclen. Se utiliza en la industria química, en la energética o en refrigeración y sistemas de calefacción.

Figura 2.21. Oxidación y corrosión del metal.

2.7. Identificación y tratamiento de técnicas de protección de los materiales

Aunque, como se ha visto, la facilidad del acero al carbono para oxidarse es alta cuando se expone a la atmósfera, a la humedad o se eleva su temperatura, también se ha explicado en esta unidad que es el metal más utilizado del mundo, principalmente en construcciones metálicas, por su precio estable (debido a su abundancia unida al reciclado) y por sus excelentes propiedades mecánicas.

Si bien el acero al carbono no es capaz por sí solo de crear la capa protectora que genera el inoxidable en forma de óxidos de cromo, los tratamientos superficiales del acero son técnicas que permiten dotar a este de una barrera externa artificial que evita su corrosión. Se distingue:

- **Pintura:** fluido que cuando se seca forma una película protectora sólida que recubre la superficie del acero. En general, se emplean esmaltes antióxido para la protección del metal, pero si se desea mantener el color original de la pieza la alternativa es un barniz incoloro también con protección antióxido. A diferencia del resto de tratamientos que se verán a continuación la pintura no forma una unión química superficial con el metal; por tanto, el nivel de protección es menor.
- **Cromado:** recubrimiento exterior protector frente a la oxidación que consiste en crear una fina capa de cromo sobre un objeto de metal. Solo 0,5 micras es suficiente para garantizar la protección; el cromo se adhiere al metal por medio del proceso llamado cromado electrolítico donde un generador de corriente hace pasar una corriente eléctrica a un ánodo

(polo positivo) de plomo que está sumergido en una solución líquida a alta temperatura (compuesta principalmente de ácido crómico) y cuyo cátodo (polo negativo, también sumergido en la solución) es la pieza que se quiere cromar. De esta forma el cromo se fija molecularmente al metal. En otros materiales, como el plástico, el cromado se usa con fines decorativos, para facilitar su limpieza o para aumentar su dureza.

- **Niquelado:** recubrimiento con níquel similar al cromado que se caracteriza por dar a las piezas un color amarillo pálido en lugar del blanco plateado que caracteriza al cromado. El niquelado da menor resistencia mecánica y a la corrosión, pero es más barato que el cromado.

Figura 2.22. Barandilla en acero niquelado.

- **Galvanizado:** recubrimiento exterior similar a los anteriores, que en este caso se hace con zinc. Es un proceso más económico que los anteriores. Si solo se desea evitar la oxidación de la pieza el galvanizado es la mejor opción, pues los recubrimientos con níquel o cromo son alternativas que además mejoran la resistencia de la pieza al desgaste.
- **Pavonado:** consiste en generar una capa superficial de Fe_3O_4 (óxido ferroso diférrico, también llamado magnetita) en piezas de acero para mejorar su resistencia a la corrosión y darles un tono negro azulado. El pavonado puede realizarse sumergiendo las piezas en una solución de nitratos de sodio y potasio a una temperatura de entre 310 °C y 350 °C (pavonado por inmersión) o calentando la pieza en horno a unos 400 °C, y se recubren con una solución de asfalto o de barniz de aceite en gasolina (pavonado por calentamiento).
- **Metalizado:** se denomina proyección térmica a la aportación de un material que se proyecta en forma de partículas calientes o frías sobre un sustrato metálico, plástico o cerámico. Con la proyección térmica se puede proteger todo tipo de materiales contra el desgaste, la erosión, la fricción y la corrosión con un acabado de alta precisión y calidad. También se puede emplear para reparar piezas desgastadas o mal fabricadas.

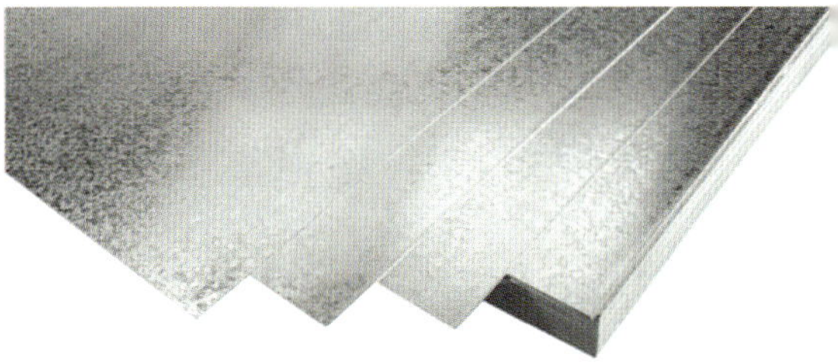

Figura 2.23. Planchas de acero galvanizado.

Figura 2.24. Estructura metálica en acero pavonado.

Casos prácticos

Caso práctico RESUELTO

Crea un esquema con las características de los tratamientos térmicos de los aceros.

Solución:

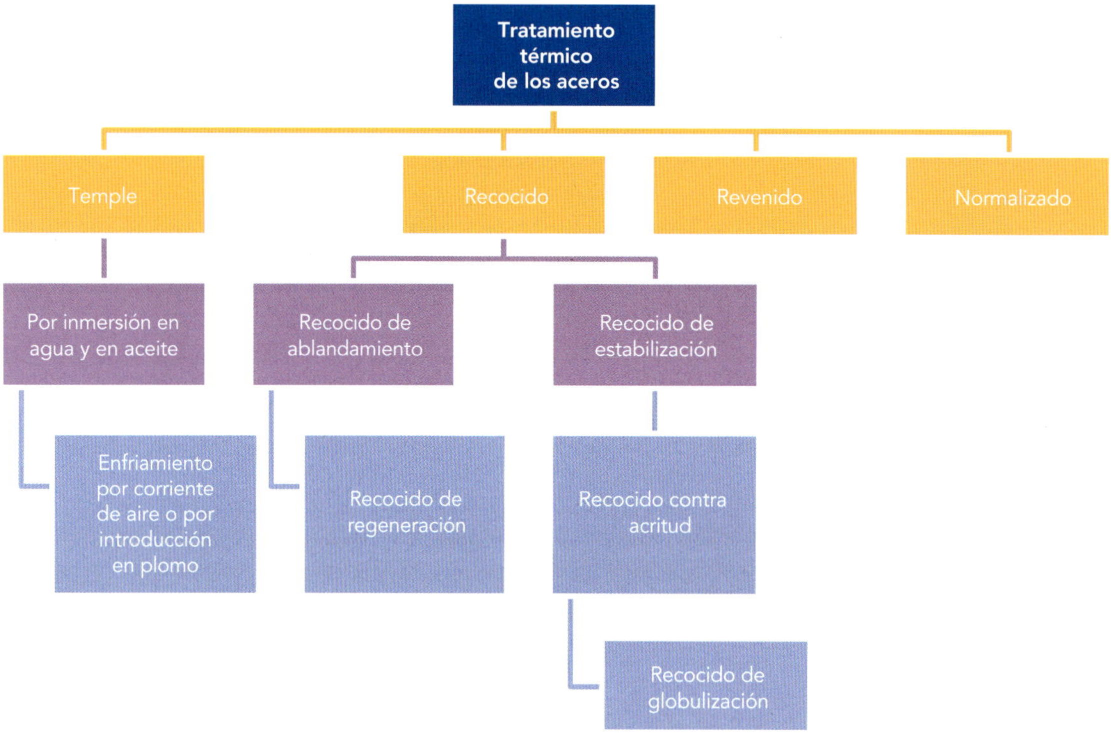

Caso práctico PROPUESTO

Rellena los cuadros en blanco con los elementos adecuados.

Se caracteriza por otorgar a las piezas un color amarillo pálido.	
Muy bajo contenido en carbono, cromo de un 17 % a un 27 % y níquel de un 6 % a un 20 %. Son fácilmente soldables, dúctiles y no son templables.	
Contienen carbono entre un 0,7 % y un 1,5 % y superan el 12 % de manganeso.	
Su contenido en carbono es bajo, de un 0,15 % a un 0,2 %. En la aleación debe haber cromo (entre un 0,5 % y un 9 %) y molibdeno (entre un 0,5 % y un 1 %).	
Carbono entre un 0,1 % y un 1,2 %, cromo entre un 12 % y un 17 %. No admiten bien la soldadura. Son duros y con más baja resistencia a la corrosión.	

Mapa conceptual

IDENTIFICACIÓN DE MATERIALES

- **Propiedades de los materiales metálicos**
  - Son duraderos, asequibles y reciclables
    - Ferrosos: acero al carbono, fundición de hierro, aceros aleados y los inoxidables

      No ferrosos: cobre, plomo, estaño, zinc, aluminio, titanio, magnesio
- **Aleaciones metálicas**
  - Productos que resultan de la combinación de dos o más elementos, de los cuales al menos uno es un metal, para constituir otro material
    - Clasificación de los aceros:
      - Al carbono
      - Aleados
      - Fundición de hierro
      - Aceros inoxidables
- **Estructura cristalina de los aceros**
  - Térmico: normalizado, temple, revenido y recocido
    - Proceso de cristalización. Por debajo de 1538 °C el hierro solidifica en tres etapas: nucleación, cristalización y formación del grano
    - Curva de enfriamiento. Tres rangos de temperatura: entre 1538 °C y 1388 °C hay un cambio en el cuerpo; entre 1388 °C y 912 °C cambia en las caras; por debajo de 912 °C cambia de nuevo a centrada en el cuerpo
    - Regla de fases en el diagrama de equilibrio hierro carbono
- **Tratamiento de los materiales**
  - Estructura delimitada por bordes irregulares denominados límite de grano
  - Tratamientos termoquímicos: carburación, aplicación de revenido, nitruración, cianuración y sulfinización
  - Normalización de materiales metálicos, polímeros y cerámicos
- **Propiedades y clasificación de materiales plásticos**
  - No conducen calor ni electricidad
  - Son insolubles en agua
  - Fácilmente conformables
  - Son baratos
  - Son de bajo coste, ligeros, duraderos
    - Se distinguen dos tipos de plásticos según responden al calentamiento: termoplásticos y termoestables
- **Instalaciones exteriores (corrosión y oxidación)**
- **Identificación y tratamiento de técnicas de protección de los materiales**
  - Se distinguen:
    - Pintura
    - Cromado
    - Niquelado
    - Galvanizado
    - Pavonado
    - Metalizado

Actividades finales

DE COMPROBACIÓN

2.1. ¿Cuál de las siguientes definiciones corresponde con la propiedad mecánica llamada resiliencia?

a) Capacidad del material de soportar, sin deformarse ni romperse, los esfuerzos bruscos que se le apliquen.

b) Cantidad de energía necesaria para llevar a un material a su límite elástico.

c) Capacidad del metal para deformarse plásticamente en frío sin romperse.

2.2. ¿Qué porcentaje de C tiene un acero de bajo contenido en carbono?

a) Menos del 0,15 %.

b) Menos del 0,3 %.

c) Menos del 0,30 %.

2.3. ¿Cuál de los siguientes aceros son también conocidos como antidesgaste?

a) Hierro fundido.

b) Aceros al manganeso.

c) Aceros para herramientas.

2.4. ¿Cuál de los siguientes elementos es el responsable de la alta resistencia a la corrosión de los aceros inoxidables?

a) Carbono.

b) Níquel.

c) Cromo.

2.5. ¿Qué aleación de entre las que se enumeran a continuación no se debe almacenar junto al acero inoxidable para evitar la contaminación de este último?

a) Aluminio.

b) Cobre.

c) Acero al carbono.

2.6. ¿En cuál de los siguientes rangos de temperatura la estructura cristalina del acero es cúbica centrada en las caras?

a) Por debajo de 912 °C.

b) Entre 912 °C y 1388 °C.

c) Por encima de 1388 °C.

2.7. ¿Qué nombre recibe el hierro alfa cuando contiene carbono disuelto?

a) Ferrita.

b) Austenita.

c) Cementita.

2.8. ¿Qué nombre recibe la fase en la que Fe y C forman carburos de hierro (FE_3C)?

a) Ferrita.

b) Austenita.

c) Cementita.

2.9. ¿Con qué nombre se conoce al hierro gamma cuando contiene carbono disuelto?

a) Ferrita.

b) Austenita.

c) Cementita.

2.10. ¿Cuál de los siguientes tratamientos térmicos se corresponde con un temple?

a) Calentar el acero a una temperatura entre 800 °C y 920 °C y sacarlo después del horno para enfriar al aire.

b) Calentar el acero a una temperatura superior a la de austenización y enfriarlo bruscamente para obtener el máximo de martensita.

c) Calentar el acero a una temperatura superior a la de austenización y enfriar muy lentamente.

2.11. ¿Cuál de los siguientes tratamientos termoquímicos consiste en austenizar la superficie del acero en un ambiente rico en carbono para que la austenita pueda disolver una parte de este?

a) Cementación.

b) Nitruración.

c) Cianuración.

2.12. ¿Cuál de las siguientes no es una propiedad de los materiales plásticos?

a) Son ligeros debido a su baja densidad.

b) Son insolubles en agua.

c) Son conductores del calor y la electricidad.

2.13. ¿Cuál de los siguientes tratamientos superficiales consiste en recubrir exteriormente el metal de una fina capa de zinc?

a) Galvanizado.

b) Pavonado.

c) Metalizado.

2.14. ¿Qué acrónimo identifica al policloruro de vinilo?

a) PET.

b) PVC.

c) LDPE.

DE APLICACIÓN

2.15. Enumera los tres subgrupos que se distinguen entre los materiales metálicos no ferrosos.

2.16. Define brevemente el concepto de resiliencia mecánica.

2.17. Indica la razón principal por la que se emplean más aleaciones que metales puros en la fabricación mecánica.

2.18. ¿Cómo se denomina a un acero con un porcentaje de carbono comprendido entre 0,3 y 0,5?

2.19. Detalla los valores mínimo y máximo de contenido en carbono de una fundición de hierro.

2.20. Indica cuál es el elemento químico responsable de la alta resistencia a la corrosión del acero inoxidable.

2.21. Describe qué composición tiene el reactivo llamado nital que revela la microestructura del acero al carbono.

2.22. Define qué es el grano cristalino.

2.23. Expón cuál sería la estructura cristalina del hierro a 1200 °C.

2.24. Detalla cuál es el constituyente con mayor dureza que se puede encontrar en los aceros después de la cementita.

2.25. Explica en qué consiste el tratamiento térmico llamado bonificado.

2.26. Argumenta cuál es la razón por la que el temple es un tratamiento térmico que endurece el acero.

2.27. Describe qué propiedades son mejoradas en el acero con el tratamiento termoquímico conocido como carburación.

2.28. Concreta cuál es el componente principal de un material cerámico.

2.29. Enumera las principales propiedades de los materiales plásticos.

2.30. Describe qué tipo de plástico es un PET.

2.31. Señala qué es la ISO y de qué se encarga.

2.32. Desarrolla la principal diferencia que existe entre la pintura y el resto de los tratamientos superficiales del acero.

Actividades finales

2.33. Menciona qué elemento químico se utiliza para dar un recubrimiento exterior al acero en el galvanizado.

2.34. Distingue qué tipo o tipos de materiales se pueden proteger con un metalizado.

DE AMPLIACIÓN

2.35. Realiza las siguientes operaciones para tomar conciencia de cada una de estas propiedades del acero: límite elástico, plástico y de fractura de una chapa de 100 × 300 × 1,5 mm de acero al carbono.

2.36. Toma el rectángulo de chapa con tus manos. Observa cómo es relativamente fácil curvarla; del mismo modo, fíjate en que si dejas de ejercer esa fuerza recupera su forma anterior. Por tanto, esa fuerza está por debajo de su límite elástico.

2.37. Lleva el rectángulo a una prensa y pliégalo por la mitad a 90°. Observa cómo la deformación ya es permanente; por tanto, se ha superado su límite elástico.

2.38. Coloca de nuevo la chapa plegada en la prensa y pliégala en sentido contrario. Repite el pliegue en ambos sentidos hasta que parta. Observa cómo la fatiga del material termina por fracturarlo.

Enlaces web de interés

Diagrama del hierro carbono:
https://profemjesus.webcindario.com/teccnologia_industrial_2/T9_diagramas_equilibrio.pdf

Tratamientos de los materiales:
https://ikastaroak.birt.eus/edu/argitalpen/backupa/20200331/1920k/es/DFM/DPM/DPM03/es_DFM_DPM03_Contenidos/website_10_tratamientos_de_los_materiales.html

Tipos de plásticos:
https://ecoembesdudasreciclaje.es/tipos-de-plasticos/

Tratamientos del acero:
https://www.edu.xunta.gal/espazoAbalar/sites/espazoAbalar/files/datos/1464947174/contido/425_tratamientos_del_acero.html

Equipos y herramientas de conformado

3

El corte y el conformado de las piezas previamente dibujadas en los perfiles metálicos constituyen el paso siguiente al trazado. En esta unidad se describen estas operaciones y se relacionan con las herramientas y los equipos que actualmente se emplean en esta etapa de la fabricación.

Contenidos

Objetivos

- Conocer los principales procesos de corte.
- Aplicar los procesos de conformado para que se cumplan las tolerancias dimensionales en un montaje.
- Comprender cómo se utilizan las plegadoras y las curvadoras para cambiar de forma perfiles y chapas.
- Identificar los instrumentos de medición y comparación.
- Manejar el utillaje necesario para realizar estas operaciones.

3.1. Equipos de corte y conformado

Una vez finalizado el proceso de trazado, las piezas del elemento a montar ya están listas para ser cortadas y, en caso necesario, conformadas para que ajusten entre sí manteniendo las tolerancias dimensionales; es decir, todo montado en su sitio y cumpliendo con las medidas.

Los equipos y las herramientas que participan en el corte y conformado, junto con los instrumentos y útiles con los que medir, marcar y comparar las piezas a fabricar, son los siguientes:

- **Equipos de corte:** se clasifican en herramientas para corte manual, como las tijeras de chapa o la cizalla manual, de tipo mecánico, como radiales o sierras de cinta, y de tipo térmico, como el corte por plasma o el oxicorte. Por otra parte, hay procesos de corte montados en automatismos y operados mediante sistemas asistidos por ordenador, como son el corte por láser o por chorro de agua.
- **Máquinas y herramientas para el conformado:** al igual que en el caso anterior existe herramienta manual para conformado (también radiales con discos abrasivos), equipos para el doblado y curvado de perfiles, así como máquinas para mecanizado, como el torno y la fresadora, además de sistemas asistidos por ordenador como el CNC.
- **Instrumentos de medida, marcado y comparación:** como son las reglas milimetradas, el compás, la escuadra y el pie de rey.

3.2. Cálculo de tolerancia para doblado

El plegado o doblado es un proceso de conformado. A diferencia del corte, no consiste en separar el perfil en dos, sino en una deformación plástica permanente que da forma de ángulo a una chapa o perfil metálico plano. La deformación plástica es aquella que lleva al material más allá de su límite elástico sin llegar a su límite de rotura. Por tanto, se debe tener en cuenta la elasticidad de dicho material.

Cuando se dobla un perfil metálico este se comporta estirándose por la zona exterior del doblado y comprimiéndose por la zona interior. La consecuencia es que las fibras del material sufren en la zona de doblado de forma proporcional al radio: cuanto menor radio de doblado se pretenda conseguir, mayor será la tensión que deba soportar la zona.

Vocabulario

Carga de rotura: se dice de la carga que lleva a superar la capacidad de deformación de un material y que se manifiesta como la separación de un cuerpo en dos o más partes.

Límite elástico: es la deformación máxima que es capaz de soportar un material sin que implique cambios dimensionales permanentes, esto es, que el material recupere sus dimensiones una vez que cesa la fuerza que produce la deformación.

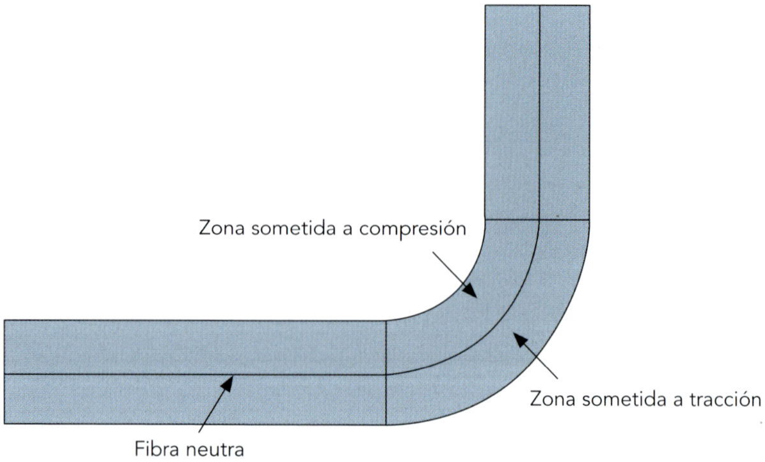

Figura 3.1. Comportamiento del perfil en el momento del doblado.

Existe una zona neutra donde la tensión es nula. Esta zona, llamada **fibra neutra,** no está sometida a tracción ni a compresión; por tanto, en ella no existe deformación.

La fibra neutra no siempre se encuentra en el centro de la chapa, sino que toma una posición diferente según el espesor del material y el radio que solicite el doblado. A la ubicación del plano o línea neutra con respecto al espesor del material se la conoce como **factor K.** Existen programas que partiendo de ese factor K calculan los márgenes de tolerancia de forma automática con base en estudios realizados en la práctica. También la norma alemana DIN 6935 ofrece referencias para diferentes ángulos de plegados.

La importancia de localizar la fibra neutra es clave para el cálculo del desarrollo, es decir, de la longitud de la pieza antes del plegado. Esto se puede calcular también por métodos de aproximación; uno de los más utilizados (para chapas de un espesor máximo de 2 mm) consiste en restar el resultado de multiplicar el espesor por dos en cada doblado de 90°.

Actividad propuesta 3.1

Vamos a aplicar el método de aproximación anterior. Tienes una chapa de 1,5 mm de espesor con cuatro pliegues; entre ellos hay 1000, 250, 500 y 250 mm. La longitud a la que habría que cortar la chapa antes de plegarla para que su desarrollo se ajuste a lo esperado sería de 1000 – – (2 × 1,5) + 250 – (2 × 1,5) + 500 – (2 × 1,5) + 250 – (2 × 1,5) = 1988 mm, que es la longitud de la chapa a la que debes cortarla antes del doblado.

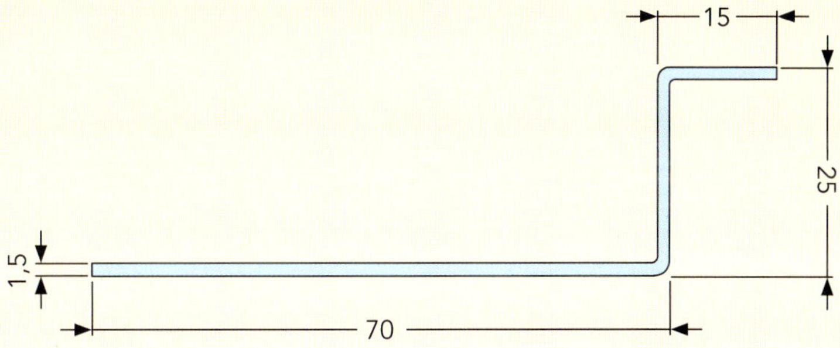

Dentro del plegado se distinguen dos tipos, a fondo o al aire. En el primer caso, durante el proceso de plegado la chapa siempre permanece en contacto con tres puntos, mientras que en el segundo no. En consecuencia, es más preciso el plegado a fondo. La razón está en que cuando se realiza un plegado se lleva la chapa a superar su límite elástico; es normal que no pierda toda su elasticidad, lo que supone una pequeña tendencia a retornar a la forma anterior que se conoce como **retorno elástico.** En plegados al aire el retorno elástico es mayor que en el plegado a fondo.

3.3. Instrumentos de medición y comparación

A continuación, se dan a conocer las principales herramientas de control dimensional que se utilizan para verificar que las medidas en el montaje son correctas.

1. **Reglas graduadas rígidas, flexómetros y cintas métricas.** En estos formatos se encuentra este instrumento de medición, bien como regla rígida rectangular o bien flexible en flexómetros metálicos o cintas métricas de tela o fibra de vidrio. Llevan impresa una escala graduada en centímetros y milímetros (pueden convivir con pulgadas) para verificar las dimensiones de piezas y elementos.

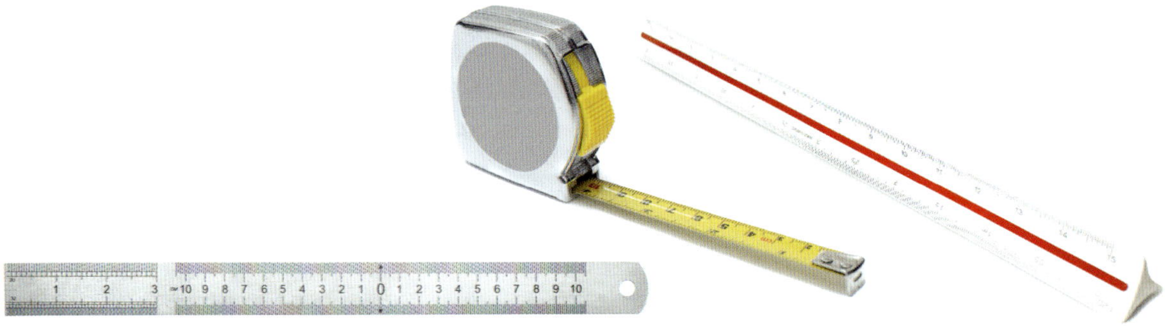

Figura 3.2. Regla, flexómetro y escalímetro.

El **escalímetro** es una regla de forma triangular que presenta seis caras distintas que contienen diferentes escalas. Se usa para medir sobre el plano directamente, obteniendo medidas directas teniendo en cuenta que, por ejemplo, en una escala 1:10 un centímetro de la figura representada en el plano supone diez centímetros a tamaño real.

Sabías que...

En el mundo conviven el sistema métrico decimal (actualmente Sistema Internacional de Unidades, o SI) y el sistema anglosajón (o Sistema Imperial). Las unidades del SI son el metro, el kilogramo y el litro, y las unidades del sistema anglosajón son la pulgada, la libra y el galón. Este último es el sistema que se emplea en Gran Bretaña y en Estados Unidos, aunque este último país está incorporando el SI en algunos sectores.

La conversión de unidades de un sistema al otro es sencilla en la actualidad. Por ejemplo, en internet se puede disponer de conversores de unidades de cualquier tipo o valor.

2. **Escuadras y compás de chapa.** Las escuadras de tacón, disponibles en muchos tamaños, sirven para trazar líneas rectas, a 90° y a 120°, con mucha precisión gracias a que su canto se puede apoyar en el borde de la pieza a trazar. La escuadra falsa permite transportar ángulos del plano al trazado. El compás de chapa es la versión del compás tradicional para trazar círculos en perfiles metálicos.

Figura 3.3. Escuadra falsa, compás de chapa y escuadra de tacón con nivel.

3. **Pie de rey.** Es una herramienta calibrada con la que tomar medidas con mayor precisión. Consiste en una regla sobre la cual se desliza otra que indica la medida. Puede poseer dos escalas para medir en milímetros o en pulgadas.

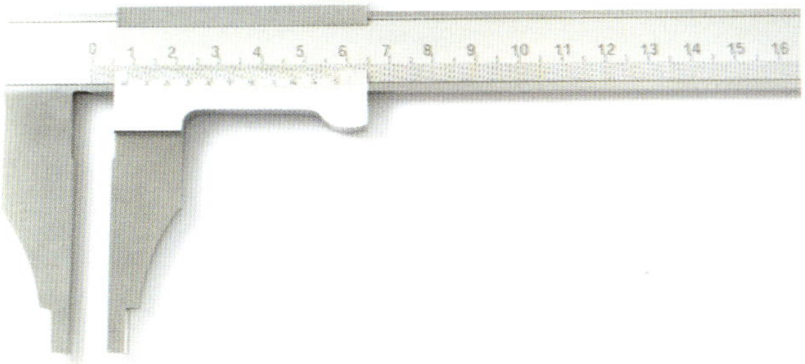

Figura 3.4. Pie de rey.

4. **Nivel.** Consiste en un rectángulo metálico o plástico, a veces dotado de imanes para su fijación, en cuyo centro posee un pequeño tubo transparente lleno de líquido con una burbuja de aire en su interior. Si la burbuja se sitúa a la misma distancia entre dos marcas impresas en el tubo transparente indica que el objeto de la medición está correctamente situado en la vertical u horizontal.
5. **Plomada.** Es un cuerpo metálico, generalmente cilíndrico, que suspendido de una cuerda sirve para asegurar la verticalidad.

Figura 3.5. Nivel de burbuja.

Sabías que...

Carlomagno fue el rey que implantó las unidades de medida en todo su reino de la siguiente forma: todo objeto era medido comparándolo con el «pie». El nombre le viene porque era la medida real de su propio pie (12 pulgadas). A esta herramienta, de la familia de los calibres, se le dio este nombre en homenaje a esta antigua unidad de medida.

Figura 3.6. Plomada.

Actividad propuesta 3.2

Mide el diámetro interior y exterior de un tubo de dos pulgadas mediante un pie de rey. Para tomar la medida exterior abraza el tubo entre sus mordazas mayores y observa la medida en la regla milimetrada. Para tomar la medida interior introduce en el tubo las mordazas menores, deslízalas por el cuerpo del pie de rey hasta que cada una esté en contacto con la cara interior del tubo y lee la medida en la regla milimetrada.

3.4. Utillaje para marcado

Se entiende por utillaje el conjunto de herramientas y elementos que facilitan el montaje y unión de las piezas en la fabricación mecánica. La función del utillaje es el posicionamiento de esas piezas temporalmente durante el montaje, generalmente hasta que finaliza el proceso de unión. El utillaje es una pieza clave en fabricación que permite reducir costes de producción, disminuir los tiempos de fabricación y mejorar la calidad del producto fabricado.

En cuanto a los tipos de utillaje que actualmente se emplean en producción, los más sencillos son los sargentos o las mordazas de presión.

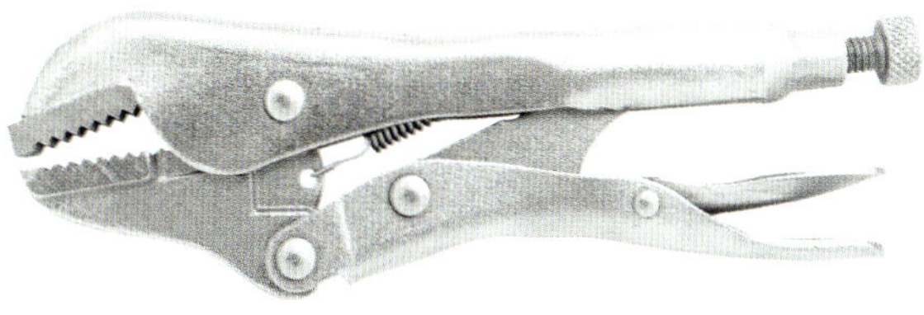

Figura 3.7. Mordazas de presión.

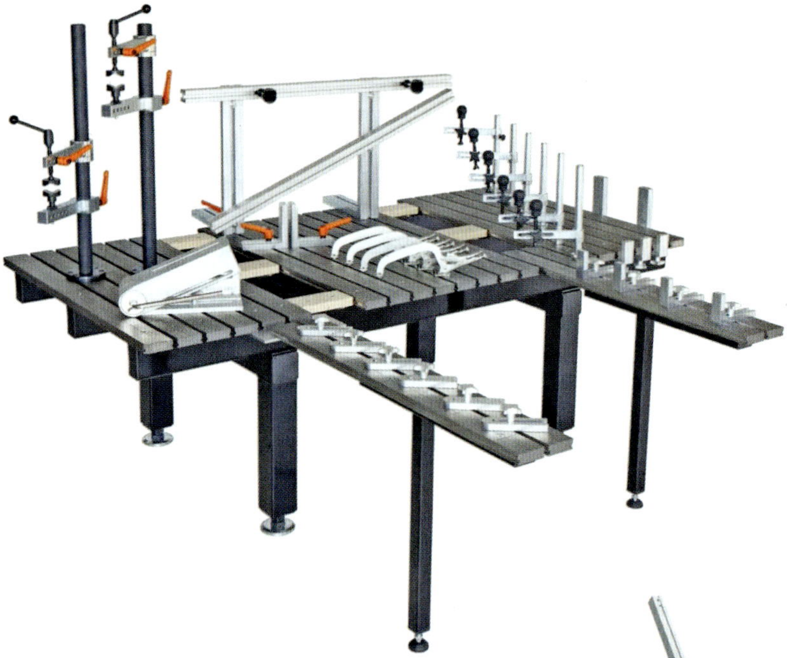

Figura 3.8. Mesa de soldadura. *(Fuente: Förster Welding Systems).*

Y un ejemplo de los más sofisticados bien podrían ser las mesas de soldadura, como la que se observa en la Figura 3.8. O las plataformas expresamente diseñadas para el producto a fabricar, como viradores o plataformas hidráulicas que pueden variar la posición del elemento que se va a montar para facilitar el proceso de unión.

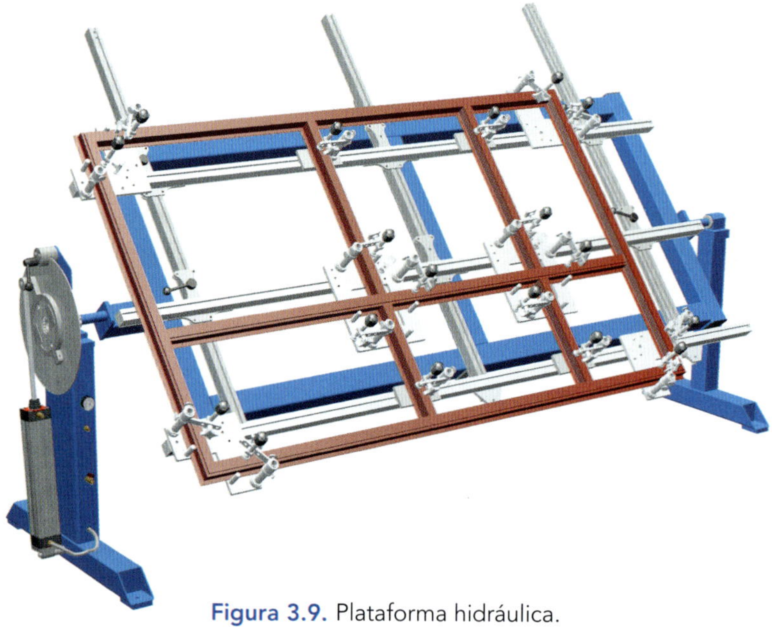

Figura 3.9. Plataforma hidráulica. *(Fuente: Förster Welding Systems).*

Actividad propuesta 3.3

Verifica la perpendicularidad de un ángulo con una escuadra de tacón. Para ello, sitúa delante del ángulo que quieres verificar la escuadra y observa si las líneas coinciden. Si el ángulo no tiene 90° utiliza un transportador de ángulos para determinar sus grados.

3.5. Herramientas de corte de chapa

Este apartado se centra en las herramientas que se emplean en el corte de chapa de pequeño espesor. En el Apartado 3.9 se verán otras que se pueden emplear para todo tipo de dimensiones.

- **Tijera de chapa:** funciona como una tijera de papel con la que manualmente se pueden realizar cortes con diversas formas. Sus cuchillas son de acero estampado en caliente, de alta resistencia, larga vida útil y afilado de precisión.

  Es la herramienta más limitada en lo que se refiere al espesor (entre 0,5 mm y 1 mm máximo). Para mayor aprovechamiento de la fuerza el corte de la lámina debe realizarse lo más cerca posible del eje de la tijera (unión de las cuchillas), eje que siempre ha de mantenerse debidamente lubricado. Según la orientación que se le pretenda dar al corte se distinguen tijeras de chapa para corte recto, para corte diestro y para corte zurdo. Las primeras (pueden tener el mango amarillo) cortan en línea recta, las segundas recortan con una leve desviación a la derecha (mango verde) y con las últimas se desvía el corte a la izquierda (mango rojo).

Figura 3.10. Tijera para cortar chapa.

Vocabulario

Estampado en caliente: consiste en comprimir una plancha de metal entre dos moldes con el fin de darle una forma concreta calentando previamente el metal para facilitar que adopte la forma del molde.

- **Cizalla:** aunque funciona de un modo similar a una tijera la cizalla puede cortar chapas de mayor espesor. Sus filos ejercen una presión contra la chapa y, una vez vencida su resistencia, separa a esta en dos partes por cizalladura. Generalmente está formada por una cuchilla fija en la parte inferior y otra móvil en la parte superior. Las cizallas pueden ser manuales o hidráulicas. Es importante destacar que existe alto riesgo de atrapamiento entre las cuchillas; una cizalla siempre debe utilizarse siguiendo al pie de la letra todas las medidas de prevención de riesgos laborales.

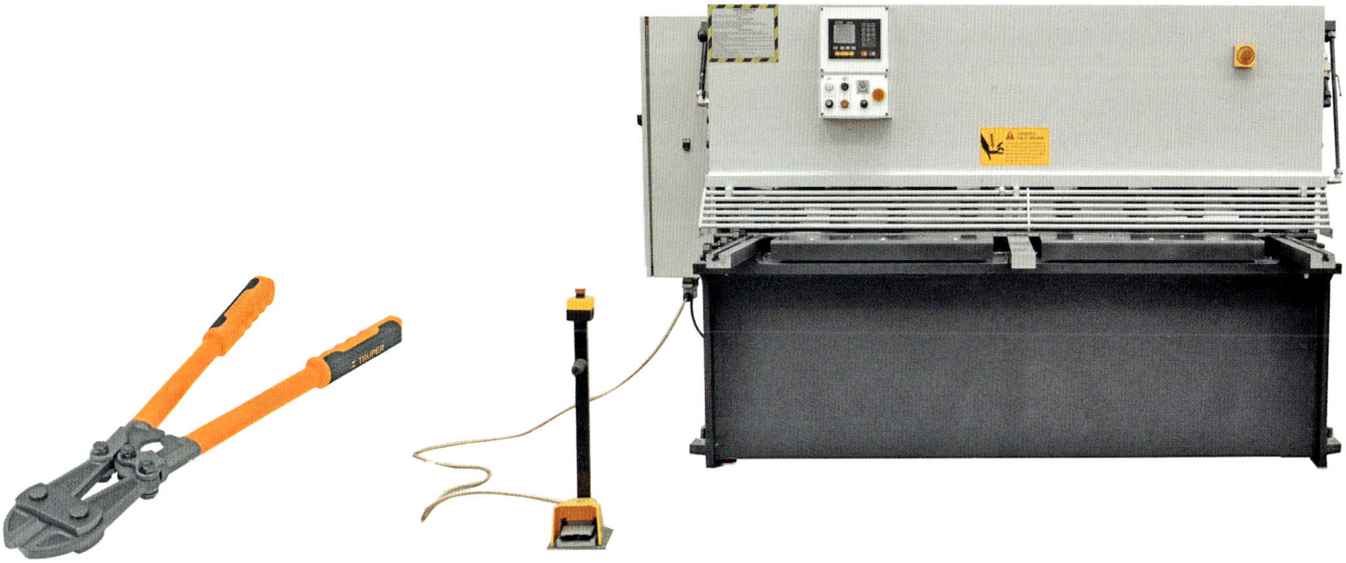

Figura 3.11. Cizalla manual (izquierda) y cizalla hidráulica (derecha).

Vocabulario

Cizalladura: corte producido en un sólido por la acción de fuerzas opuestas e iguales.

Hidráulica: ciencia que se basa en que los líquidos no son muy compresibles. La compresibilidad es una propiedad de la materia que hace que todos los cuerpos reduzcan su volumen cuando se ven sometidos a una presión determinada. Esta propiedad les permite transferir y multiplicar fuerzas mediante la potencia que crea el flujo del líquido en una conducción cuando se le aplica a este mucha presión. El aceite hidráulico es un fluido muy empleado en hidráulica.

Actividad propuesta 3.4

Realiza una comparativa en el taller cortando chapa fina (1 mm o 1,5 mm máximo) con estas herramientas:

- **Tijera de chapa:** procura emplear para el corte la parte más cercana a la articulación; así obtendrás más rendimiento a la fuerza empleada.
- **Radial con disco de corte:** monta un disco de corte de 1 mm a una radial de 115 mm. Previamente debes desenchufarla y poner el interruptor en posición de apagado. Para ello, pulsa el botón de bloqueo de giro del cabezal mientras introduces los vástagos de la llave de radial en los agujeros de la tuerca encargada de sujetar los discos. Gira la llave en sentido contrario a las agujas del reloj y la tuerca se aflojará. Introduce el disco, vuelve a colocar la tuerca y gira esta hasta que sujete firmemente el disco de corte. Para realizar el corte con la mayor seguridad tu cuerpo debe estar al lado contrario al que se encuentra el disco. Pulsa el interruptor de la radial para que el disco comience a girar y deslízalo por la línea de corte ejerciendo la menor presión posible.

3.6. Herramientas de curvado y doblado de chapas

Antes de nada, es importante distinguir entre conceptos: curvar es deformar permanentemente un área relativamente grande de un perfil donde este pierde su rectitud para adquirir curvatura. Doblar es concentrar esa deformación en un área pequeña (radio mínimo de 1,5 hasta un máximo de 5 veces su diámetro) que convierte un perfil recto en un ángulo y, como se vio en el Apartado 3.2, dentro de unas tolerancias variables que se calculan teniendo en cuenta el tipo de material y su espesor.

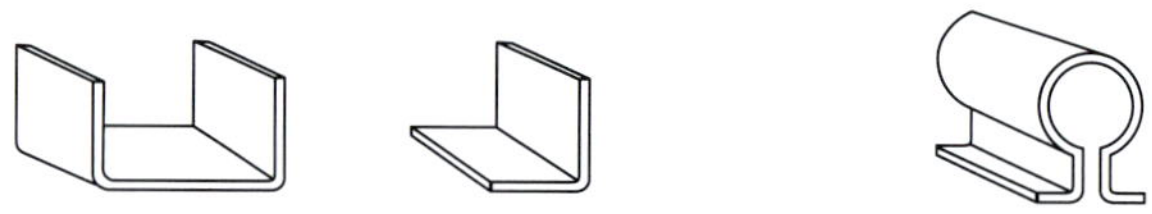

Doblado Curvado

Figura 3.12. Diferencia entre el concepto de doblado y el de curvado.

Una vez aprendidos los conceptos de curvar, deformar y doblar, seguidamente se verá qué tipo y cuál es la herramienta que habitualmente se emplea para llevar a cabo estas operaciones.

3.6.1. Rodillos de curvado

Consiste en una bancada o plataforma firme sobre la que se coloca una o varias máquinas para trabajar en ellas, o una carcasa provista de tres rodillos de hierro fundido. Dos de ellos se disponen en línea, uno sobre el otro, y el tercero detrás de estos. La distancia entre los dispuestos en línea se puede reducir con el fin de ajustarla al espesor de la chapa que se desea curvar por medio de una ruleta o volante.

Los rodillos pueden ser manuales, que podrán curvar perfiles de un espesor máximo de 5 mm, o motorizados para curvar perfiles de espesores mayores.

Figura 3.13. Plegadora/curvadora y a la derecha esquema del funcionamiento de los rodillos.

Actividad propuesta 3.5

Realiza un círculo con varilla empleando unos rodillos de curvado manual.

Emplea una varilla recta de un diámetro no menor a 2,5 mm (por ejemplo, de un electrodo) ni superior a 5 mm. Libera de presión el rodillo superior girando en sentido antihorario el regulador que acerca o separa este del rodillo inferior, introduce la varilla entre ambos y, a continuación, vuelve a dar presión girando el regulador en sentido horario hasta que la varilla quede ligeramente presionada por los rodillos

El tercer rodillo está detrás de los dos primeros y puede pasar de encontrarse en línea con el inferior a cambiar de posición ascendiendo para, prácticamente, terminar en línea con el superior. En consecuencia, cuanto más asciende el tercer rodillo más cerrada será la curva de chapa o perfil. Con el tercer rodillo en la posición más alta haz girar los rodillos tal y como se indica en la Figura 3.14 para que la varilla se curve formando un círculo cerrado.

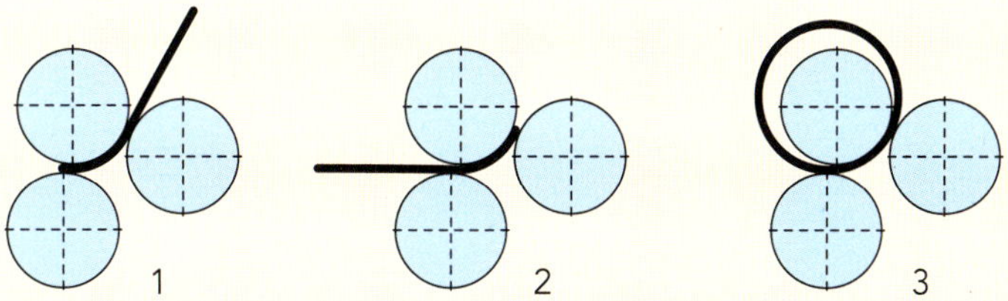

Figura 3.14. Proceso de curvado de una varilla.

3.6.2. Plegadora de chapa

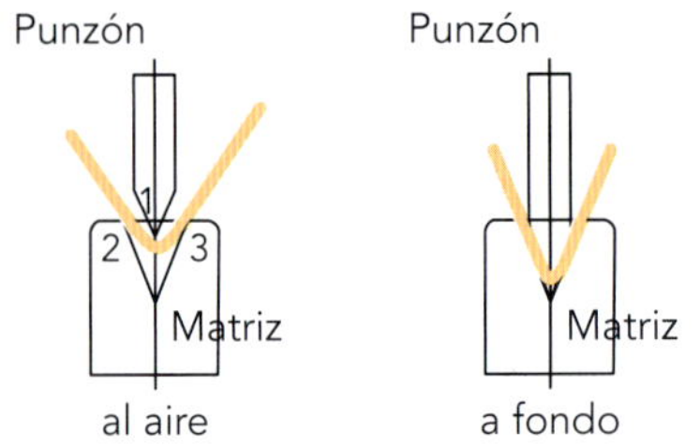

Figura 3.15. La plegadora es una máquina que realiza varios tipos de plegado, como es el plegado al aire y el plegado a fondo, teniendo en cuenta el espesor de la chapa.

Como su nombre indica, se emplea para el plegado en frío de chapas metálicas de aceros en general, aluminio y otras aleaciones. Cuando el espesor es fino se emplean plegadoras manuales y para otros casos plegadoras mecánicas hidráulicas.

Consiste en una bancada o mesa de trabajo sobre la que se apoyan las chapas que se van a plegar. Hay una parte móvil llamada punzón o cuchilla en la que se montan los útiles para dar forma al plegado, por ejemplo, en «V», en «U» o en «L». Puede tener o no un motor eléctrico, uno hidráulico o de otro tipo que mueva el punzón atrapando la chapa entre este y otro útil llamado matriz. Si el punzón lleva el doblado hasta el final del útil/matriz se denomina **plegado a fondo;** en caso de no llevarlo hasta el final es un **plegado al aire.**

Actividad propuesta 3.6

Realiza un plegado a 45° de una chapa de 1 mm midiendo el progreso del mismo con un transportador de ángulos o empleando un útil de plegado con esta angulación. Posteriormente, pliega a 90° la misma pieza.

3.6.3. Dobladora de tubos

Es una herramienta diseñada especialmente para curvar tubos en frío de acuerdo con la forma de una matriz (que no doblar si se atiende a la definición de doblado y curvado dada al inicio del apartado). Si el curvado se realiza correctamente la sección del tubo debe conservar la forma, es decir, no debe reducirse o aplastarse. Para lograrlo, cada dobladora tiene un juego de matrices que se ajustan al diámetro de cada tubo, además de un útil que se introduce en ese tubo para que este no se deforme al aplicar la fuerza. Los elementos que la conforman son los siguientes:

- Empuñadura.
- Matriz de doblado: aplica la curvatura al accionar el mecanismo.
- Sistema de anclaje: fija el tubo para impedir su movimiento al realizar el doblado.
- Matriz de desplazamiento: piezas con forma semicircular de longitudes variables que actúan como un molde de doblado.
- Mecanismo de presión responsable de ejercer la fuerza necesaria para doblar el tubo.

Al igual que ocurre con los rodillos de curvado también puede ser manual o hidráulica; el espesor y el tipo de material determinarán cuál es la más adecuada.

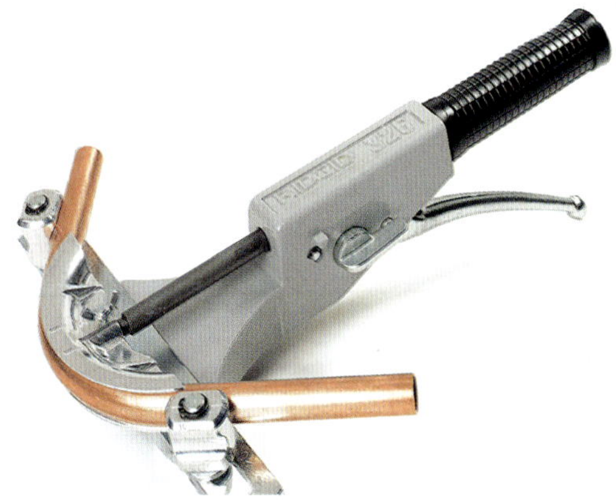

Figura 3.16. Dobladora de tubos.

3.7. Operaciones de trazado y conformado

El trazado, como ya se he visto, consiste en trasladar las medidas de las piezas que se van a cortar a perfiles metálicos como chapas, pletinas, etc. El trazado se realiza con herramienta manual y también con medios más sofisticados. A continuación se dan a conocer algunas de las principales herramientas necesarias para el trazado de las chapas previo a su corte, taladrado, soldeo, etcétera.

- **Punta de trazar:** sirve para marcar sobre el metal base medidas, líneas, etc. La punta de trazar es una varilla de acero fundido con punta afilada que se emplea como un «lapicero para dibujar sobre chapa». Presionando con la punta y con ayuda de una regla, se pueden trazar líneas rectas que delimiten, por ejemplo, el área del perfil a cortar.

  El trazado debe realizarse sobre superficies planas. Cuando las piezas son pequeñas se puede utilizar el mármol de trazar, que asegura la planitud durante el trazado. Cuando las piezas son grandes las superficies en las que reposen deben estar niveladas y debidamente aplanadas.

Figura 3.17. Punta de trazar. *(Fuente: Acha).*

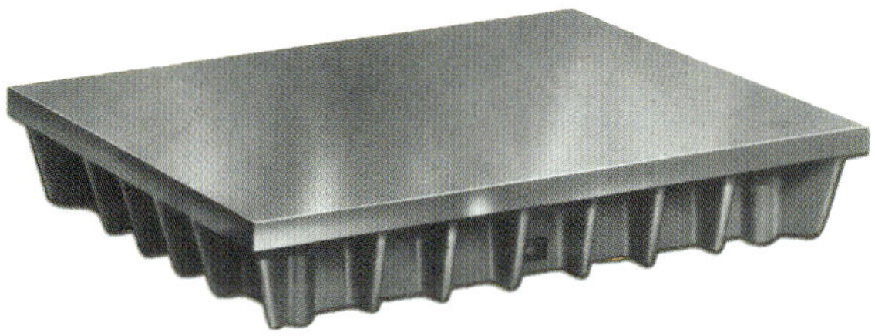

Figura 3.18. Mármol de trazar. *(Fuente: directindustry).*

- **Como alternativa a las puntas de trazar pueden utilizarse otros tipos de marcadores,** como, por ejemplo:
  - **Esteatita:** es una roca muy blanda, compuesta en gran parte por talco. Aplicando una pequeña presión deja una línea blanca en la superficie a trazar que, además, se mantiene visible cuando se aplica calor debido a que posee un alto punto de fusión.
  - **Lápices para soldadores:** están disponibles en varios colores y también son resistentes al calor.

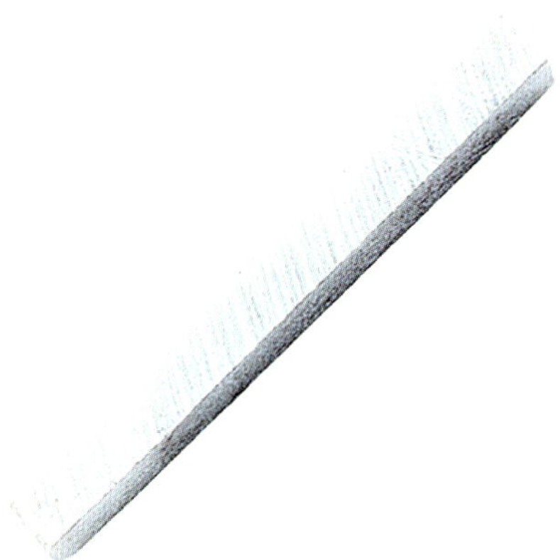

Figura 3.19. Barra de esteatita. *(Fuente: Ibec Systems).*

Figura 3.20. Lápiz de soldador. *(Fuente: Okila).*

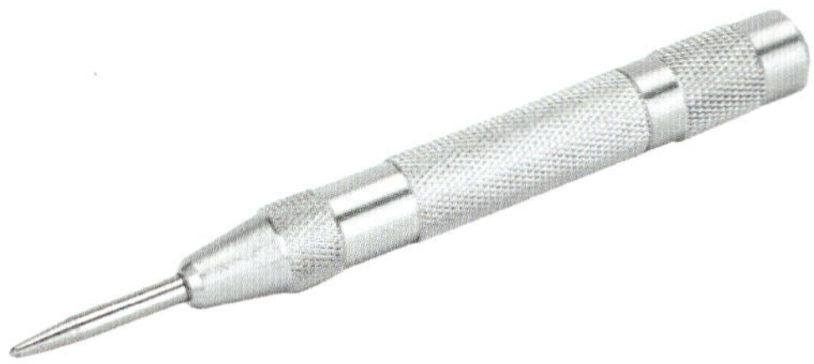

Figura 3.21. Granete. *(Fuente: Bahco).*

- **Granete:** no hay que confundir el granete con la punta de trazar pues, aunque parecidos en forma, tienen funciones diferentes. El granete es también un cilindro de acero aleado, algo más grueso, que igualmente cuenta con una punta en un extremo. Se posiciona sobre el lugar que se quiere marcar, se golpea con un martillo y deja en la chapa una pequeña depresión que puede ser, por ejemplo, el centro de un taladro o el lugar donde posicionar un compás para trazar un círculo.
- **Gramil:** el gramil es una herramienta diseñada para trazar líneas paralelas con gran precisión. Consiste en una base cuadrada o rectangular plana que sirve de apoyo, unida a un eje vertical llamado nonio. Este, que puede ser fijo o abatible, está milimetrado y por él se desplaza un soporte unido a una punta de trazar.

Vocabulario técnico

Acero aleado: es el término con el que normalmente nos referimos a aceros que contienen en su composición química otros elementos, además del carbono, que supongan alguna mejora de sus propiedades mecánicas.

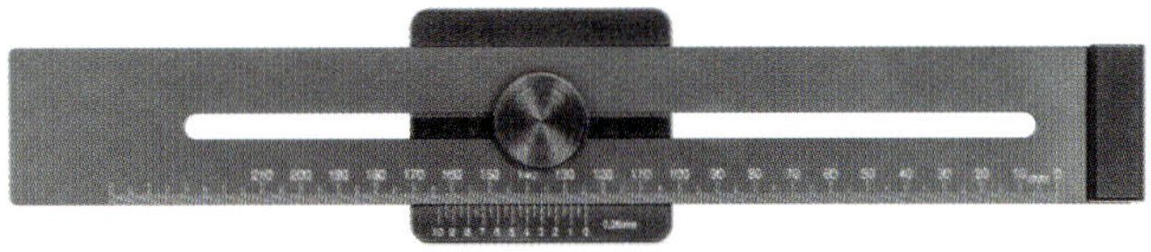

Figura 3.22. Gramil analógico (izquierda) y digital (derecha). *(Fuente: Suministros Ideal).*

Por otro lado, el conformado comprende las operaciones necesarias para ajustar una pieza a su ubicación en el montaje. Este conformado puede realizarse con equipos de precisión, como un torno o una fresa, o bien empleando herramientas manuales como las siguientes cuando este no requiere tanta calidad.

- **Lima:** es la herramienta manual por excelencia en el conformado manual. Las limas se distinguen en general por su forma o por su grano.

  En cuanto a la forma existen limas planas para usos generales, triangulares para el trabajo de ajuste a medidas de ángulos menores de 90° y redondas para el ajuste de orificios, agujeros, taladros, etcétera.

  El grano de las limas puede ser basto, que consigue un mayor desgaste en el material que se quiere ajustar, o también intermedio y fino para trabajos de acabado.

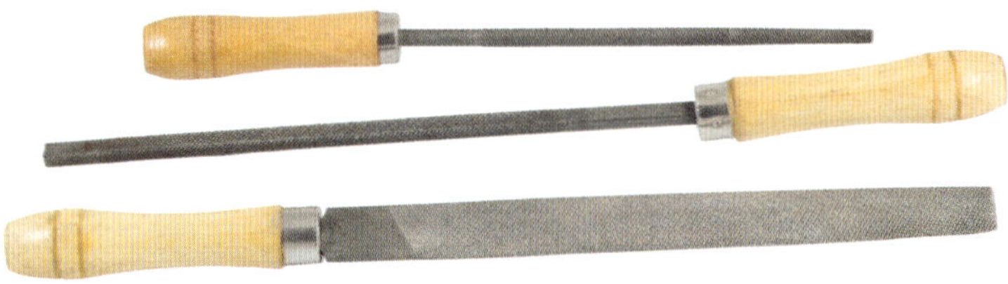

Figura 3.23. Limas manuales. El uso principal es el de desbastar piezas metálicas, de madera y, en menor medida, plásticas.

- **Radial:** equipada con discos abrasivos, bien rígidos y bastos, bien de lija para obtener una gran variedad de acabados, permite de un modo fácil y rápido el ajuste y conformado de las piezas.

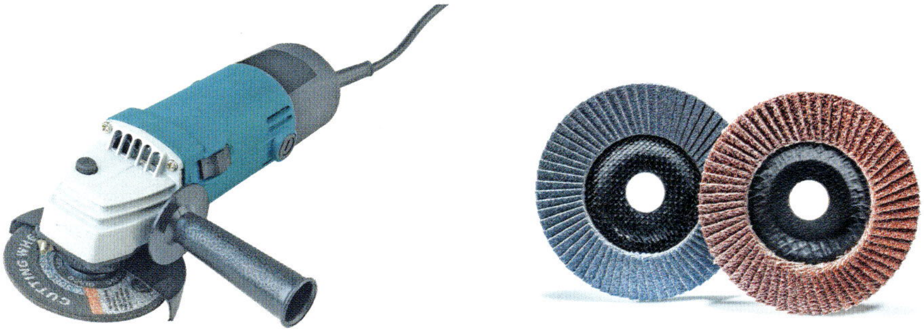

Figura 3.24. Máquina radial y discos abrasivos. *(Fuente: Bosch).*

Sabías que...

La radial o amoladora angular fue inventada en 1954 por la empresa alemana Ackermann + Schmitt. A pesar de que permite realizar multitud de tareas, como corte, desbaste, pulido, etc., se considera una de las herramientas más peligrosas del taller. La causa es que su sencillez puede causar la sensación de falsa seguridad a la persona que la maneja. Esto, unido a la falta de formación, hace que si se utiliza incorrectamente los discos se rompan o se sufran lesiones cambiándolos sin las herramientas adecuadas o por no desenchufarla cuando se realiza el cambio para prevenir la activación accidental.

Actividad propuesta 3.7

Corta con radial una chapa de dimensiones 100 × 100 × 1,5 mm. Traza en ella cinco líneas equidistantes usando la escuadra y, alternativamente, la punta de trazar, esteatita y lápiz de soldador. Granetea las líneas para remarcarlas y redondea los cantos afilados de la chapa con lima manual.

3.8. Corte y doblado

El doblado de perfiles es una forma genérica de referirse a un proceso que emplea herramienta o maquinaria con el fin de producir una deformación permanente en un perfil, chapa o varilla. Como ya es conocido, en función del tamaño del área a doblar se habla de plegado cuando la deformación se concentra en un área pequeña y de curvado cuando esta área es relativamente grande.

Si el doblado produce una deformación premeditada para el conformado de una pieza, cuando se habla de corte nos estamos refiriendo a separar en dos un perfil. El corte industrial, en general, es una disciplina donde se podría estar aprendiendo a lo largo de toda la vida profesional sin ver el final de ese aprendizaje. Es un puesto de trabajo en ocasiones muy especializado y con una altísima demanda que en muchos casos es difícil cubrir. En el siguiente apartado se dan a conocer los principales procesos que se emplean en la actualidad.

3.9. Herramientas y equipos de corte

Ante un trabajo de corte son muchas las opciones disponibles y será necesario plantearse varias cuestiones para delimitar el mejor proceso en cada caso; por ejemplo, el presupuesto disponible, el plazo, el tipo de material que se va a cortar, su espesor o la tolerancia dimensional que se permite. Las respuestas permitirán eliminar opciones y ayudarán a elegir con acierto el proceso de corte.

A grandes rasgos se pueden distinguir entre herramientas y equipos de corte térmico, como oxicorte, plasma, arco aire o láser. En grupo aparte estarían los equipos de corte mecánico como radiales, sierras manuales, sierras de cinta y corte por chorro de agua.

3.9.1. Corte térmico

Es el que se produce sometiendo a los materiales a una fuente de calor, bien por combustión o por fusión local, como son una llama, un arco eléctrico o un rayo láser.

□ Oxicorte

Está formado por un soplete de corte y dos botellas de las cuales una es de gas combustible (acetileno, propano, gas natural, etc.) y otra es de oxígeno. Con el primero se genera una llama que, en combinación con el oxígeno, puede superar los 3000 °C.

El oxicorte es un proceso barato, fácil de transportar, se puede automatizar y no es difícil aprender a manejarlo correctamente siempre que quien lo utilice esté debidamente formado para reducir al mínimo el riesgo de accidente. Por el contrario, está limitado al acero al carbono (con menos del 0,3 % de C) y no es posible su aplicación en otros como el acero inoxidable, el aluminio, el cobre o materiales no metálicos.

Sabías que...

La llama del oxicorte no corta el acero al carbono por fusión, sino por oxidación. Este acero tiene un punto, llamado de ignición o inflamación, que ronda los 900 °C. Si a esa temperatura se abre el grifo del oxígeno de corte del soplete se produce una reacción de oxidación tan rápida y localizada que da la sensación de que se ha cortado el acero porque se ha superado su punto de fusión (1540 °C).

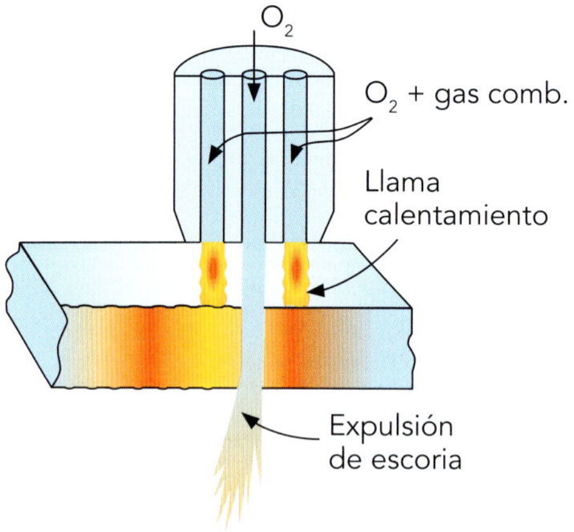

Figura 3.25. Oxicorte.

□ Plasma

Consiste en una fuente de alimentación que transforma la energía eléctrica en energía calorífica. El equipo está formado además por una pistola de corte y un compresor de aire o gas. Dentro de la pistola un electrodo se calienta al pasar por él la corriente eléctrica y eleva la temperatura del aire o gas que circula a su alrededor en el interior de la pistola. La única salida para ese gas caliente es un orificio que se encuentra en la punta de la pistola y que tiene un papel fundamental: el gas, que dentro de la pistola mantiene una temperatura y una presión relativamente bajas, ve multiplicadas ambas al salir de esta y cambia de fase (de gas a plasma) debido a que el orificio de reducción estrangula su paso.

Hay equipos de plasma para pequeñas prestaciones muy portátiles y fáciles de aprender a manejar, o de altas prestaciones para corte de estructuras pesadas. Al igual que el oxicorte se puede montar en un automatismo, pero el corte por plasma no está limitado al acero al carbono pudiendo emplearse en todo tipo de materiales metálicos siempre que se empleen las pistolas y los gases de corte adecuados.

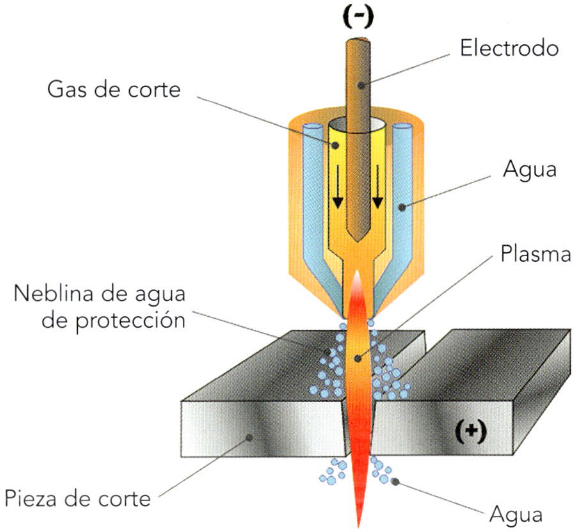

Figura 3.26. Corte por plasma. *(Fuente: MIPSA).*

☐ Arco aire

Este proceso consiste en una pinza portaelectrodos de diseño especial sobre la que se puede colocar un electrodo de grafito que, al paso de la corriente, genera un arco eléctrico en el extremo que funde el material a cortar. Esto, unido a un chorro constante de aire que sale por la pistola (proveniente de un compresor de aire), hace que el material fundido desaloje la ranura del corte.

Esta herramienta se emplea sobre todo a la hora de eliminar cordones de soldadura defectuosos. No es muy fácil conseguir cortes de bordes rectos y regulares, pero con la práctica se puede mejorar mucho su calidad. Se puede instalar en un equipo de soldadura con fuente de alimentación de media/alta potencia y solo requiere de un portaelectrodos para arco aire, electrodos de grafito y un compresor de aire. También se puede utilizar para realizar taladros.

Figura 3.27. Pinza de arco aire de tipo *flair. (Fuente: Digassol).*

☐ Láser

Consiste en la fundición o vaporización de una zona muy localizada mediante el calor de un haz de luz asistido por un gas a muy alta presión. A diferencia de los anteriores, este proceso no es manual, pero gobernado por un *software* el corte puede alcanzar en comparación una excelente calidad y alta productividad con un mínimo aporte de calor a la pieza.

De los dos tipos disponibles, de CO_2 y fibra, los láseres de CO_2 son algo más económicos de adquirir, pero más caros de mantener que los de fibra óptica.

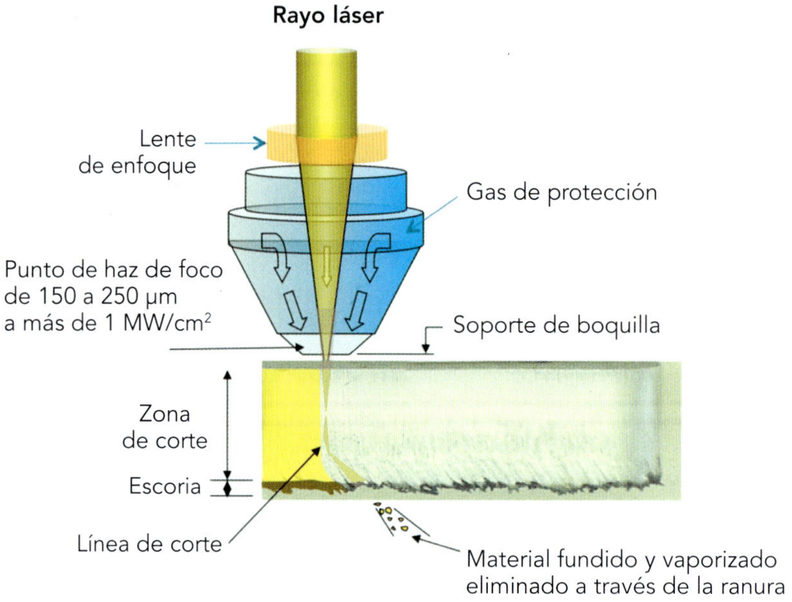

Figura 3.28. Soldadura láser.

3.9.2. Corte mecánico

Es el que se produce cuando interacciona de forma mecánica una herramienta con una pieza, separando las partes que estaban en contacto. Las herramientas con las que puede realizarse son sierras manuales o eléctricas. Las manuales se utilizan para materiales blandos, y son la opción más sencilla y económica.

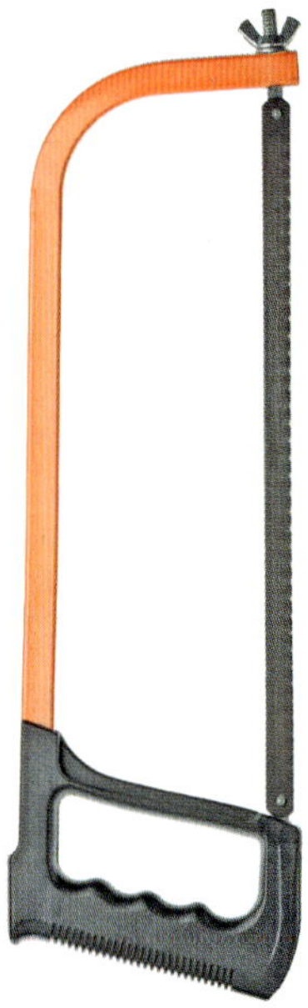

Figura 3.29. Sierra manual.

□ Radial (con disco de corte)

Esta herramienta, siempre presente en el taller por su versatilidad y sencillez, permite realizar cortes manuales con un coste muy ajustado y una calidad aceptable.

□ Sierra de cinta

Consiste en una banda metálica que tiene un lado dentado. Está montada entre dos volantes dentro del cuerpo de la sierra, uno de ellos movido por un motor eléctrico que da el movimiento de avance a la banda u hoja de sierra. Permite realizar cortes rectos o inclinados en perfiles metálicos con cierta precisión.

La elección del dentado de la hoja es clave. Generalmente, el tamaño del diente será más pequeño cuanto más duro sea el material que se pretende cortar; esto también afectará a cómo se disponen estos dientes.

En definitiva, es una herramienta indispensable en talleres pequeños para resolver el corte de perfiles con calidad, rapidez y precisión. Su buen equilibrio entre coste de adquisición y mantenimiento y su vida útil hacen que sea, junto con las radiales, la herramienta más utilizada para cortar.

☐ Corte por chorro de agua

Se trata de un proceso pensado para realizar cortes extremadamente precisos en una amplísima variedad de materiales con nula afectación por calor a la zona de corte, ya que se basa en la erosión del perfil empleando para ello un chorro de agua a presiones muy altas que pueden superar las 4000 atmósferas. El agua lleva en suspensión partículas abrasivas de bordes afilados cuando debe cortar los materiales más duros. Si disminuye la dureza, lleva otros abrasivos de bordes redondeados y para cortar materiales blandos se prescinde del abrasivo.

Al igual que el corte láser, se requiere un automatismo gobernado por un *software* de corte que permita atender aplicaciones con muy poca tolerancia (+/- 0,1 mm).

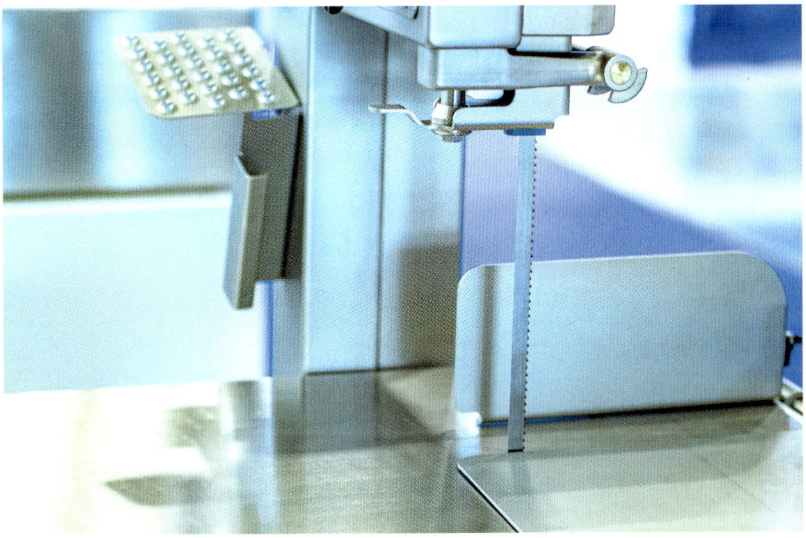

Figura 3.30. Sierra de cinta.

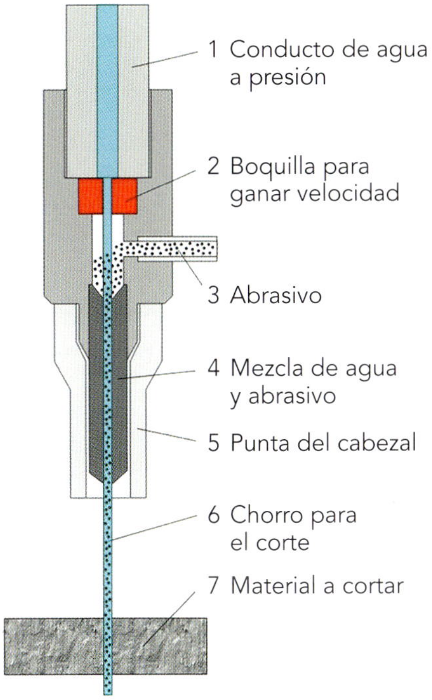

Figura 3.31. Corte de acero por chorro de agua. *(Fuente: Ikkaro).*

Actividad propuesta 3.8

Realiza una comparativa entre el corte por plasma y el oxicorte en el taller. Comenta sus diferencias y semejanzas.

Actividad propuesta 3.9

Cambia la hoja de una sierra de cinta. Para ello, primero desconéctala de la red para mayor seguridad. A continuación, desmonta la carcasa protectora de la hoja. Con las manos protegidas por guantes reduce la tensión de la hoja y retírala con cuidado de no dañar los rodamientos ni cortarte con el filo.

Para instalar una nueva hoja de sierra sácala de la caja, corta la brida que la mantiene plegada y tírala al suelo de canto para que se despliegue sin riesgo. A continuación, colócala en su lugar empezando por introducirla en los rodamientos. Una vez hecho esto, con ayuda de un mazo de madera y sin retirar el plástico protector del dentado, golpea ligeramente la hoja para que quede completamente introducida en los rodamientos y llegue al fondo de los volantes que la hacen girar. Posteriormente aumenta la tensión ligeramente hasta que la hoja quede fijada sin caerse para retirar el plástico protector del dentado y coloca la carcasa protectora. Ahora ya puedes dar la tensión definitiva indicada por el fabricante sin riesgo en caso de que la hoja esté defectuosa, de que se pueda romper sin haber colocado la carcasa protectora y herir a alguien al salir despedida.

Casos prácticos

Caso práctico RESUELTO

Como práctica de oxicorte vas a cortar una pletina de 150 × 40 × 8 mm. Para ello, necesitas un equipo de oxicorte (acetileno, oxígeno, encendedor de cazoleta y soplete de corte).

Solución:

El proceso paso a paso es el siguiente:

Con la llama neutra regulada haz pasar varias veces la llama del soplete sobre la línea de corte para precalentarla.

1. Lleva la llama del soplete a uno de los extremos de la línea de corte.
2. Observa atentamente (a través de las gafas de protección) el color de la pieza: cuando la zona se torne anaranjada y salgan chispas amarillas de ella se ha alcanzado la temperatura de 900 °C (punto de ignición del acero).
3. Abre el oxígeno de corte.
4. Avanza a velocidad de corte constante esperando a que una lluvia de chispas salga por la parte inferior de la pieza.

Es importante elegir una boquilla apta para acetileno como gas combustible y para el espesor de la pieza que quieras cortar.

Caso práctico PROPUESTO

Mediante el corte por plasma, procede a cortar una pieza de idénticas dimensiones a las dadas en el caso práctico anterior.

Mapa conceptual

EQUIPOS Y HERRAMIENTAS DE CONFORMADO

- **Equipos de corte y conformado**
  - Herramientas de corte manual y de tipo mecánico
    - Tijeras de chapa, cizalla, fresadoras, equipos de doblado y curvado de perfiles
- **Cálculo de tolerancias para doblado**
  - La deformación plástica es aquella que lleva al material más allá de su límite elástico sin llegar a su límite de rotura; por tanto, se debe considerar la elasticidad
- **Instrumentos de medición y comparación**
  - – Reglas graduadas rígidas
  - – Escuadras y compás de chapa
  - – Pie de rey
  - – Plomada
  - – Nivel
- **Utillaje para marcado**
  - Conjunto de herramientas y elementos que facilitan el montaje y unión de las piezas en fabricación mecánica
- **Herramientas para corte de chapa**
  - Tijera de chapa, cizalla
- **Herramientas de curvado y doblado de chapas**
  - Rodillos de curvado
  - Plegadora de chapa
  - Dobladora de tubos
- **Operaciones de trazado y conformado**
  - El trazado se realiza con herramienta manual
    - Se realiza con punta de trazar y como alternativa a ella:
      - – Esteatita
      - – Lápiz de soldador
      - – Granete
      - – Gramil
      - – Limas
      - – Radiales
- **Corte y doblado**
  - El doblado es la deformación premeditada para el conformado de una pieza y el corte es la separación en dos
- **Herramientas y equipos de corte**
  - Corte térmico: se produce mediante calor
    - – Oxicorte
    - – Plasma
    - – Láser
    - – Corte mecánico
    - – Radial
    - – Sierra de cinta
    - – Arco aire
    - – Corte por chorro de agua

Actividades finales

DE COMPROBACIÓN

3.1. ¿Qué nombre recibe la zona del doblado donde la tensión es nula?

a) Zona a compresión.

b) Fibra neutra.

c) Zona a tracción.

3.2. ¿Qué herramienta de las siguientes pertenece a la familia de los calibres?

a) Pie de rey.

b) Flexómetro.

c) Escuadra falsa.

3.3. ¿Cuál de las siguientes afirmaciones se corresponde con la definición de curvado de chapas?

a) Se dice de la deformación permanente de un área relativamente grande de un perfil donde este pierde su rectitud para adquirir curvatura.

b) Se dice de la deformación de un área pequeña que convierte un perfil recto en un ángulo.

c) Todas las afirmaciones anteriores son correctas.

3.4. ¿Qué tipos de rodillos de curvado están disponibles actualmente?

a) Manuales.

b) Motorizados.

c) Las dos opciones anteriores son correctas.

3.5. ¿Cuál de los rodillos de curvado es el que tiene mayor influencia en que la curva sea más abierta o cerrada?

a) Primer rodillo.

b) Segundo rodillo.

c) Tercer rodillo.

3.6. ¿Cuál de las siguientes herramientas es más adecuada para realizar el curvado de un tubo hueco de cobre en frío?

a) Dobladora.

b) Plegadora.

c) Rodillos.

3.7. De las siguientes definiciones, ¿cuál de ellas se corresponde con la herramienta conocida como punta de trazar?

a) Roca blanda, compuesta en gran parte por talco.

b) Varilla de acero fundido con punta afilada.

c) Herramienta montada en una base rectangular o cuadrada diseñada para trazar líneas paralelas con gran precisión.

3.8. De las siguientes definiciones una se corresponde con la herramienta conocida como gramil. ¿Cuál?

a) Roca blanda, compuesta en gran parte por talco.

b) Varilla de acero fundido con punta afilada.

c) Herramienta montada en una base rectangular o cuadrada diseñada para trazar líneas paralelas con gran precisión.

3.9. Indica cuál de las siguientes definiciones se corresponde con la herramienta conocida como esteatita.

a) Roca blanda, compuesta en gran parte por talco.

b) Varilla de acero fundido con punta afilada.

c) Herramienta montada en una base rectangular o cuadrada diseñada para trazar líneas paralelas con gran precisión.

3.10. ¿Cuál de las siguientes herramientas permite realizar multitud de tareas como corte, desbaste o pulido?

a) Amoladora angular.

b) Lima manual.

c) Hoja de lija.

3.11. ¿Cuál de las siguientes herramientas está dentro del grupo de equipos de corte térmico?

a) Sierra de cinta.

b) Plasma.

c) Amoladora angular.

3.12. ¿Cuál de los siguientes procesos de corte emplea acetileno como gas combustible?

a) Oxicorte.

b) Arco aire.

c) Chorro de agua.

3.13. ¿Cómo varía el tamaño del dentado de las sierras de cinta según aumenta la dureza del material a cortar?

a) Aumenta.

b) Disminuye.

c) Permanece siempre constante.

3.14. ¿Cuál de los siguientes procesos de corte emplea un electrodo de grafito?

a) Oxicorte.

b) Arco aire.

c) Chorro de agua.

DE APLICACIÓN

3.15. Define el concepto de fibra neutra.

3.16. Indica cuáles son los dos tipos de plegado.

3.17. Detalla cuál es la herramienta de medición que presenta seis caras donde cada una de ellas contiene una escala diferente al resto.

3.18. Enumera las unidades de medida del Sistema Internacional de Unidades.

3.19. Explica brevemente la función de la escuadra falsa.

3.20. Indica las unidades de las dos escalas de las que dispone un pie de rey.

3.21. Explica brevemente cómo funciona un nivel de burbuja.

3.22. Define el concepto de estampado en caliente.

3.23. Especifica el color del mango de una tijera de chapa con desviación a izquierdas.

3.24. Detalla las diferencias entre una tijera de chapa y una cizalla manual.

3.25. Expón la definición de doblado de chapas en relación con el tamaño del área deformada.

3.26. Indica qué tipo de plegadora se debe emplear para chapas de espesor fino.

3.27. Enumera las formas más comunes del punzón o cuchilla que dan forma al plegado de la chapa.

3.28. Comenta cómo ha de ser el curvado de un tubo empleando una dobladora en lo que se refiere a cómo debe quedar su sección.

3.29. Define brevemente el concepto de trazado de perfiles metálicos.

3.30. Comenta las alternativas disponibles a la punta de trazar.

3.31. Razona la relación entre el grano de las limas manuales y su desgaste en el material que se quiere ajustar.

3.32. Resume las principales características del oxicorte.

3.33. Define la presión que puede alcanzar el chorro de un corte por agua.

3.34. Explica cuándo se ha de prescindir del abrasivo en corte por chorro de agua.

Actividades finales

DE AMPLIACIÓN

3.35. Indica la clasificación de las chapas.

3.36. Explica qué es y cómo se designa un LPN, UPN y TPN.

3.37. Corta una pletina de 150 × 40 × 8 mm con ayuda de una sierra de cinta.

Para ello necesitas una pletina de 150 × 8 mm; utiliza el flexómetro para tomar la medida que falta (40 mm) y marca esa medida con una punta de trazar. A continuación, coloca una escuadra en la medida y haz coincidir su tacón con la parte inferior de la pletina para poder marcar una línea recta que delimite el corte (con punta de trazar o esteatita) y que esta recta sea perpendicular, algo imprescindible si quieres que el corte quede recto.

Coloca la pletina de tal modo que la línea de corte quede justo a la altura de la hoja de la sierra. Inmoviliza la pletina con la mordaza de la sierra y selecciona una velocidad baja, 45 metros/minuto (en muchas sierras está representada por la imagen de una tortuga) y, sin presionar apenas, ve dejando que la sierra realice el corte.

Una vez finalizado el corte observa si la línea de este coincide con la marca trazada con ayuda de la escuadra. Probablemente veas que se ha producido una ligera desviación: ese es el margen de error de la sierra.

Enlaces web de interés

Equipos de corte en general:
https://www.hypertherm.com/es/

Herramientas de trazado:
https://www.feandalucia.ccoo.es/docu/p5sd7573.pdf

Plegadoras:
https://www.trumpf.com/es_ES/productos/maquinas-sistemas/maquinas-de-plegado/

Ejecución de uniones no soldadas

4

Al margen de la unión por fusión existen otros procesos que rivalizan en calidad con la soldadura e, incluso, en muchos casos optar por su aplicación evitando el soldeo supone una mayor garantía de seguridad en el resultado final. A continuación, se dan a conocer cuáles son, cómo se aplican y en qué circunstancias o aplicaciones son más recomendables.

Contenidos

4.1. Uniones no soldadas, materiales. Tipos de operaciones: remachado, pegado y atornillado
4.2. Secuencia de operaciones
4.3. Elección y manejo de herramientas
4.4. Preparación de las zonas de la unión
4.5. Respeto a las normas de uso y calidad en el proceso

Objetivos

- Conocer los tipos de uniones no soldadas.
- Identificar la secuencia de operaciones en función del método de unión elegido.
- Adquirir un criterio para elegir correctamente el método de unión.
- Preparar y aplicar estos métodos de unión conforme a las medidas de seguridad y normativa de consulta.

4.1. Uniones no soldadas, materiales. Tipos de operaciones: remachado, pegado y atornillado

En la actualidad existen algunos procesos de unión alternativos a la soldadura, en concreto tres:

- Remachado.
- Unión por adhesivos.
- Atornillado.

La soldadura es una ciencia joven que empezó a aplicarse a principios del siglo xx. El pionero fue el proceso de soldadura oxigás que se aplicó por primera vez en 1905 una vez que la tecnología permitió embotellar gases industriales en condiciones seguras y se diseñaron los sopletes que combinan gas combustible y comburente. No muchos años después se comenzó a aplicar el arco eléctrico en la soldadura al arco con electrodos revestidos, proceso que en la Primera Guerra Mundial se desarrolló enormemente en la construcción y reparación de máquinas bélicas. El resto de los procesos más utilizados en soldadura manual se desarrollaron en la década de los 40 (TIG) y de los 50 (MIG/MAG).

Este desarrollo de la soldadura supuso un cambio en la forma de construir y fabricar. Hasta ese momento el proceso que se empleaba en la unión de estructuras metálicas eran los remaches y los roblones; ejemplo de ello son los rascacielos más antiguos de New York, la Torre Eiffel en París o la cubierta de la Estación de Atocha en Madrid.

Vocabulario técnico

Roblón: elemento de acero «hermano mayor» del remache para unir las estructuras de mayor espesor y peso.

Figura 4.1. Lámina de acero remachada con roblones.

Sin embargo, la evolución de la construcción no ha sido igual en todos los sectores. Mientras que en la construcción naval o ferroviaria la soldadura sustituyó a otros procesos de unión y ha mantenido ese protagonismo hasta la actualidad, en sectores como el aeronáutico la soldadura tuvo también su momento, pero se ha vuelto a la unión remachada que convive con nuevos procesos de unión, como los adhesivos.

Recuerda

Se entiende por sostenibilidad el equilibrio de una especie con los recursos de su entorno de modo que estos se exploten por debajo de su índice de renovación.

Si se analizan estos casos se puede ver que en sus inicios los tres sectores tenían en común que el acero era el material con el que se construían estructuras de edificios, barcos y aviones. Con el tiempo esto se ha mantenido en dos de ellos: mientras que en la construcción de trenes y barcos el acero sigue siendo el material más utilizado, en la aviación ha ido desapareciendo progresivamente siendo sustituido primero por aleaciones de aluminio y más recientemente por materiales compuestos. La razón de este cambio está en la necesidad de reducir el peso de la aeronave que va unida a un menor consumo de energía y una mayor sostenibilidad.

La soldadura de materiales distintos al acero generalmente es más difícil y compleja. Un ejemplo son las aleaciones de aluminio que se emplean en la construcción aeronáutica, que son sometidas a un tratamiento térmico llamado envejecimiento que les proporciona mayor resistencia, ya que facilita la formación de compuestos químicos responsables de este endurecimiento de la aleación. Pues bien, el calentamiento y el enfriamiento bruscos que supondría la aplicación de una soldadura disolvería una parte de estos compuestos y debilitaría la zona más próxima al cordón, que es el metal de soldadura que se deposita en la unión. Este depósito precisa de un avance a velocidad constante del soplete, pistola o electrodo, para obtener cordones con aspecto homogéneo en cuanto a altura y anchura.

Figura 4.2. Cordón de soldadura realizado con arco eléctrico para unir dos piezas en escuadra.

Para recuperar los compuestos disueltos habría que volver a aplicar el tratamiento térmico, algo caro y poco práctico, por lo que volver a emplear remaches para las uniones supuso una alternativa muy interesante.

En la construcción aeronáutica los remaches son la opción más barata y fácil de aplicar sin perder seguridad. Además, hacen mucho más sencillo el desmontaje para el mantenimiento y la reparación de los elementos componentes de la aeronave no afectados por los cambios de temperatura bruscos que implicaría soldarlos y que, en mayor o menor medida, debilitarían esas aleaciones de aluminio. Por si esto fuera poco es complicado disponer de mano de obra cualificada en lo que se refiere a la soldadura del aluminio.

En la construcción naval también se está produciendo un cambio de tendencia en cuanto al material y se está dejando de construir en acero para hacerlo en aluminio con el fin de reducir el peso de las embarcaciones y cumplir con las nuevas normativas que regulan las emisiones: a menor peso del barco, menos gasto en energía para desplazarse y, por tanto, se emiten menos humos contaminantes. Sin embargo, por el tipo de cargas y esfuerzos a los que se ven sometidas las embarcaciones al navegar hacen que, por el momento, la soldadura siga siendo el principal proceso de unión en este sector.

Sabías que...

Las aleaciones de aluminio, cuando entran en contacto con la atmósfera, forman en su superficie un compuesto, óxido de aluminio (Al_2O_3). Este óxido forma una capa muy fina que actúa como una barrera protectora que lo protege de la corrosión. La particularidad de esto a la hora de soldar aluminio es que mientras el punto de fusión de este último ronda los 660 °C, el del óxido superficial (conocido como alúmina) supera los 2000 °C. Esto dificulta la ejecución de la soldadura y son necesarios equipos que rompan esa alúmina para soldar el aluminio. La razón de esa diferencia es que mientras el aluminio es un metal no férreo la alúmina es un compuesto cerámico, de ahí su alto punto de fusión

Figura 4.3. Casco de embarcación construido en aluminio. Es ligero, flexible, con gran resistencia estructural y muy duradero.

4.2. Secuencia de operaciones

Después de las operaciones de trazado, corte y conformado de las piezas de un montaje se pueden unir estas. En función del método de unión elegido las operaciones para realizar esa unión pueden diferir entre ellas.

Los remaches y los roblones han sido el elemento de unión más empleado en la construcción de estructuras metálicas hasta que, como ya se ha visto, han sido desplazados por la soldadura. También la unión por tornillería de alta resistencia, proceso aparecido hace poco, es actualmente el medio de unión más utilizado en obra junto con la soldadura en solitario o combinados ambos procesos en uniones mixtas.

En el montaje y unión de otros elementos distintos de la estructura metálica para construcción quizá el aspecto más importante a tener en cuenta a la hora de elegir un proceso es que las uniones por remachado, adhesivos y soldadura son permanentes, mientras que las uniones por tornillería son desmontables.

En el caso de las uniones por remachado o atornillado hay que taladrar previamente las piezas que se van a unir. Los pasos que deben seguirse son estos:

4.2.1. Remachado

Este proceso precisa de, al menos, tres elementos.

- **Taladro:** una vez posicionadas las piezas que se van a unir la siguiente operación es taladrar en el lugar o lugares que se indiquen en el plano. Lo que se persigue es realizar un agujero pasante en las dos piezas en el que posteriormente se alojará la cabeza del remache.
- **Remache:** consta de dos partes, cabeza y vástago. Puede tener diversos diámetros y estar fabricado en distintos materiales como acero, aluminio, cobre o latón. La cabeza debe tener una longitud suficiente para unir las dos piezas, esto es, una vez colocado en el agujero taladrado debe sobresalir ligeramente. La cabeza del remache puede tener distinta forma según el servicio que deba realizar.

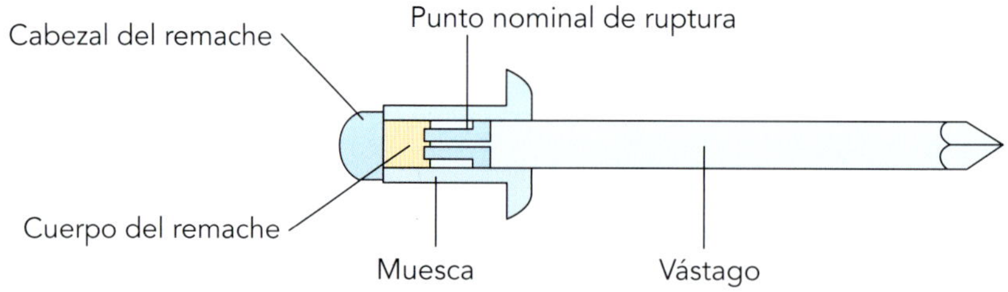

Figura 4.4. Esquema de las partes de un remache.

- **Remachadora:** es un dispositivo mecánico que se utiliza para colocar remaches. Puede ser manual, neumática o eléctrica.

El vástago del remache es la parte de este que se mete en la remachadora; para adaptarse a los distintos diámetros, esta cuenta con boquillas intercambiables. Una vez introducida la cabeza en el taladro y el vástago en la boquilla de la remachadora se hace presión en los mangos de esta para acercar uno a otro. Se podrá ver cómo la cabeza del remache se deforma y acaba convertida en una superficie plana de diámetro mayor al del taladro por ambos lados, atrapando y fijando de este modo las dos piezas entre sí.

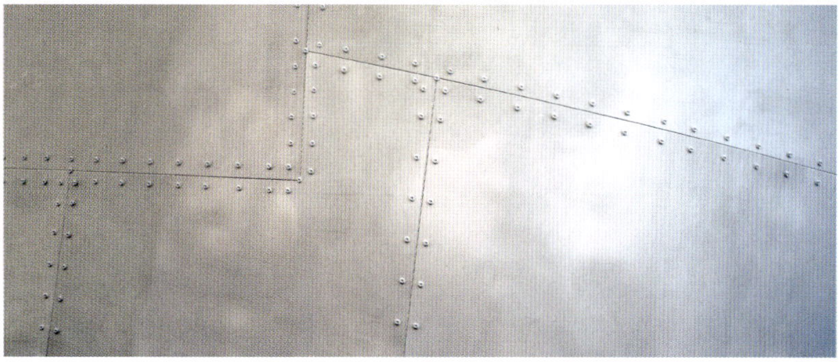

Figura 4.5. Remaches en láminas de aluminio ligero para aviones.

Son varias las técnicas de remachado. En función de la temperatura se clasifican en:

- **Remachado en frío:** se emplea generalmente con remaches pequeños de baja resistencia al cambio de forma donde no es necesario calentar la cabeza para deformarla.
- **Remachado en caliente:** en caso de remaches más grandes que opongan más resistencia al remachado manual se calienta la cabeza para facilitar su deformación.

En cualquiera de los casos anteriores y dependiendo de las características del remachado este se realizará mediante una de las siguientes técnicas:

- **Remachado por martilleado:** mediante un martillo se golpea la cabeza hasta deformarla.
- **Remachado mecánico:** el remache se instala empleando una remachadora mecánica, neumática o hidráulica.
- **Remachado radial:** se realiza también con remachadora mecánica que deforma la cabeza del remache aplicando presión acompañada de movimientos radiales del cabezal para obtener una distribución homogénea y uniforme del material deformado.

Si, además, se requiere que el remachado sea estanco, es decir, que tenga la cualidad de hacer impermeable la unión a los fluidos y a las partículas sólidas y se pueda calafatear la unión, se aplicará una masilla que sella la unión remachada.

No hay que confundir los remaches con los roblones. Estos elementos de acero similares a tornillos sin hilos de rosca se empleaban en la unión de grandes perfiles en la construcción de estructuras metálicas.

En su instalación se procedía realizando un taladro pasante entre los dos perfiles a unir y se introducía en el agujero el roblón que, previamente, se había calentado a unos 1000 °C. Posteriormente se procedía a deformar la parte del vástago que sobresalía por estampación en caliente. Esta se podía hacer a mano, con prensa hidráulica o martillo neumático. Al finalizar el roblón presentaba dos cabezas, la original y la que surgía de deformar el vástago, una en cada extremo, aprisionando entre ellas los perfiles.

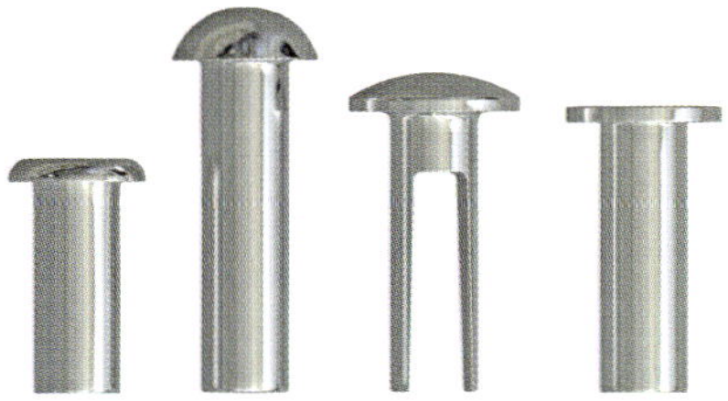

Figura 4.6. Distintos modelos de remaches.

Actividad propuesta 4.1

Esta actividad consiste en elegir la altura del remache que se va a instalar. Procede midiendo el espesor de las piezas a unir y elige un remache de mayor longitud; como referencia, alrededor de cuatro milímetros más que el espesor de las piezas, es decir, si el espesor son 10 mm, elige un remache de 14 mm. El diámetro de este es otro factor importante; a mayor diámetro del remache más resistente será la unión.

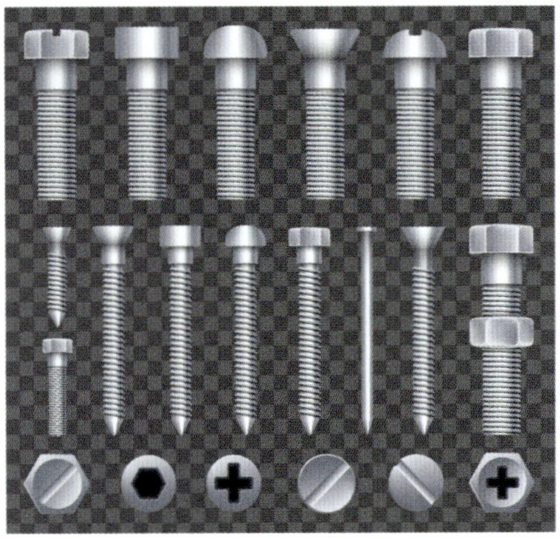

Figura 4.7. Modelos de tornillos y pasos de rosca.

Sabías que...

La rosca gas o BSP deriva de la Whitworth original. Está especialmente diseñada para unir tubos y conducciones de gas roscadas. Se empezó a conocer como BSP porque se adoptó como el estándar británico (*British Standard Pipe*)

Figura 4.8. Perno con tuerca y arandela.

4.2.2. Atornillado

Actualmente, las uniones con roblones en estructuras metálicas han sido sustituidas por la soldadura o la tornillería.

El atornillado es el proceso de unión, junto con los adhesivos, más polivalente de todos en cuanto a que es válido para unir materiales diversos tales como metales, madera, polímeros, cerámicos, etc. Un tornillo consta de una cabeza y un vástago roscado. Tanto la forma de la cabeza como el paso de rosca pueden tener distinto diseño.

El paso de rosca se refiere al tamaño, el ángulo y la separación entre sí de los llamados hilos de rosca. La rosca métrica tiene hilos con gran ángulo (60°) que ofrecen buena resistencia a las fuerzas de tracción. Está estandarizada dentro del Sistema Internacional de Unidades (SI) que antes fue el sistema métrico decimal, de ahí su nombre. En sí misma, no es estanca y precisa un tratamiento sellante para serlo.

La rosca Whitworth es el paso de rosca de mayor antigüedad; adoptó el nombre de su inventor inglés a mediados del siglo XIX. Usa la pulgada como unidad para medir sus dimensiones y aprieta girando el tornillo hacia la izquierda (en métrica, aprietan girando a la derecha). El ángulo de sus hilos es menor (55°) y en algunos casos es estanca por sí misma.

A la hora de distinguir los tornillos se ha de tener presente su aplicación; por ejemplo, en la unión de estructuras metálicas se distinguen tres tipos de tornillos:

- **Ordinarios:** todos los que no pertenecen a ninguno de los dos grupos siguientes.
- **Calibrados:** en los tornillos ordinarios el diámetro del agujero donde van a alojarse suele ser 1 mm más grande que el vástago del tornillo, pero en los calibrados ambos diámetros son prácticamente iguales. Se admite una holgura máxima de 0,3 mm entre vástago y agujero, y se usan para uniones de precisión.
- **De alta resistencia:** están fabricados en acero de alta calidad según la norma; por ello, el fabricante está obligado a entregar un certificado de garantía. Se designan con las siglas TR, el diámetro del vástago por la longitud de este, el tipo de acero y la referencia a la norma: por ejemplo, tornillo TR 20 × 55, A10t, NBE EA-95. Este tipo de tornillo deberá llevar siempre sendas arandelas bajo cabeza y tuerca. De este modo se asegura una sujeción uniforme y efectiva previniendo el aflojamiento de la tornillería.

Según su forma hay también varios tipos de tornillos:

- **Perno pasante con tuerca:** presenta cabeza hexagonal sin hendidura, por lo que debe apretarse con llaves fijas o tubulares. Debe complementarse con una tuerca en el lado contrario al de la cabeza del tornillo.
- **De unión:** generalmente, se coloca en piezas que tienen ya practicado el agujero y, además, este ha sido roscado para un mejor ajuste del tornillo que permite prescindir de la tuerca. Dentro de este tipo y como excepción están los tornillos autorroscantes o autoperforantes, que son capaces de practicar el agujero y la rosca de este según se abren camino entre las dos piezas a unir. Su versión para unir piezas de madera son los tirafondos.

Figura 4.9. Tornillos tirafondos o autorroscantes.

- **Varilla roscada:** la norma DIN 976 indica las dimensiones y especificaciones técnicas para las varillas roscadas en milímetros fabricadas en acero, acero inoxidable o metales no férreos. Estas varillas están disponibles en tramos de longitud estándar de 1000 mm y en diámetros que van desde la métrica 2 (M2) hasta la M52. Se emplean para casos similares a las uniones por pernos, pero con tuercas en ambos extremos. Su principal ventaja es que la longitud de la varilla permite fabricar la tornillería a medida para cada caso, tan solo hay que cortar el sobrante.

  Es una opción muy utilizada para la fijación de piezas metálicas grandes que requieren de un mantenimiento o una reparación periódica y, por tanto, se han de desmontar regularmente. Por seguridad se suelen roscar un par de tuercas en cada extremo de la varilla; la contratuerca previene que la tuerca se afloje.

Por otro lado, es también interesante citar en este apartado los formatos de tuercas más habituales dentro de las llamadas tuercas de apriete, es decir, las que complementan a la tornillería que se acaba de mostrar.

- **Tuerca hexagonal:** su forma permite su apriete con llaves fijas, inglesas, de tubo o de vaso. Es la más comúnmente empleada para trabajos de apriete contra tornillo o varilla roscada. Se puede emplear por cualquiera de sus dos caras.
- **Tuerca de mariposa:** se identifica por las dos alas o solapas que van unidas al cuerpo de la tuerca. La función de esas alas es facilitar la tarea de apretar o aflojar tornillos manualmente sin precisar llaves o herramientas.
- **Tuerca autoblocante:** se trata de una tuerca hexagonal que presenta un aro de nailon en uno de sus lados. La función de este aro es deformarse, bloquear la tuerca e impedir que esta se afloje cuando las piezas que une se vean sometidas a vibración o movimiento. Es muy utilizada en maquinaria e industria mecánica.
- **Tuerca con arandela a presión:** es una tuerca hexagonal unida a una arandela que está dotada de estrías que tienen el fin de impedir que se afloje del tornillo.
- **Tuerca ciega:** consiste en una tuerca donde solo hay un orificio de entrada y el lado contrario está cerrado. Se suele emplear para usos decorativos.

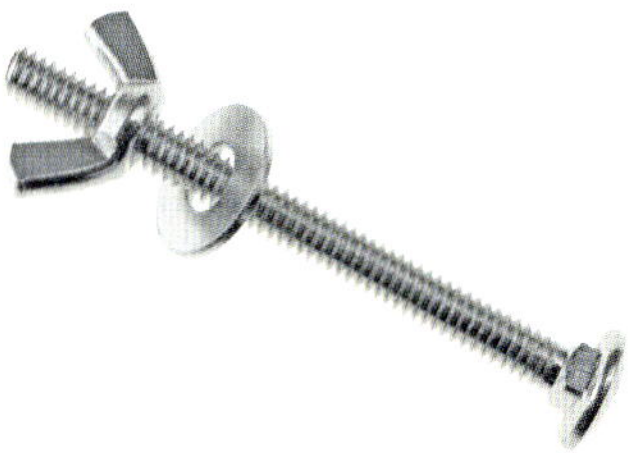

Figura 4.10. Tuerca de mariposa.

Figura 4.11. Tuerca ciega.

Vocabulario técnico

Arandela: pieza delgada, generalmente circular y con un orificio en el centro, que sirve para mantener apretados una tuerca o tornillo, asegurar el cierre hermético de una junta o evitar el roce entre dos piezas.

Calibrado: proceso de comparar los valores obtenidos por un instrumento de medición con la medida correspondiente de un objeto.

Certificado de garantía: es un documento expedido por el fabricante u organismo independiente a este que avala la calidad del producto.

Llave de tubo: mango en forma de manivela que afloja o aprieta rápidamente un tornillo cuando se usa con el vaso correcto.

Llave fija: es una herramienta que tiene un hueco en uno o ambos extremos de forma hexagonal calibrada para que entre en él la cabeza de una tuerca o tornillo.

Tuerca: pieza generalmente metálica, de cuatro o seis lados, con un agujero circular en el centro labrado en forma helicoidal que se ajusta a la rosca de un tornillo con el fin de fijarlo.

Actividad propuesta 4.2

Vamos a ver la forma de realizar un taladro para instalar seguidamente un tornillo para unir chapas o perfiles metálicos. La primera operación es medir el diámetro del tornillo con un pie de rey (Apartado 3.3) y seleccionar una broca ligeramente superior para realizar el taladro.

Marca el centro del lugar a taladrar con granete y martillo para que la broca no resbale y realiza el taladro. Como referencia, conviene pretaladrar con una broca menor si el espesor de la pieza es mayor de 3 mm y si el diámetro del agujero es superior a 6 mm. Selecciona el modo percutor en el taladro para realizar el orificio con la broca; de este modo aumenta mucho la fuerza y las revoluciones de la broca, ideal para perforar superficies duras. Inserta el tornillo uniendo las chapas e instala una tuerca hexagonal en el otro extremo.

Para la unión de chapas delgadas se pueden emplear tornillos autorroscantes y prescindir de la broca. En este caso se debe colocar el taladro en posición atornillador, que reduce las revoluciones de este para facilitar la tarea. También será necesario dotar al taladro de la punta de atornillado adecuada al modelo de tornillo.

4.2.3. Unión por adhesivos

Los adhesivos y, más concretamente, los adhesivos estructurales son capaces de soportar grandes cargas, ya sean estas estáticas (por ejemplo, el peso de la estructura metálica) o dinámicas. Estas últimas son fuerzas de magnitud variable que actúan en momentos puntuales con diversa magnitud (por ejemplo, una nevada sobre la cubierta de una vivienda).

Las principales ventajas de los adhesivos estructurales son:

- **Reducción del peso:** comparados con el resto de los procesos de unión, los adhesivos son los que menos peso añaden a las estructuras.
- **Aumento del área que participa en la unión:** los adhesivos reparten la tensión en la totalidad del área de la unión, no la concentran en puntos concretos como ocurre al unir por tornillería o remaches.
- **Proceso menos agresivo:** generalmente, se evita el taladrado que requieren otros procesos, que constituye en sí mismo un acto que daña en cierto modo la integridad estructural.
- **Uniones dinámicas.** las uniones con adhesivos tienen una naturaleza más flexible que ayuda a absorber parte del estrés que deben soportar esas uniones ante, por ejemplo, las vibraciones. También reducen las vibraciones sonoras: esa misma naturaleza viscoelástica es clave para absorber parte del ruido si se utilizan en electrodomésticos como las lavadoras. Por idéntica razón tienen también mayor capacidad de absorber las dilataciones propias de los cuerpos con los cambios de temperatura.
- **Menor rozamiento en las uniones:** tanto los pernos como los remaches sobresalen a ambos lados de las uniones. Los adhesivos permiten exteriores lisos más estéticos con menos rozamiento por parte del medio con la misma y sin riesgo de impacto o corte accidental con la parte que sobresale de la unión atornillada o remachada.

Se distinguen los siguientes tipos de adhesivos estructurales:

- **Adhesivos epoxi:** tienen la capacidad de unir la mayoría de los materiales llegando a resistir tensiones de más de 40 megapascales (μPa),

Sabías que...

En 1909 Leo Hendrik Baekeland patentó la resina fenólica, dando comienzo a la era de los plásticos y los adhesivos industriales.

En 1937 Otto Bayer patenta los poliuretanos y en 1944 Eduard Preiswerk descubre el adhesivo epoxi, abriendo así el campo de aplicación de los adhesivos estructurales.

que es la unidad de presión del Sistema Internacional de Unidades. Un megapascal equivale a 10,2 kilogramos por centímetro cuadrado (kgf/cm^2), presentando una elevada resistencia a la fatiga, buena resistencia frente a la variación de temperatura y una excelente resistencia química. Por todo ello presentan una buena durabilidad a largo plazo.

Se utilizan en una amplia variedad de aplicaciones, por ejemplo, estructuras metálicas; industrias de la automoción, la aeronáutica y ferroviaria; pegado de elementos de las palas de los aerogeneradores eólicos; pegado de cascos en embarcaciones de recreo, esquís y tablas de surf; tuberías y aplicaciones en la industria en general.

Generalmente están disponibles en formatos de un solo componente, que cura con calor, y también bicomponente.

- **Adhesivos de poliuretano:** destacan por la flexibilidad y elasticidad de las uniones presentando también buena resistencia a múltiples productos químicos y al calor, al frío o la exposición a medios salinos. Se emplean especialmente en el sector de la automoción y se distinguen tres tipos:
  1. **Adhesivos de poliuretano con curado convencional:** los más sencillos se aplican y se dejan curar teniendo en cuenta que los sistemas de curado convencional necesitan un alto valor de humedad atmosférica y la temperatura ambiente. A menor temperatura ambiente, más lento será el curado del adhesivo puesto que el aire frío no puede contener tanta humedad como el aire caliente.
  2. **Adhesivos de poliuretano con curado rápido:** están diseñados para acelerar la velocidad de curado.
  3. **Adhesivos de poliuretano con curado químico:** no dependen del grado de humedad atmosférica para el curado ya que se presentan en modo bicomponente y se acelera el curado químicamente.
- **Adhesivos de metacrilato (MMA):** presentan una buena adhesión sobre metales que llega a ser excelente con la mayoría de termoplásticos. Destacan por su curado rápido y su buen equilibrio entre resistencia y flexibilidad. Producen uniones resistentes, de elevada dureza y resistencia a la fatiga. Tienen una buena resistencia química y resistencia térmica hasta 160 °C.

  Se presentan principalmente como sistemas bicomponentes. Sus aplicaciones son muy amplias, por ejemplo, ensamblajes estructurales y acabados exteriores en automoción, acabados interiores en aeronáutica o techos y suelos en la industria ferroviaria. En general, todo tipo de ensamblajes que deban unirse con rapidez.
- **Adhesivos anaeróbicos:** son adhesivos monocomponente que curan en ausencia de aire uniendo principalmente metales ferrosos y no ferrosos. Destacan por su excelente resistencia a las vibraciones, buena resistencia a la cortadura y la fatiga, y previenen fugas y corrosión. Se usan como fijadores de tornillos y tuercas, selladores de tuberías y uniones o juntas.

Sabías que...

En 1947 Howard Hughes, el visionario aviador y diseñador estadounidense, usó resinas epoxi por primera vez en la construcción de su hidroavión Spruce Goose. Su descomunal tamaño y su característica estructura de madera (montada con tres capas de adhesivo epoxi) hicieron que estas resinas y la aeronáutica fueran inseparables desde entonces.

Vocabulario técnico

Bicomponente: conjunto de un adhesivo y un endurecedor que deben mezclarse a partes iguales antes de su aplicación.

Poliuretano: polímero que además de poseer mayor flexibilidad que otros similares destaca por su resistencia al ataque de solventes químicos, lo que le permite ser empleado en una gran variedad de procesos industriales.

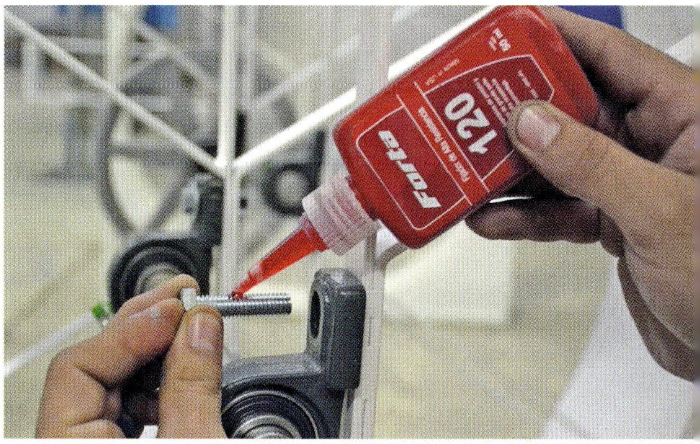

Figura 4.12. Adhesivo anaeróbico. *(Fuente: Forta).*

Actividad propuesta 4.3

Une dos perfiles empleando un adhesivo bicomponente. Para ello:

- Limpia y desengrasa la superficie a unir para que ambas partes queden bien adheridas.
- Aplica la primera fase en la cantidad requerida en un recipiente aparte. Añade la segunda fase sin que la primera tenga contacto con la punta de la boquilla de la segunda. Mézclalas con una paleta y aplícalo a la unión. Existen boquillas mezcladoras que unen ambos componentes de un modo muy sencillo.
- Ejerce unos minutos de presión sobre la unión para mejorar su adhesión, por ejemplo, con un gato de apriete.

4.3. Elección y manejo de herramientas

Como ya se ha visto, la evolución de los métodos de unión en la mayoría de los sectores pasó de las uniones mecánicas mediante remaches y roblones a las uniones soldadas, pero mientras que en sectores como el naval o el ferroviario la soldadura se ha consolidado como la opción más ventajosa en lo que se refiere a calidad-coste-tiempo de servicio, en otros como la automoción o la aeronáutica la soldadura está siendo desplazada por los adhesivos o por una vuelta a las uniones remachadas.

Son varias las razones que pueden explicar esta asimetría en la evolución:

- El paso del tiempo y el estudio estadístico del rendimiento de los métodos de unión han aportado datos y experiencia.
- Las mejoras tecnológicas tienen mucho que ver en que en algunos casos se perfeccione más aún un proceso que ya funcionaba y en otros sea sustituido.
- La evolución paralela que han experimentado los materiales en cuanto al conocimiento que se ha ido adquiriendo del estudio de uniones soldadas, bien por los frutos de la investigación que ha dado nuevas aleaciones metálicas, polímeros, cerámicas y materiales compuestos a la industria, bien por la necesidad general de aliviar el peso de cualquier producto fabricado en la actualidad para cumplir con requisitos y normativas ligadas a la sostenibilidad y el menor consumo de recursos.

Sabías que...

La estadística es una disciplina científica que se ocupa de la obtención, orden y análisis de un conjunto de datos con el fin de obtener explicaciones y predicciones sobre los fenómenos observados.

En cualquier caso, en todos los sectores las técnicas de unión están en constante revisión. La investigación y desarrollo (I+D) se encarga de innovar, mejorar y obtener un mayor conocimiento de la aplicación de técnicas de unión a los materiales que se emplean en fabricación. Con el apoyo de este conocimiento se redactan normas de consulta a nivel nacional, europeo o internacional donde se indica qué proceso de unión debe emplearse y, por tanto, sirven de referencia en la fabricación. Con esta información es algo más fácil la elaboración de hojas de proceso que recogen toda la información que necesita el técnico para realizar la unión.

Para ayudar a comprender las diferencias entre los procesos de unión, en la Tabla 4.1 se exponen cuáles son y, en términos generales, las principales ventajas de cada uno de los tres procesos de unión.

Tabla 4.1. Ventajas e inconvenientes de los procesos de unión

	Ventajas	Desventajas
Soldadura	■ Uniones permanentes, estancas y con gran resistencia a la fatiga. ■ Permite una gran variedad de uniones que no se pueden lograr con tornillos o remaches. ■ Es un proceso altamente productivo de rápida ejecución. ■ Dentro de la soldadura hay multitud de procesos disponibles que se complementan entre sí; cada uno de ellos es superior al resto en aplicaciones concretas, por lo que es posible adaptar la forma de aplicar la soldadura al trabajo que va a desempeñar la unión. ■ La tecnología disponible para su inspección garantiza un alto control de la calidad de las uniones.	■ No es un tipo de unión que esté pensado para ser desmontable. ■ Soldar siempre produce, en mayor o menor grado, una afectación del metal, es decir, este siempre pierde propiedades mecánicas o estas se ven alteradas. Se puede reparar ese daño, pero ello implica tiempo y dinero. ■ El plazo de tiempo que implica la formación de los soldadores es mayor que en el resto de los procesos y el de los especialistas en aplicación de soldadura en sectores concretos más aún. ■ Soldando se convive con radiación, altas temperaturas, humos tóxicos y también con niveles elevados de ruido. ■ El nivel de conocimiento teórico que debe poseer el soldador, contrariamente a lo que pueda parecer, es alto. Parametrizar equipos y obtener soldaduras aceptables para servicios concretos puede llegar a ser muy difícil y complejo. ■ La inspección de uniones soldadas es una de las más caras y laboriosas.
Uniones mecánicas por tornillería	■ Unión desmontable de fácil sustitución. ■ No requiere mano de obra especializada. ■ En cuanto a costes son la mejor alternativa pues la herramienta necesaria es la más económica. ■ Es un proceso productivo y de rápida ejecución. ■ La inspección visual es sencilla y económica.	■ Requiere alta precisión en la localización del taladro donde se instalará la tornillería. ■ Es el proceso que más aumenta el peso total de la estructura. ■ Se pueden aflojar o debilitar ante cargas dinámicas que impliquen vibraciones de la estructura. ■ Por regla general, las uniones no son estancas a los fluidos. ■ La corrosión puede deteriorar la tornillería y complicar el desmontaje.
Uniones remachadas	■ Es un proceso de unión permanente, pero en multitud de casos permite un rápido desmontaje. ■ Se pueden instalar en casos donde la unión solo es accesible por una de las caras de las piezas. ■ Los remaches no se aflojan como los tornillos. ■ Sirven para unir entre sí materiales distintos.	■ No se recomiendan en la unión de perfiles gruesos. ■ Es el proceso de menor resistencia a fuerzas de tracción o cizalladura. ■ Requiere alta precisión en la localización del taladro donde se instalará la tornillería. ■ Dependiendo del caso puede ser una opción más económica o cara que unir por tornillería o soldadura.

	Ventajas	Desventajas
Uniones por adhesivos	▪ Es un proceso de unión permanente como la soldadura sin afectación a las propiedades mecánicas que el calor produce en los metales. ▪ Los adhesivos elásticos tienen muy buena respuesta a la fatiga o a impactos; por tanto, son capaces de unir con alta eficiencia y largo tiempo de servicio reduciendo ruidos y vibraciones. ▪ Pueden sellar y proteger a la unión de la corrosión. ▪ Es el único proceso que no sobresale, como los cordones, los tornillos o las cabezas de remache, esto es, es un proceso de unión invisible con rozamiento cero. ▪ Es el proceso que menos aumenta el peso de la estructura. ▪ Puede unir cualquier tipo de material metálico, cerámico o polimérico.	▪ La unión adhesiva requiere de un tiempo de curado (solidificado), no es inmediata como en los anteriores procesos. ▪ Al igual que el proceso de soldadura requiere una importante preparación superficial de limpieza previa a la aplicación para conseguir la mejor adhesión entre el adhesivo y el sustrato. ▪ El desmontaje es complicado y costoso. ▪ Es necesario disponer de personal competente con suficiente formación para su aplicación, supervisión e inspección.

Actividad propuesta 4.4

Elige el tipo de unión más adecuado en cada caso atendiendo a lo indicado en la Tabla 4.1:

- Unión de metales de forma estanca y con alta resistencia a la fatiga.
- Unión de metales de forma permanente sin afectar por calor a sus propiedades mecánicas.
- Unión de metales de forma desmontable por mano de obra no especializada.
- Unión entre sí de materiales distintos de forma permanente que permita, si es necesario, un fácil desmontaje.

4.4. Preparación de las zonas de la unión

En general, la limpieza de la zona a unir es el común denominador en todos los procesos de unión. El grado necesario de limpieza, eso sí, puede variar, pues lo que es suficiente para un proceso puede no serlo para todos.

En líneas generales, las uniones atornilladas, y también las remachadas, precisan un nivel de limpieza menor que las uniones soldadas o por adhesivos. En las primeras será necesario que la zona esté libre de suciedad o fluidos, eliminar las rebabas tras el taladrado y, en caso de que las piezas a unir sean metales, que esa limpieza deje la unión libre de óxidos que puedan contaminar a tornillos o remaches.

Sin embargo, en las uniones soldadas y por adhesivos el nivel de limpieza debe ser más profundo puesto que el sustrato (la zona de la unión) con la soldadura va a pasar a mezclarse con el metal de aporte o a formar una unión intermolecular con el adhesivo. Cualquier elemento contaminante que no se haya eliminado antes pasará a formar parte de la unión.

Se podría decir entonces, siempre hablando en términos generales, que la limpieza en el caso de uniones atornilladas o remachadas se centrará en que la superficie del sustrato esté limpia y libre de óxidos, mientras que las uniones soldadas o con adhesivos pueden requerir la eliminación de la capa superficial de dicho sustrato mediante:

- **Decapado:** consiste en el tratamiento superficial de los metales que se utiliza para eliminar impurezas, contaminantes o corrosión por métodos físicos o químicos.
- **Pulido de la zona:** acción que consiste en alisar la rugosidad superficial de un metal para reducirla. Existen muchos grados de pulido que se pueden elegir para un acabado del metal más o menos liso y brillante.

A continuación se analizan los distintos procedimientos de limpieza y cuándo aplicarlos.

- **Limpieza por procesos mecánicos.** Dentro de estos se pueden distinguir:

 1. **Limpieza con abrasivos.** Se suele realizar con amoladora radial con discos abrasivos de distintos granos: a mayor tamaño del grano, mayor abrasión. El grano abrasivo es una partícula mineral fijada a un soporte (el disco) y es la parte que entra en contacto con el material a lijar. Los discos de grano grueso se usan en materiales blandos y los finos son para conseguir acabados lisos en materiales duros.

    En la UE el tamaño del grano está regulado por la Federación Europea de Productores Abrasivos (FEPA) y lo suele indicar un número precedido por la letra P como, por ejemplo, P40. Los de grano grueso tienen la numeración de 8 a 24, los de grano medio de 30 a 70, los de grano fino de 80 a 220 y los de grano muy fino de 240 a 2500.

    Como alternativa, se pueden usar cepillos abrasivos para pulir y eliminar restos de óxidos en metales o para limpiar materiales como la madera o los polímeros. Dentro de estos existen de púas metálicas (de acero o latón) recomendados para eliminar óxido y sintéticos o de nailon que se emplean más para acabado.

Figura 4.13. Discos de lija Klingsport.

Figura 4.14. Cepillos metálicos y sintéticos.

 2. **Limpieza por chorro de arena.** También conocido como granallado, es un método de limpieza mecánico-abrasivo que lanza partículas muy pequeñas con distinta forma, bien redondas y poco abrasivas, o bien con arista más o menos afilada de acuerdo con el grado de abrasión que requiera el material.

Sabías que...

La denominación original del chorro de arena es *sandblasting* y se puso por primera vez en funcionamiento en el Reino Unido a finales del siglo XIX, concretamente en 1870. Su inventor, Benjamin Chew Tilghman, que finalmente optó por registrarla en Estados Unidos, tuvo la oportunidad de observar cómo la arena del desierto limpiaba los cristales de las ventanas.

Figura 4.15. El granallado es la operación de propulsar una corriente de material abrasivo contra una superficie con el objeto de limpiarla.

- **Limpieza por productos químicos.** Dependiendo del grado de suciedad y del tipo de material variará el producto. Los más simples son los desengrasantes con base de alcohol (como los limpiacristales) que se aplican con un paño para eliminar el polvo o la suciedad. En otros casos, el material puede requerir un producto químico concreto para una limpieza más específica.

  Para limpiezas más en profundidad se pueden utilizar productos decapantes que eliminan la parte más superficial del material. Estos se pueden aplicar tanto manualmente como empleando unos rodillos sintéticos.

Tabla 4.2. Recomendaciones para el proceso de limpieza según el tipo de material

Elemento	Material	Limpieza
Metales	Acero al carbono	Admite todos los procesos.
	Acero inoxidable	Presenta en su superficie una fina capa de óxido de cromo que forma una barrera protectora contra los contaminantes que le da una excelente resistencia a la corrosión. Sin embargo, a la hora de su limpieza, pulido o decapado hay que elegir productos específicos para el tipo de acero inoxidable; lo contrario podría comprometer esa protección natural y contaminarlo. Se deben evitar discos de lija, rodillos y brocas que se hayan empleado con aceros al carbono, ya que pueden contaminarlo. Especial atención hay que prestar a la limpieza previa y posterior a la soldadura del acero inoxidable. Es muy importante eliminar todo posible contaminante antes de soldar, y una vez acabada la soldadura se debe dejar enfriar el cordón para proceder de nuevo a su limpieza pues con la temperatura que alcanza al ser soldado se desencadena una reacción que forma óxidos multicolores en su superficie. Hay un protocolo de limpieza en toda soldadura de acero inoxidable de alto nivel: limpieza, pulido (eliminación por abrasión de la capa más superficial del acero) y pasivado (aplicación de un producto que ayude al acero a volver a crear su capa natural protectora) antes y después del soldeo.

Elemento	Material	Limpieza
Metales	Aleaciones de aluminio	Existen productos específicos para desengrasado y limpieza, pero una opción eficaz y económica es la acetona aplicada con un paño. Hay que tener en cuenta que el aluminio es igual de incompatible con el acero al carbono que el acero inoxidable. Se debe trabajar siempre con herramienta exclusiva; si esta se ha utilizado antes con aceros al carbono puede causar un problema de corrosión en las aleaciones de aluminio. Los discos de lija suelen estar tratados al zirconio para que el abrasivo no contamine el aluminio.
	Cobre y latón	Se pueden limpiar con productos específicos o bien mezclar un litro de agua con dos cucharadas de sal y otras dos de vinagre blanco; esta mezcla limpia y elimina óxidos. También se puede aplicar zumo de limón y frotar con un paño limpio.
	Titanio	Se puede limpiar con limpiadores con base de alcohol (como los limpiacristales) para eliminar grasa, polvo o suciedad. En caso de precisar una limpieza más enérgica se le puede aplicar una limpieza por ultrasonidos.
Polímeros		La limpieza superficial de los polímeros en general no suele dar complicaciones por la alta resistencia que tienen estos materiales. En todo caso, e igual que con los materiales metálicos, es conveniente elegir un producto industrial respetuoso con el tipo de plástico a limpiar. Es posible también la limpieza por ultrasonidos, aunque no con todos los tipos de plásticos; puede desaconsejarse con algunos plásticos reciclados.

Sabías que...

En la limpieza por ultrasonidos se sumergen las piezas a limpiar en un recipiente lleno de líquido detergente donde un generador produce ondas de alta frecuencia que rompen los enlaces de las partículas con la superficie de dichas piezas; por tanto, toda la suciedad se desprende y queda disuelta en el líquido. Este método de limpieza deja totalmente limpios los materiales sin necesidad de frotar, sin producirles ningún daño y con un coste mínimo de energía.

4.5. Respeto a las normas de uso y calidad en el proceso

La normalización es el proceso de elaborar, aplicar y mejorar las normas que se emplean en distintas actividades, por ejemplo, industriales, con el fin de ordenarlas y mejorarlas. Generalmente son para consulta salvo que la ley obligue a su obligado cumplimiento.

Según el organismo que se encargue de esta labor se distinguen las siguientes normas:

- **Normas UNE:** son documentos redactados en España en los que se describe en este caso, alguna acción relacionada con un proceso de unión. Estas siglas significan «una norma española». De su elaboración y revisión se encarga el organismo de normalización nacional (en este caso, AENOR) a través de los comités técnicos de normalización (CTN) cuyos componentes pueden ser por un lado ENAC (Entidad Nacional de Acreditación) y por otro cualquier entidad o persona que de forma voluntaria tengan interés en la normalización de un tema concreto. (por ejemplo, fabricantes, laboratorios de ensayos, empresas públicas, privadas, etcétera).
- **Normas EN:** son normas europeas. Para redactarlas existe un Comité Europeo de Normalización (CEN) encargado de proponer y desarrollar las normas.

Sabías que...

La primera institución normalizadora de Europa se creó en Inglaterra en 1901, en concreto el *Engineering Standards Committee*. Poco después se creó en Alemania el *Deutsches Institut für Normung* en 1917, hoy *Das ist Norm* (DIN).

Ya entonces el propósito que perseguían estas instituciones era proporcionar pautas que permitieran favorecer el intercambio comercial normalizando y estandarizando la industria a nivel internacional.

- **Normas UNE EN:** son normas elaboradas por el CEN (Comité Europeo de Normalización) a través de sus propios comités técnicos (TC) y ratificadas por AENOR con el fin de unificar la normalización en Europa. Mantienen el mismo número que las normas EN.
- **Normas ISO:** la ISO (Organización Internacional de Normalización) es el organismo encargado de buscar la estandarización de normas a nivel internacional. La ISO está conformada por diversos institutos de normalización de 160 países, coordinados desde una secretaría central.
- **Norma EN ISO:** es una adaptación a norma europea de una internacional.

Otros organismos destacados:

- **DIN:** Instituto Alemán de Normalización.
- **DVS:** Sociedad Alemana de la Soldadura.
- **CSA:** *Canadian Standards Association.*
- **AS/NZS:** *Standards Australia/Nueva Zelanda.*

En algunos casos una organización puede publicar normas o especificaciones para un sector en concreto. Es el caso por ejemplo de:

- **API** (*American Petroleum Institute*, Instituto Americano del Petróleo), que tiene publicadas más de 500 normas para las aplicaciones de la soldadura en el sector del petróleo y del gas.
- **ASTM** (*American Society for Testing and Materials*, Asociación Americana para Pruebas y Materiales), que tiene un importante papel en la definición de los materiales que se emplean en la industria en general y los métodos de prueba que se utilizan para comprobar su calidad.
- **ASME** (*American Society of Mechanical Engineers*, Asociación Americana de Ingenieros Mecánicos), que elabora normas y especificaciones para la ingeniería en general.

Las siguientes normas regulan actualmente los procesos citados en esta unidad:

- **Uniones atornilladas:**
  - UNE-EN 15048- 1. Uniones atornilladas estructurales sin precarga. Parte 1: Requisitos generales.
  - EN 1090-2. Ejecución de estructuras de acero y aluminio. Parte 2: Requisitos técnicos para la ejecución de estructuras de acero.
  - EN 15048-2. Uniones atornilladas estructurales sin precarga. Parte 2: Aptitud al uso.EN 28839. Características mecánicas de los elementos de fijación. Pernos, tornillos, bulones y tuercas de metales no férreos (ISO 8839).
  - EN ISO 225. Elementos de fijación. Pernos, tornillos, espárragos y tuercas. Símbolos y designación de las dimensiones (ISO 225).
  - EN ISO 898-1. Características mecánicas de los elementos de fijación de acero al carbono y de acero aleado. Parte 1: Pernos, tornillos y bulones con clases de calidad especificadas. Rosca de paso grueso y rosca de paso fino (ISO 898-1).
  - EN ISO 898-2. Características mecánicas de los elementos de fijación de acero al carbono y de acero aleado. Parte 2: Tuercas con clases de calidad especificadas. Rosca de paso grueso y rosca de paso fino (ISO 898-2).

- EN ISO 3506-1. Características mecánicas de los elementos de fijación de acero inoxidable resistente a la corrosión. Parte 1: Pernos, tornillos y bulones (ISO 3506-1).
- EN ISO 3506- 2. Características mecánicas de los elementos de fijación de acero inoxidable resistente a la corrosión. Parte 1: Pernos, tornillos y bulones (ISO 3506-2).
- EN ISO 4759-1. Tolerancias para elementos de fijación. Parte 1: Pernos, tornillos, espárragos y tuercas. Productos de clase A, B y C (ISO 4759-1).
- EN ISO 10684:2004. Elementos de fijación. Recubrimientos por galvanización en caliente (ISO 10684:2004).
- ISO 965-1. *ISO general purpose metric screw threads. Tolerances. Part 1: Principles and basic data.*
- ISO 965-2. *ISO general purpose metric screw threads. Tolerances. Part 2: Limits of sizes for general purpose external and internal screw threads. Medium quality.*
- ISO 965-3. *ISO general purpose metric screw threads. Tolerances. Part 3: Deviations for constructional screw threads.*
- ISO 965-4. *ISO general purpose metric screw threads. Tolerances. Part 4: Limits of sizes for hot-dip galvanized external screw threads to mate with internal screw threads tapped with tolerance position H or G after galvanizing.*
- ISO 965-5. *ISO general purpose metric screw threads. Tolerances. Part 5: Limits of sizes for internal screw threads to mate with hot-dip galvanized external screw threads with maximum size of tolerance position h before galvanizing.*

- **Uniones remachadas:**
  - UNE 17003. Remaches. Denominaciones. Representación gráfica. Esta norma clasifica los tipos de remaches según la forma de su cabeza. Se editó en 1953 y fue anulada por su revisión de 1999.
  - UNE 17012. Remaches especiales. Denominaciones. Representación gráfica. Esta norma clasifica los remaches considerados especiales según su forma. Se editó en 1957 y fue anulada por su revisión de 1999.
  - UNE 1045. Signos convencionales. Remaches y tornillos. En esta norma se muestran los signos convencionales de representación gráfica de los remaches.
- **Uniones con adhesivos.**
  - La norma alemana DIN 2304-1:2020 establece cuatro clases de uniones adhesivas en función de su criticidad:
    - S1: unión adhesiva con requisito de seguridad alto, entendiéndose como uniones en las que el fallo puede ser causa de daños mortales.
    - S2: unión adhesiva con requisito de seguridad medio.
    - S3: unión adhesiva con requisito de seguridad bajo.
    - S4: unión adhesiva que no requiere ningún requisito de seguridad.

    Esta norma define los requisitos de diseño, fabricación y mantenimiento para cualquier tipo de adhesivo, cualquier mecanismo de curado y cualquier sector industrial.

Casos prácticos

Caso práctico RESUELTO

Comparativa entre unión remachada, tornillo autorroscante y adhesivo bicomponente.

Une dos perfiles de chapa de acero al carbono, de espesor no mayor de 1,5 mm, primero con remaches, a continuación, con tornillo autorroscante y, por último, con adhesivo bicomponente. Analiza los pros y los contras de los dos tipos de uniones.

Solución:

El proceso paso a paso es el siguiente:

- **Remachado:** elige un remache siguiendo las indicaciones de la Actividad propuesta 4.1. A continuación, selecciona la broca necesaria para realizar el taladro pasante necesario para alojar el remache. Elige la boquilla adecuada que coincida con el vástago del remache e introduce en ella este último. Seguidamente, inserta la cabeza del remache en el orificio del taladro pasante entre las dos chapas de acero y ejerce presión en el mango de la remachadora hasta que la cabeza del remache se separe del vástago.
- **Tornillo autorroscante:** posiciona las chapas a unir y fíjalas con ayuda de una mordaza. Con ayuda de un granete y un martillo marca el lugar donde vas a realizar la unión. A continuación, selecciona la posición de atornillado en el taladro y monta en este la punta con la forma adecuada a la cabeza del tornillo. Coloca el tornillo sobre la marca realizada con el granete y ejerce sobre la cabeza de este una leve presión con el taladro mientras este entra en funcionamiento a baja revolución para que la cabeza autorroscante pueda taladrar por arranque de viruta las chapas.
- **Adhesivo bicomponente:** sobre una de las chapas de acero, en el lugar donde quieras unirla con la otra, aplica el componente adhesivo A y sigue las instrucciones del fabricante para aplicar el componente B. Coloca la segunda chapa sobre la primera y, a continuación, coloca una mordaza de presión o gato de apriete en la zona a unir de modo que ejerza presión entre las dos chapas mientras se produce el curado del adhesivo. Mantén la presión durante el tiempo que indique el fabricante.

Caso práctico PROPUESTO

Realiza una comparativa entre las uniones del caso práctico resuelto (unión remachada, tornillo autorroscante y adhesivo bicomponente) y la unión soldada. Analiza los pros y los contras de la unión soldada frente a los anteriores.

Mapa conceptual

EJECUCIÓN DE UNIONES NO SOLDADAS

- **Uniones no soldadas, materiales**
  - Tipos de operaciones: remachado, pegado y atornillado
- **Secuencia de operaciones**
  - Remachado
    - El proceso necesita de taladro, remachadora y remache
      - Se clasifica según la temperatura en frío y caliente
      - Se hace mediante las técnicas de remachado por martilleado, remachado mecánico, remachado radial
  - Atornillado
    - Existen tres tipos de tornillos en unión de estructuras metálicas: ordinarios, calibrados y de alta resistencia
      - Según la forma hay varios tipos de pernos pasantes: con tuerca, de unión, de varilla roscada
      - Por otro lado están las tuercas: de mariposa, autoblocante, con arandela a presión y ciega
  - Unión por adhesivos
    - Adhesivos epoxi
      - Unen la mayoría de los materiales
    - Adhesivos de poliuretano
      - Curado convencional, curado rápido y curado químico
    - Adhesivos de metacrilato
      - Buena adhesión sobre metales
    - Adhesivos anaeróbicos
      - Curan en ausencia de aire materiales ferrosos y no ferrosos
- **Elección y manejo de herramientas**
- **Preparación de las zonas de la unión**
  - Limpieza con abrasivos
  - Limpieza por chorros de arena
- **Normas de uso y calidad en el proceso**
  - UNE, AENOR e ISO

Actividades finales

DE COMPROBACIÓN

4.1. ¿Qué proceso de soldadura fue el pionero?

a) TIG.

b) MAG.

c) Oxigás.

4.2. ¿Cómo es la soldadura de los materiales especiales en comparación con la del acero al carbono?

a) Más compleja y difícil.

b) Más sencilla y fácil.

c) Igual.

4.3. ¿Qué se entiende por sostenibilidad?

a) El uso de recursos naturales no químicos.

b) El equilibrio de una especie con los recursos de su entorno de modo que estos se exploten por debajo de su índice de renovación.

c) El sostenimiento de materiales nobles.

4.4. ¿A qué temperatura aproximada ocurre el punto de fusión del aluminio?

a) 2000 °C.

b) 660 °C.

c) 1000 °C.

4.5. Si se somete al aluminio a un proceso de envejecimiento, ¿cómo lo modificará?

a) Será más débil.

b) Será más duro.

c) Será más resistente.

4.6. ¿Qué tres elementos necesita el proceso de remachado?

a) Remachadora, crimpadora y remache.

b) Remachadora, taladro y remache.

c) Remachadora, terminal de contacto y remache.

4.7. ¿Cómo se clasifica la técnica del remachado en función de la temperatura?

a) Remachado en frío y templado.

b) Remachado en frío y caliente.

c) Remachado en templado y caliente.

4.8. ¿Qué tipo de cabeza presenta un tornillo del tipo perno pasante con tuerca?

a) Cabeza hexagonal con hendidura.

b) Cabezal hexagonal sin hendidura.

c) Cabezal hexagonal ciega.

4.9. ¿Cuál de los siguientes es el paso de rosca más antiguo?

a) Métrica.

b) Whitworth.

c) Rosca de gas.

4.10. ¿Qué significa calibrado?

a) Que es más exacto.

b) Que tiene el mismo peso en ambos extremos.

c) Que ajusta con mayor exactitud.

4.11. ¿Cuál de las siguientes tuercas permite su apriete con llaves fijas, inglesas, de tubo o de vaso?

a) Autoblocante.

b) Hexagonal.

c) De mariposa.

4.12. ¿Qué particularidad tiene un adhesivo epoxi?

a) Une solo metales.

b) Une la mayoría de los materiales.

c) Une todos los materiales porosos.

4.13. ¿Por qué cualidad destacan los adhesivos anaeróbicos?

a) Por su excelente resistencia a las vibraciones.

b) Por su escasa plasticidad.

c) Por su alta adherencia sobre materiales férricos.

4.14. ¿Cuál de las siguientes normas UNE clasifica los remaches considerados especiales?

a) 17003.

b) 17012.

c) 1045.

Actividades finales

DE APLICACIÓN

4.15. Explica en qué siglo empezó a aplicarse la soldadura y por qué.

4.16. Indica el nombre de los remaches que unen estructuras de gran peso y espesor.

4.17. Razona por qué los remaches son la principal opción en las construcciones aeronáuticas.

4.18. Expón las razones del cambio de fabricación de acero a aluminio en el sector naval.

4.19. Enumera los tres elementos indispensables para realizar un remachado.

4.20. Comenta brevemente en qué caso puede ser más interesante optar por un remachado en caliente en lugar de en frío.

4.21. Indica qué dos procesos de unión han sustituido en la actualidad a las uniones con roblones.

4.22. Enumera brevemente los tipos de pasos de rosca que se emplean en la actualidad y sus diferencias.

4.23. Localiza en la unidad el tipo de tornillo que, designado con las siglas TR, está fabricado en acero de alta calidad según la norma.

4.24. Explica qué entienden los fabricantes de tornillos por certificado de garantía.

4.25. Expresa brevemente en qué caso se pueden emplear tornillos autorroscantes y sus ventajas.

4.26. Detalla las principales ventajas de los adhesivos estructurales.

4.27. Indica la fecha en la que se emplearon resinas epoxi por primera vez.

4.28. Define el concepto de adhesivo bicomponente.

4.29. Explica el significado de las siglas I+D.

4.30. Describe tres ventajas de las uniones mecánicas por tornillería.

4.31. Comenta brevemente en qué consiste el decapado de un metal.

4.32. Localiza en la unidad la denominación original del proceso de limpieza por chorro de arena. Redefínela con tus palabras.

4.33. Define una norma EN ISO.

4.34. Indica el significado de las siglas DIN.

Actividades finales

DE AMPLIACIÓN

4.35. Describe el procedimiento de limpieza de los siguientes materiales:

- Titanio.
- Polímeros.
- Cobre y latón.

4.36. Indica la norma vigente actualmente para los siguientes casos:

- Uniones atornilladas estructurales sin precarga. Parte 1: requisitos generales.
- Remaches especiales. Denominaciones. Representación gráfica. Esta norma clasifica los remaches considerados especiales según su forma. Se editó en 1957 y fue anulada por su revisión de 1999.Unión adhesiva con requisito de seguridad alto, entendiéndose como uniones en las que el fallo puede ser causa de daños mortales.

4.37. Define el tipo de unión más adecuado a un trabajo que requiera las siguientes características:

- Se precisa que la unión sea permanente, pero, en caso necesario, que permita un rápido desmontaje.
- El tipo de unión elegido no debe aflojarse.
- Solo es posible el acceso por una de las caras de la pieza.

4.38. Identifica, en su caso, la herramienta de apriete que se precisa para instalar las siguientes tuercas. Razona tu respuesta y describe las diferencias entre ambas.

- Hexagonal.
- De mariposa.

4.39. Busca en internet los nombres de las diferentes cabezas de tornillos del mundo y realiza un esquema que relacione su forma con el tipo de destornillador que requiere cada una.

Enlaces web de interés

Como elegir el remache adecuado:
https://www.rapid.com/es-es/guias/guias-remachado/guia-remaches/

Adhesivos:
https://www.antala.es/marcas-antala/divisiones/quimicos/huntsman-araldite-adhesivos/adhesivos-araldite/

Uniones atornilladas en estructuras metálicas:
https://oa.upm.es/3786/1/Picazo-E15.pdf

Uniones autorroscantes:
https://www.indexfix.com/docs/FT_ROS_es.pdf

Preparación de la zona de la unión a soldar

5

En toda operación de soldadura la preparación previa de la unión y el montaje de los elementos auxiliares que eviten que las piezas se muevan durante el soldeo es una parte muy importante que no siempre se tiene en cuenta debidamente y que, con seguridad, producirá el rechazo de la soldadura por falta de calidad de esta o porque las dimensiones de las piezas excedan las tolerancias. En esta unidad se estudiará el protocolo necesario que permita realizar las operaciones previas a la soldadura.

Contenidos

Objetivos

- Conocer los tipos de unión reconocidos a nivel internacional en las normas europea y americana.
- Saber en qué circunstancias es beneficiosa la preparación de bordes y cómo se debe realizar esta en cada caso.
- Entender la función de las piezas auxiliares para la sujeción (embridado) de piezas y las características que deben reunir para desempeñar esa tarea correctamente.
- Aplicar en lugar y forma adecuada el punteado para la fijación de las piezas a soldar.
- Verificar las dimensiones finales de las piezas.

5.1. Clasificación de las uniones

La soldadura es la ciencia para unos o el arte para otros de la unión por fusión de metales férreos y no férreos. Empleando el calor de la llama de un soplete o del arco eléctrico la unión (zona en contacto entre dos piezas) se funde y su mezcla con el material de aportación forma un cordón de soldadura.

La fuente de calor derrite localmente la unión formando el llamado **baño de fusión.** El material de aporte, que generalmente son varillas o hilos de metal igual (o similar) a los de las piezas que unen, se incorpora a ese baño de forma manual o automática.

La forma en que se disponen las piezas a unir afecta al comportamiento del baño de fusión y, por tanto, a la forma y la calidad del cordón de soldadura. El plazo de tiempo de formación de un soldador es medio-largo y durante su adiestramiento ha de aprender a unir piezas que se clasifican de una forma determinada, empleando para ello diversas técnicas que permiten controlar el baño de fusión en cada tipo de unión para que el cordón quede libre de defectos.

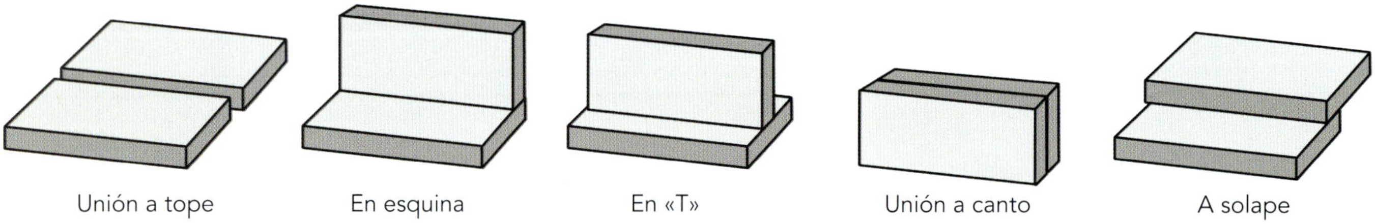

Figura 5.1. Clasificación de los cinco tipos básicos de uniones de acuerdo con el posicionamiento de las piezas.

Todos los tipos de unión, además, se pueden presentar en distintas posiciones. El hecho de que cambien de colocación horizontal a otras como vertical, cornisa o bajo techo, implica un aumento de la dificultad de la ejecución de la soldadura. Por si esto fuera poco, esa dificultad de ejecución también es variable en función del proceso que se emplee en la unión de las piezas. Por proceso se entiende el tipo de soldadura a emplear y se distinguen, por ejemplo, electrodo revestido, TIG, MIG/MAG, alambre tubular y oxigás.

Vocabulario técnico

Cornisa: en soldadura se entiende por la posición donde las chapas se encuentran en posición vertical, pero su eje de unión es horizontal, es decir, paralelo al suelo.

MIG/MAG: proceso de soldadura por arco eléctrico que se establece entre un electrodo formado por hilo que se aporta al baño de fusión y también protegida por gas activo (Metal Activo Gas) o inerte (Metal Inerte Gas).

Oxigás: proceso de soldadura por llama dirigida por un soplete que se obtiene de la combustión de un gas combustible (acetileno u otros) y un gas comburente (oxígeno).

Soplete: instrumento para soldar piezas de metal que consta de un tubo del que sale gas inflamable que mantiene una llama que se puede dirigir a un punto determinado y lograr que este alcance una temperatura muy elevada.

TIG: proceso de soldadura por arco eléctrico que se establece entre un electrodo de tungsteno no consumible y la pieza a soldar bajo la protección de un gas inerte que impide el contacto del baño de fusión con la atmósfera (Tungsteno Inerte Gas).

También puede variar el material de las piezas que forman el tipo de unión. Por ejemplo, y dentro de los materiales férreos, acero al carbono, aceros especiales, inoxidables, etc.; también materiales no férreos como aleaciones de aluminio, magnesio, níquel, titanio, cobre, bronce, latón, etc. En resumen, la combinación de todas las variables anteriores hace de la soldadura una disciplina donde las personas que la practican nunca terminan de aprender.

Desde hace décadas existe una clasificación internacional que identifica con un código (alfabético o numérico) el tipo de unión en función de la posición en la que se dispone para su soldeo y otorga a quien puede soldarla correctamente un reconocimiento acorde a su grado de dificultad.

Sabías que...

Para poder realizar trabajos que impliquen responsabilidad civil los soldadores deben soldar una de las piezas descritas en estos códigos ante un inspector/examinador. La posición que técnicamente se considera más complicada es la unión de tuberías que, generalmente, reconoce al soldador habilidad suficiente para soldar el resto de los tipos de uniones en todas las posiciones.

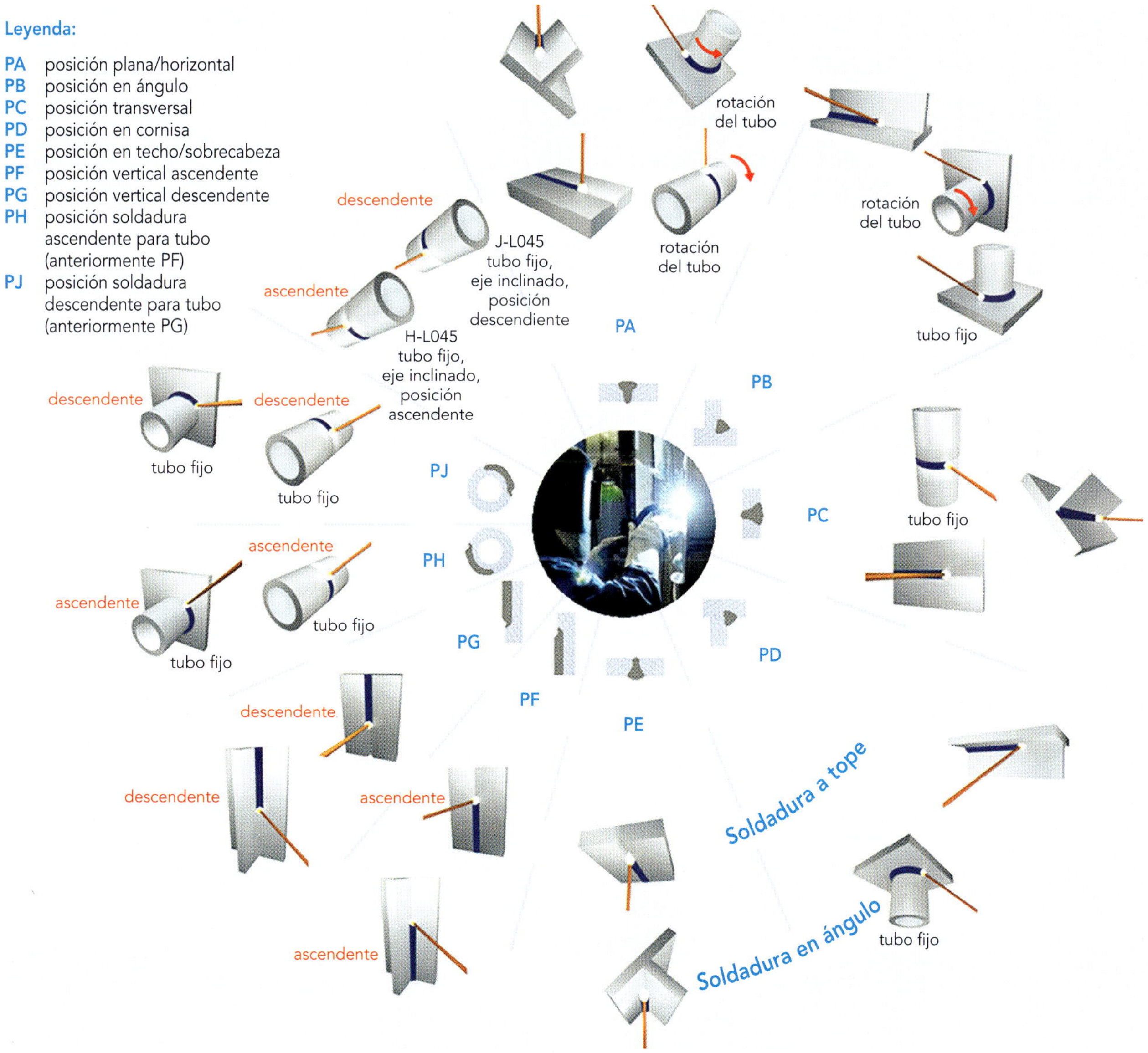

Figura 5.2. Posiciones de soldadura según la norma DIN EN ISO 6947.

Combinando la posición de soldeo (horizontal, cornisa, vertical o techo) con el tipo de unión (ángulo, unión a tope, tuberías a tope) la equivalencia entre la norma UNE EN y la norma AWS es la siguiente:

UNE	AWS
PA (soldadura en horizontal)	1G (unión a tope) o 1F (tubo)
PB (ángulo)	2F (ángulo) o 2FR (tubo rotando)
PC (cornisa)	2G (unión a tope o tubo)
PD (ángulo bajo techo)	4F (ángulo o tubo)
PE (bajo techo)	4G (unión a tope)
PF (vertical ascendente)	3G (unión a tope) o 5G (tubo fijo)
PG (vertical descendente)	3F (unión a tope) o 5F (tubo fijo)
H-L045 (tubo fijo 45° ascendente)	6G (tubo fijo 45° ascendente)
J-L045 (tubo fijo 45° descendente)	6G (tubo fijo 45° descendente)
K-L045 (tubo fijo ascendente y descendente)	6GR (tubo fijo con anillo restrictor)

En la norma AWS la letra que va tras el número sirve para diferenciar el tipo de unión: G viene de *Groove* (unión a tope achaflanada) y F viene de *Flat* (unión en ángulo).

Actividad propuesta 5.1

Indica a qué posición y tipo o tipos de unión se refieren los siguientes códigos de las normas UNE y AWS:

- PD.
- K-L045.
- 6G ascendente.
- PF.

5.2. Preparación de bordes

Frente a un trabajo de unión soldada se ha de tener en cuenta y poner de acuerdo algunas variables:

- Posición de soldeo.
- Tipo de unión.
- Proceso que se va a utilizar.
- Tipo de material.
- Espesor, anchura y longitud de la pieza.
- Acceso a la unión (por ambas caras o solo por una).

No se emplea la misma técnica para soldar un ángulo en T (tipo de unión) en horizontal (posición de soldeo) con TIG (proceso) que para ejecutar un vertical ascendente de dos piezas unidas a tope con MIG/MAG. Seguidamente se verá cómo el tipo de material y sus dimensiones también se deben tener en cuenta y suponen que el soldador deba realizar o no una serie de operaciones previas al soldeo.

Según el trabajo que vaya a desempeñar una unión será necesario que el cordón de soldadura tenga una penetración parcial o total. En ambos casos debe imponerse que dicha soldadura normalmente se realice aportando el mínimo calor y lo más rápidamente posible para conseguir la mejor calidad del cordón a la vez que se reduce el riesgo de dañar las piezas a unir. Teniendo esto claro se dice que se ha de preparar el borde de la pieza siempre que ello haga más fácil realizar la soldadura (no al contrario) y que se cumpla lo anterior.

Se llama preparación de bordes a facilitar el acceso de la fusión (material de aportación y calor) en la unión por diversos medios:

- Dejando separación entre las piezas.
- Mecanizando el borde (biselar) para hacer posible el acceso a cualquier punto de la unión en condiciones que el soldador pueda asumir.
- Una combinación de ambos métodos.

La forma de la preparación del borde es distinta según las dimensiones de la pieza, el acceso del soldador a la unión y el material de que están formadas las piezas (las tres variables que faltaban por ver).

Cada tipo de material (acero al carbono, inoxidable, aluminio, etc.) tiene distintas propiedades, como, por ejemplo, su capacidad de conducir el calor. Se debe diseñar la preparación de bordes respetando el principio anterior (soldarlas del modo más fácil y rápido con la mejor calidad y afectando lo menos posible a la pieza), pero teniendo en cuenta esta propiedad.

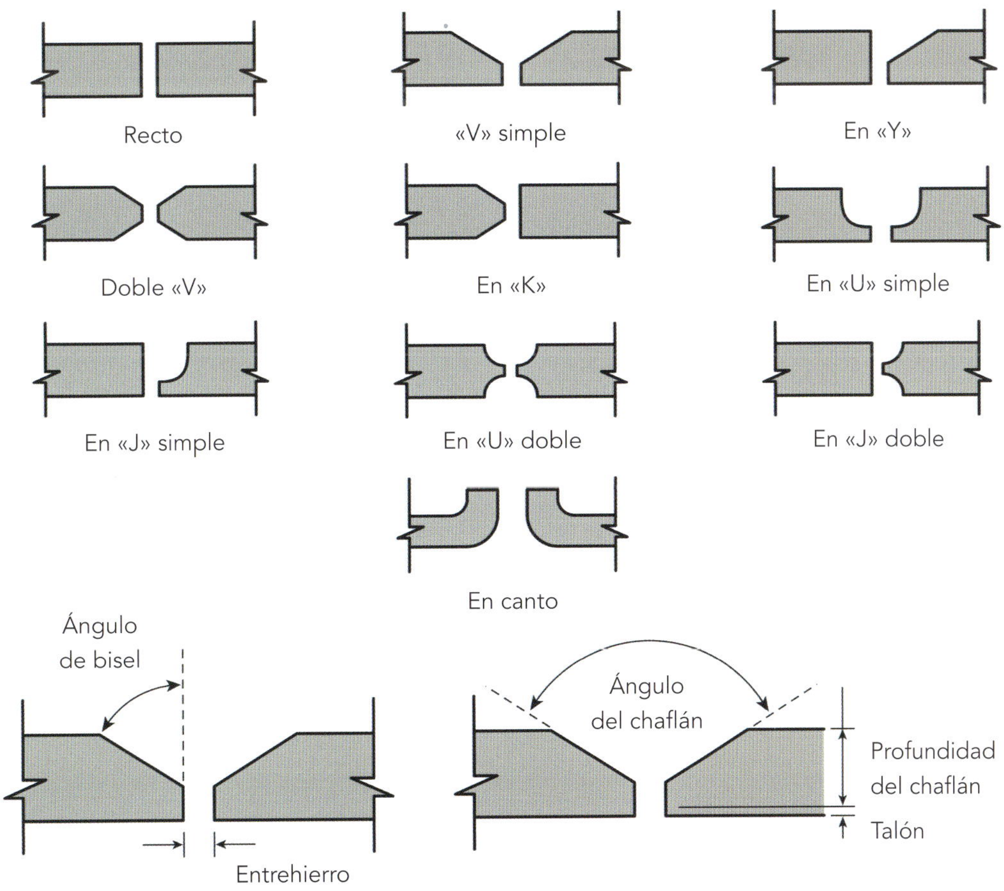

Figura 5.3. Tipos y partes de preparación de los bordes.

Se explica seguidamente un ejemplo de cómo afectan las dimensiones de la pieza y su conductividad al diseño de la unión: a mayor longitud y anchura del metal base (piezas) mayor superficie para que el calor se pueda disipar, sobre todo en los materiales como aluminio y cobre, que son muy buenos conductores. La preparación tendrá que ajustarse en todo momento a la respuesta a la soldadura. Al principio de su soldadura la unión demandará más energía para compensar la pérdida de calor por disipación, pero una vez que se calienten las piezas la demanda de energía será menor.

Hay un valor de espesor, variable según el material y el proceso con el que se suelde, a partir del cual es recomendable biselar. Antes de elegir un modelo de bisel se debe tener en cuenta la última variable: el acceso. Si se puede trabajar la unión por dos caras, a partir de determinada medida de espesor, se elegirá siempre doble.

- **Ángulo del chaflán:** son los grados totales de la preparación de bordes y la suma de los ángulos de los biseles, que pueden ser iguales o no entre sí.
- **Talón:** al hacer la preparación de bordes y antes de puntear las piezas para posicionarlas previamente a su soldadura se deja recta la arista con ayuda de una radial con disco de desbaste o de una lima. Su función es muy importante: ofrecer la resistencia justa para que la fusión pase al lado contrario de la soldadura de forma ordenada como un cordón de penetración con la misma anchura y altura en toda su longitud.
- **Entrehierro:** su misión es que el cordón de penetración se pueda realizar con facilidad. Al ejecutar la unión esa separación debe ofrecer cierta resistencia mientras el calor funde el talón; el material de aporte se mezcla con él a una velocidad que el soldador puede asumir. Finalmente, la junta debe desaparecer y en su lugar, por detrás, debe aparecer un fino cordón que se llama **raíz.**

A continuación, se relacionan todas estas variables en distintas situaciones viendo una recomendación de preparación de los bordes de dos piezas de acero a tope para distintos espesores:

1. Hasta 3 mm no se recomienda la preparación de los bordes.
2. De 3 a 4 mm es recomendable dejar una separación entre piezas de 2,5 mm.
3. De 5 a 15 mm de espesor preparar un chaflán en «V» (30 °C a 35 °C), talón de 2 mm y entrehierro de 2,5 mm.
4. De 15 mm en adelante se tienen dos opciones:
   - Si no se puede trabajar por ambas caras, chaflán en «U».
   - Si es posible trabajar las dos caras, de 15 a 30 mm de chaflán en «X». Si es mayor de 30 mm, chaflán en «U» doble. En ambos casos, el talón será de 2 mm a 3 mm y el entrehierro de 2,5 mm a 3 mm.

A modo de ejemplo, cada material tiene sus referencias generales para que el soldador las pueda consultar y que le sirvan de apoyo.

Espesor (E)	Separación raíz (S) mm	Talón (T) mm	Ángulo (a)
1-4	0 - 2	-	-
3-6	2,5	2 - 3	-
3-12	2,5 – 3,25	2 - 3	60º

Figura 5.4. Referencias de espesores en la preparación de las piezas.

Actividad propuesta 5.2

Indica en cada caso la preparación de bordes más adecuada en uniones a tope:

- Piezas de 25 mm de espesor donde el acceso a ambas caras es posible.
- Piezas de 8 mm de espesor.
- Piezas de 2 mm de espesor.

5.3. Aplicación de anticorrosivos

Un anticorrosivo es una sustancia que cubre y protege el metal de la corrosión reduciendo el acceso directo del aire y del agua a este. Es muy importante aclarar que, en el caso de metales soldados, la aplicación de anticorrosivo debe realizarse siempre después de la soldadura y cuando el metal esté frío. Si no se respeta ese orden, la soldadura dañaría el anticorrosivo inutilizándolo y, además, sería perjudicial para la salud del soldador ya que este respiraría humos tóxicos provenientes de la evaporación por soldeo del producto o tratamiento anticorrosión.

En el Apartado 2.7 se analizan diversas opciones de tratamiento anticorrosivo para metales.

Figura 5.5. Aplicación de una imprimación antioxidante.

5.4. Marcado y montaje de refuerzos

El acto de soldar implica que, en las piezas y de forma muy localizada, una pequeña zona de la unión alcanza una alta temperatura. Es conocido que el calor dilata el metal y el frío lo contrae, es decir, la variación de su temperatura produce un cambio en sus dimensiones.

Sabías que...

Durante la soldadura la temperatura en la unión y alrededores sube muy rápidamente para volver a bajar con la misma rapidez; eso hace que la unión al calentarse quiera dilatarse y al enfriarse quiera contraerse, pero se encuentra con que el resto de la pieza no se comporta del mismo modo. La razón es que la variación de temperatura es muy diferente en el baño de fusión y la zona junto a este, a la del resto de la pieza: el conjunto soldado no se calienta o enfría al mismo ritmo.

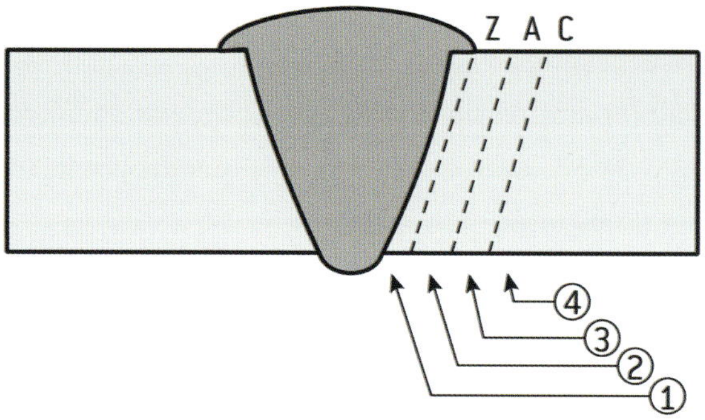

Figura 5.6. En las zonas 1 y 2 se pueden alcanzar temperaturas muy altas que produzcan fuertes deformaciones. También en la zona 3 se pueden alcanzar valores de 250 °C a 400 °C. En la zona 4 no se alcanzan temperaturas peligrosas.

Las fuerzas de dilatación y contracción que se dan en la unión que empujan y tiran del resto de la pieza son muy fuertes, y pueden llegar a deformar el conjunto soldado y hacer que sus dimensiones varíen más allá de las tolerancias permitidas (como ya se vio en la Unidad 3). Por esta razón, siempre que sea posible, es conveniente sujetar las piezas durante su soldadura hasta que se hayan enfriado totalmente, algo que evitará que sus dimensiones se salgan de las tolerancias.

5.5. Fijación de las piezas que se van a soldar

Sujetar las piezas se conoce como **embridar,** esto es, unir temporalmente unas piezas auxiliares llamadas apéndices a las piezas que se van a soldar con el fin de oponerse a las fuerzas de dilatación y contracción.

Figura 5.7. Embridado de dos piezas.

La función del embridado es rigidizar el conjunto soldado durante su soldadura y hasta que este se haya enfriado totalmente; entonces se pueden retirar los apéndices. Estos apéndices actúan como refuerzos que van a impedir que las piezas se muevan por efecto de las fuerzas de dilatación y contracción.

La unión de los apéndices a las piezas a soldar se realiza también con soldadura. Esta operación recibe el nombre de **punteado** y su nombre le viene de que frecuentemente son soldaduras con aspecto circular similar a un punto.

El punto de soldadura debe tener una superficie regular libre de grietas o defectos que puedan debilitarlo o cederá ante las fuerzas de dilatación y contracción. Al mismo tiempo, debe lograr una buena fusión de la unión entre el apéndice y la pieza, es decir, parte de la unión debe desaparecer y ser sustituida por la soldadura de punteado. A esto se le llama lograr suficiente penetración, esto es, que la fusión de la unión no sea superficial, sino que alcance cierta profundidad.

Figura 5.8. Punto de soldadura.

Generalmente se suelen puntear los apéndices a las piezas por una sola cara. La razón de hacer esto es que en muchos casos simplifica la retirada de esos apéndices procediendo, como se puede ver en la Figura 5.9, a inmovilizar el conjunto soldado con ayuda de un tornillo de banco o mordaza fijada a una mesa de trabajo para sujetar la pieza y golpearla por el lado contrario al punteado de modo que los puntos se fracturen sin necesidad de usar una herramienta de corte.

Figura 5.9. Pieza sujeta en tornillo de banco para fracturar los puntos de soldadura.

Actividad propuesta 5.3

Comprueba la penetración de una soldadura siguiendo estos pasos.

Para medir el grado de penetración que el amperaje seleccionado alcanza en una unión posiciona a tope sin separación dos piezas de acero al carbono de dimensiones 100 × 40 × 8 mm y puntéalas en los extremos dando a cada punto una superficie de 15 mm de diámetro con un electrodo de rutilo de 3,25 mm de diámetro a 130 amperios.

A continuación, sujeta una de las piezas en el tornillo de banco y, por la cara del punteado, haz palanca para doblar la unión y partir los puntos. Observa el canto de ambas piezas; la penetración es lo que aparece en tono gris claro y representa el alcance de la fusión, es decir, la profundidad que el punteado ha llegado a fundir en la unión.

Como referencia, el punteado debe alcanzar como mínimo un milímetro de penetración para unir temporalmente las piezas en el montaje y durante su soldeo.

5.6. Control de holguras y verificación de la recuperación de formas dimensionales y geométricas

Después de instalar los apéndices y justo antes de realizar la soldadura de las piezas es el momento de revisar las dimensiones del conjunto pues siempre existe un cierto riesgo de que las propias fuerzas de dilatación y contracción que se desencadenan en el punteado pudieran haber movido alguna de las piezas que deben sujetar.

Es importante comprobar que la distancia (entrehierro) entre las dos piezas no ha variado, así como la planitud, es decir, que ambas piezas continúan en el mismo plano y ninguna se ha levantado con respecto a la otra. Como se vio al principio de esta unidad la preparación de bordes y cada uno de sus elementos, como bisel, talón, entrehierro, etc., están diseñados para que faciliten la ejecución de la soldadura; por tanto, si alguno resulta modificado por el punteado se deben separar los apéndices de las piezas y volver a posicionar correctamente todo el conjunto para repetir el punteado.

En resumen, las fuerzas de dilatación y de contracción que se desatan en el cordón de soldadura y la zona más cercana a este provienen de la diferencia de temperatura que se da entre esta zona y el resto de la pieza, así como por la brusquedad del cambio de temperatura. A estas fuerzas se las conoce como **tensiones** y la zona cercana al cordón es más conocida como ZAT (zona afectada térmicamente). No tiene sentido ignorar las tensiones pues estas pueden mover las piezas a soldar de modo que dejen el conjunto soldado, pero inservible, al no cumplir con las tolerancias o con el margen permitido de error en sus dimensiones finales. Para ello se debe embridar en lo posible cuidando al mismo tiempo que el punteado de los apéndices de embridado no cause tensiones que afecten al conjunto que deben sujetar. De ser así es necesario retirarlos, reposicionar correctamente las dos piezas a soldar y reintentar el embridado.

Actividad propuesta 5.4

Con esta actividad se comprobará qué función tiene el punteado. Para ello, posiciona dos piezas de dimensiones 100 × 40 × 3 mm a tope con un entrehierro de 3 mm entre sí y puntea sus extremos con electrodo de rutilo de 2,5 mm de diámetro a 70 amperios cuidando que se mantenga la separación entre ellas tras el punteado. A continuación, posiciona dos piezas de idénticas dimensiones prescindiendo del punteado.

Procede a soldar solo la mitad de la unión de las piezas punteadas con rutilo de 2,5 mm con 45/55 amperios y después haz lo mismo con la unión sin puntear. Al finalizar, deberías observar que la variación del entrehierro es mayor en las piezas sin puntear y que aumenta o disminuye más, en comparación, con la medida final de separación de las piezas punteadas previamente.

Enlaces web de interés

Tipos de uniones soldadas:
https://www.feandalucia.ccoo.es/docu/p5sd6731.pdf

Federación Europea de Soldadura:
https://www.ewf.be/

Caso práctico RESUELTO

Prepara los bordes para la soldadura de dos piezas de acero al carbono de 8 mm.

Solución:

Vamos a preparar dos piezas de acero para su soldadura con electrodo revestido. Para ello, teniendo en cuenta su espesor y las recomendaciones de la Figura 5.4, realiza una preparación en «V» simple. Para ello:

- Corta dos piezas de 150 × 35 × 8 mm en la sierra de cinta.
- Desbloquea la sierra y selecciona una inclinación lateral de la misma de 30° o 35°.
- Con radial y disco de desbaste pule la arista de cada una de las piezas hasta dejar un borde recto de 2 o 3 mm (talón).
- Coloca las dos piezas sobre una superficie plana a 2,5 mm de separación entre ellas, con la parte trasera del chaflán a la vista. A la hora del punteado, ver la parte trasera ayuda a controlar que la planitud no se vea alterada.
- Posiciona un apéndice a cada lado de la unión.
- Puntea con soldadura los apéndices.
- Verifica que las medidas no hayan variado.

Caso práctico PROPUESTO

Realiza la preparación de bordes de dos piezas de acero al carbono de 20 mm de espesor según las recomendaciones de la Figura 5.4.

Mapa conceptual

PREPARACIÓN DE LA ZONA DE LA UNIÓN A SOLDAR

Clasificación de las uniones	– Unión a tope – En esquina – En «T» – Unión a canto – A soplete	Todos los tipos de unión se pueden presentar en distintas posiciones. El hecho de que cambien de colocación horizontal a otras como vertical, cornisa o bajo techo, implica un aumento de la dificultad de la ejecución de la soldadura
Preparación de bordes	Facilitar el acceso de la fusión en la unión por diversos medios: – Dejando separación entre piezas – Mecanizando el borde (biselar) – Combinando las dos anteriores	La forma de la preparación del borde es distinta según las dimensiones de la pieza, el acceso del soldador a la unión y el material de que están formadas las piezas
Aplicación de anticorrosivos	Sustancia que cubre y protege el metal de la corrosión reduciendo el acceso directo del aire y del agua sobre el material	La aplicación de anticorrosivo debe realizarse siempre después de la soldadura y cuando el metal esté frío
Marcado y montaje de refuerzos	El acto de soldar implica que en las piezas, y de forma muy localizada, una pequeña zona de la unión alcanza una alta temperatura	Las fuerzas de dilatación y contracción son muy fuertes, pueden llegar a deformar el conjunto soldado; por eso conviene sujetar las piezas durante la soldadura
Fijación de las piezas que se van a soldar	La función del embridado es sujetar el conjunto durante su soldadura y hasta que este se haya enfriado totalmente	La unión de los apéndices a las piezas a soldar se realiza también con soldadura. Esta operación recibe el nombre de punteado
Control de holguras y verificación de dimensiones	Antes de realizar la soldadura es el momento de revisar las dimensiones porque hay riesgo de que las fuerzas de dilatación y contracción pudieran haber movido alguna de las piezas que deben sujetarse	Es importante comprobar que la distancia (entrehierro) entre las dos piezas no ha variado, así como la planitud, es decir, que ambas piezas continúan en el mismo plano y ninguna se ha levantado con respecto a la otra

Actividades finales

DE COMPROBACIÓN

5.1. ¿Cómo se llama al material derretido localmente en la unión?

a) Baño de fusión.

b) Unión de impacto.

c) Soldadura por puntos.

5.2. ¿Cómo es, en general, el material de aporte que une las piezas?

a) Siempre de acero.

b) Diferente al de las piezas a unir.

c) Igual al de las piezas a unir.

5.3. ¿Cuántos tipos básicos de unión existen de acuerdo con el posicionamiento?

a) 3.

b) 4.

c) 5.

5.4. ¿Es la aleación de aluminio un material férreo?

a) No.

b) Sí.

c) Sí, está aleado con níquel si lo es.

5.5. ¿Cuál de las siguientes es un código identificador de posición de soldeo según la norma UNE?

a) 1G.

b) PA

c) 4F.

5.6. ¿Cuál de las siguientes es un código identificador de posición de soldeo según la norma AWS?

a) 2F.

b) PA.

c) H-L045.

5.7. ¿Se emplea la misma técnica para soldar un ángulo en «T» en horizontal con TIG que para ejecutar un vertical ascendente de dos piezas unidas a tope con MIG/MAG?

a) Sí, siempre.

b) No, nunca.

c) Solo si se unen dos piezas a canto.

5.8. ¿A qué se llama preparación de bordes?

a) A facilitar el acceso de la fusión en la unión por diversos medios.

b) A impedir la fusión en la unión por diversos medios.

c) A la separación entre piezas.

5.9. ¿Cómo se llama a los grados totales de la preparación de bordes y la suma de los ángulos de los biseles?

a) Talón.

b) Entrehierro.

c) Ángulo del chaflán.

5.10. ¿Cuál de los siguientes es el nombre de un tipo de preparación de bordes?

a) En «K» doble.

b) En «Z».

c) «V» simple.

5.11. ¿Cuál de las siguientes preparaciones de bordes sería más recomendable para unir piezas de 20 mm con buen acceso a ambas caras?

a) En «U».

b) En «X».

c) En «U» doble.

5.12. ¿Cuándo debe realizarse la aplicación del anticorrosivo con respecto a la soldadura?

a) Antes de la soldadura.

b) Después de la soldadura.

c) Es indiferente.

5.13. ¿A qué se conoce como embridar?

a) Sujetar las piezas con pinzas de soldadura por puntos.

b) Sujetar las piezas a soldar con otras auxiliares (apéndices).

c) Sujetar las piezas con bridas.

5.14. ¿Cuándo se considera que se ha alcanzado suficiente penetración de punteado?

a) No debe haber fusión de la unión.

b) La fusión de la unión debe ser total.

c) La fusión debe tener, como mínimo, un milímetro de penetración.

Actividades finales

DE APLICACIÓN

5.15. Indica cuáles son las fuentes de calor que se emplean actualmente en la soldadura manual.

5.16. Enumera los cinco tipos básicos de uniones de acuerdo con el posicionamiento de las piezas.

5.17. Cita el número de la norma DIN EN ISO que regula los códigos que identifican las posiciones de soldadura.

5.18. Explica cómo diferencia el tipo de unión la norma AWS.

5.19. Enumera las variables que debes tener en cuenta en una preparación de bordes.

5.20. Razona las diferencias entre los siguientes conceptos: tipo de unión, posición de soldeo y proceso.

5.21. Describe cómo facilita el acceso a la unión la preparación de bordes.

5.22. Cita la razón por la que la preparación de bordes ha de adaptarse al tipo de material.

5.23. Explica la diferencia entre grados de bisel y de chaflán.

5.24. Comenta cuál es la función del anticorrosivo.

5.25. Razona la necesidad de montar refuerzos antes de soldar unas piezas.

5.26. Expón brevemente cómo actúan las fuerzas de dilatación y contracción, así como su relación con las tolerancias dimensionales.

5.27. Nombra la denominación común de las piezas auxiliares empleadas para embridar.

5.28. Explica la función del embridado.

5.29. Indica cómo se han de unir los apéndices a las piezas a soldar y el nombre que recibe esta operación.

5.30. Comenta cuáles han de ser las comprobaciones dimensionales de las piezas tras instalar los apéndices.

5.31. Explica el significado de las siglas ZAT.

5.32. Indica qué se entiende por penetración de la soldadura.

5.33. Razona cómo ha de ser el aspecto de un punto de soldadura.

5.34. Indica por qué se recomienda puntear los apéndices a las piezas por una sola cara.

DE AMPLIACIÓN

5.35. Dibuja diversos tipos de soldaduras cruzadas.

5.36. Nombra la denominación que reciben los tornillos y las tuercas de alta resistencia.

5.37. Explica de qué modo medirías los cordones de soldadura.

5.38. Razona si existen diferencias entre tornillos calibrados y ordinarios. En caso de que así sea, ¿cuáles son esas diferencias?

Equipos de soldadura blanda, fuerte, oxiacetilénica y eléctrica

6

Los procesos de soldadura manual se dividen en dos grandes grupos: los que emplean para soldar el calor de una llama o los que utilizan el arco eléctrico. En esta unidad se estudian las diferencias entre estos procesos, así como los distintos tipos que actualmente existen relacionados con sus principales aplicaciones.

Contenidos

Objetivos

- Distinguir entre los procesos de soldadura manual y conocer las características de los principales procesos manuales.
- Comprender las causas que hacen que existan varios procesos de soldadura dentro de las técnicas de unión.
- Adquirir los conocimientos que permitan elegir el proceso de soldadura manual más adecuado a cada aplicación.

6.1. Introducción a los procesos de soldadura manual

A juzgar por la fuerte presencia actual de la soldadura en la industria sería normal pensar que su historia se remonta varios siglos, pero no es así. Las primeras soldaduras se pudieron realizar en 1900, cuando se dispuso de la tecnología necesaria para embotellar gases que alimentaran la llama de un soplete oxiacetilénico. El acetileno, gas que se utiliza como combustible de dicha soldadura, fue descubierto décadas antes, en 1836, por Edmund Davy.

Figura 6.1. Soldadura oxiacetilénica u oxigás. Utiliza una llama que combustiona acetileno y oxígeno.

Posteriormente, la Primera Guerra Mundial supuso una gran demanda de armamento y propició el desarrollo de la soldadura eléctrica unos años después. Tras la fundación de la Sociedad Americana de la Soldadura (AWS, *American Welding Society*) y la invención de la corriente alterna, ambos eventos sucedidos en 1919, en la década de los años 20 se dio una intensa actividad investigadora sobre los gases protectores del área de soldadura, el baño de fusión y los revestimientos para electrodos. Ese revestimiento, al quemarse por efecto del arco eléctrico, desprende CO_2 que actúa como gas protector al desplazar el aire, evitando así el contacto del baño de fusión con el oxígeno y el hidrógeno atmosférico en el soldeo con electrodos.

Figura 6.2. Soldadura con electrodos revestidos. Es producida por un arco eléctrico.

En los años 30 se generalizó el uso de electrodos revestidos en la soldadura al arco eléctrico de todo tipo de estructuras metálicas. Más tarde, en 1941 se patentó la pistola de soldadura TIG (Tungsteno Inerte Gas) que perfeccionaría un proceso patentado en 1890 por CL Coffin y que Hobart y Devers desarrollaron en 1920. El proceso, inspirado en los sopletes de oxigás, consistía en un electrodo de tungsteno, protegido por helio o argón, que al paso de la corriente se ponía incandescente y que hacía las veces de la llama del soplete a la vez que se complementaba con una varilla de aporte. Este proceso atendía algo que el electrodo revestido no podía resolver: la soldadura de materiales especiales como el acero inoxidable, las aleaciones ligeras como el aluminio y ultraligeras como el magnesio que, poco a poco, iban introduciéndose en la aeronáutica.

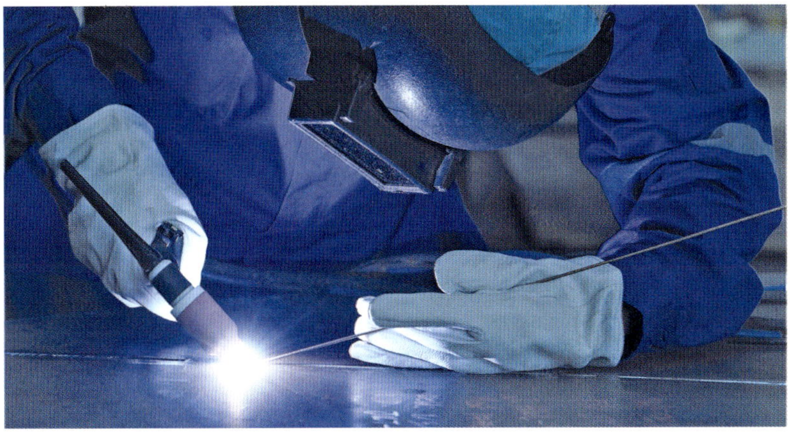

Figura 6.3. Soldadura TIG. Se caracteriza por utilizar un electrodo no consumible de tungsteno.

En 1948 la Fundación Battelle tuvo éxito en el desarrollo de una idea patentada por HE Kennedy que trataba de sustituir al electrodo revestido por un alambre aportado por una pistola. Ese alambre no necesitaba de revestimiento que protegiese la soldadura del contacto con el aire pues esta protección la asumía un gas inerte (argón) que salía por el extremo de la pistola. Este proceso, denominado MIG (Metal Inerte Gas), constituyó una alternativa al TIG en la soldadura de materiales especiales; sin embargo, no resultó rentable para el soldeo del acero por el alto coste del gas inerte en aquellos momentos.

En 1953 introdujeron el uso del CO_2 como gas protector en el proceso anterior, lo que supuso una alternativa al electrodo revestido en la soldadura del acero. El proceso se llamó MAG (Metal Activo Gas).

Figura 6.4. Soldadura MIG/MAG. Se conoce también como GMAW o soldadura de hilo.

6.2. Soldadura oxigás

Figura 6.5. Equipo de soldadura oxigás. *(Fuente: Refrigeración Reta).*

Es un proceso en el que intervienen dos gases que generan la combustión. Uno de ellos será el acetileno y el otro, llamado gas comburente, es el que se encarga de acelerar esta combustión y de avivarla. En este caso será el oxígeno puro. Los dos gases se distribuyen por tubos que llegan hasta el soplete, que es el instrumento donde se mezcla el acetileno con el oxígeno, y la cantidad de gas que arroja es regulada mediante un manómetro.

La técnica de soldadura oxigás consiste en soldar con el calor que desprende la llama de un soplete a una velocidad, presión y proporción correctas. El equipo oxiacetilénico está formado por:

- **Soplete:** herramienta para mezclar los gases de soldadura y quemarlos.
- **Botella de acetileno:** suele ser roja con una franja de color marrón.
- **Botella de oxígeno:** es de mayor tamaño y cuenta con una franja de color blanco en la parte superior.
- **Varilla de aporte:** trozo de metal que se conecta a la máquina de soldar. Estas varillas se denominan **electrodos consumibles.** La varilla de aporte se introduce en el baño de fusión que se forma al contacto del metal con el calor de la llama del soplete.
- **Manorreductores de acetileno y oxígeno:** se manejan para controlar la presión de la botella y poder trabajar con ella de forma constante.
- **Otras herramientas:** instrumentos auxiliares de apoyo.

☐ Soplete

Instrumento donde se produce la mezcla del acetileno con el oxígeno. El acetileno actúa como gas combustible que alimenta una llama. Combinado con oxígeno esa llama puede alcanzar más de 3000 °C, temperatura que prácticamente duplica los 1540 °C que constituyen el punto de fusión del acero al carbono.

El soplete actúa como mezclador de ambos gases y permite transportar la llama a la unión para soldar piezas en cualquier posición en las que se dispongan.

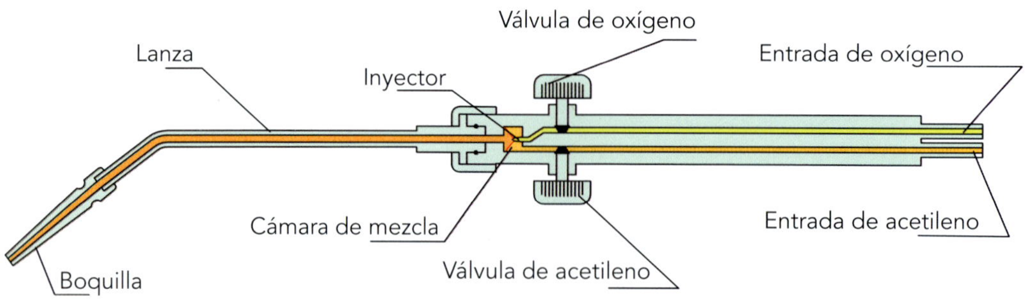

Figura 6.6. Sección de un soplete y sus partes.

Por otra parte, en la llama que se genera pueden observarse dos zonas: el **dardo,** en forma de tronco de cono, de color blanco; y el **penacho,** que es donde se produce la combustión. En función de la proporción de oxígeno y acetileno, se distinguen cuatro tipos de llamas:

- **Llama de acetileno puro:** no sirve para soldar, combustiona con el oxígeno del aire.
- **Llama reductora:** es larga, tiene más proporción de acetileno que se consigue abriendo poco a poco la llave que expulsa el oxígeno. Se utiliza para el aluminio y las fundiciones.
- **Llama neutra:** tiene la misma proporción de acetileno y oxígeno. Se utiliza para el acero al carbono.
- **Llama oxidante:** usa una proporción de oxígeno superior que de acetileno.

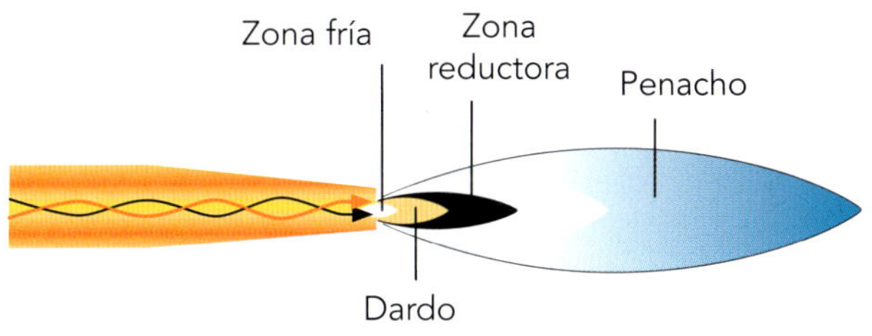

Figura 6.7. Esquema de la llama de un soplete de oxigás.

Manorreductores

Con respecto a los manorreductores, decir que son elementos que se acoplan sobre los grifos de las botellas de oxígeno y acetileno. Su función es la de proporcionar gas a presión constante que se regula mediante la apertura y el cierre de una válvula.

Consta de dos manómetros; uno de ellos es el de alta presión y está situado junto a la llave que muestra la presión que hay dentro de la botella (Figura 6.8). El segundo manómetro es el de baja presión y regula la presión de trabajo a través de un tornillo de expansión. Las presiones de trabajo para el acetileno son de 0,5 bares y en el del oxígeno de 5 bares.

Estructura básica de un regulador de gas

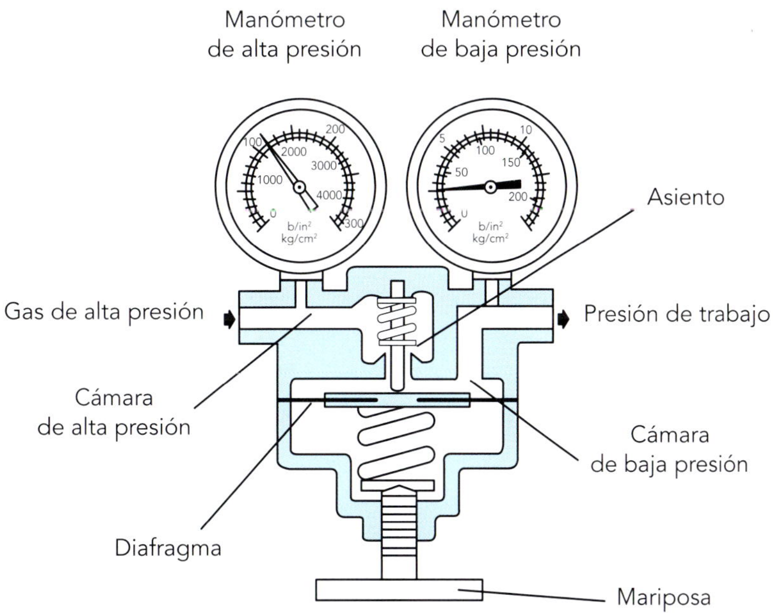

Figura 6.8. Partes de un manorreductor.

Figura 6.9. Varillas de soldadura.

☐ Varillas de aporte

Es el metal utilizado para realizar la soldadura. Entre los materiales de los que están hechas principalmente destacan la plata, el oro, el aluminio, el silicio y el cobre fosforoso, entre otros.

Se fabrican en diámetros de 1,6 mm, 2,4 mm, 3,2 mm, 4 mm, 4,8 mm y 6,4 mm. Estos diámetros están basados en el sistema de pulgadas, medida americana según la cual una pulgada es igual a 25,4 mm.

Tabla 6.1. Comparativa del diámetro de las varillas

Milímetros	1,6	2,4	3,2	4	4,8	6,4
Pulgadas	1/16	3/32	1/8	5/32	3/16	1/4

☐ Herramientas auxiliares

Son útiles que ayudan en los trabajos de limpieza, preparación de bordes, sujeción, etcétera.

Figura 6.10. Herramientas auxiliares para el soldeo.

Actividad propuesta 6.1

Instala un manorreductor a una botella de oxígeno con ayuda de una llave fija. Cada manorreductor es específico para un tipo de gas; por tanto, es necesario elegir adecuadamente.

Una vez que lo tengas instalado, comprueba que el regulador está flojo (al actuar queda rígido): se debería mover con docilidad al tacto; de no ser así, debes hacerlo girar a izquierdas hasta que quede suelto. A continuación, abre la llave de paso de la botella (media vuelta es suficiente) y comprueba con limpiacristales que no hay fugas entre el manorreductor y la botella. El limpiacristales delataría la fuga formando pompas en la zona.

El manómetro de alta subirá indicando la presión interior de la botella y, por tanto, la cantidad de gas que hay en ella. El de baja debe marcar cero.

Para regular la presión de trabajo gira el regulador hasta alcanzar la presión requerida en el manorreductor de baja presión.

Dependiendo del material que conforme la varilla se distinguen tres tipos de soldadura oxigás:

- **Soldadura blanda, también conocida como *soldering*:** consiste en unir con una varilla que funde por debajo de los 427 °C dos piezas con un punto de fusión superior al anterior. La varilla se funde, cubre la unión y al enfriarse une con un mínimo aporte de calor al material. La varilla de aporte tiene al estaño como componente principal, aleado con otros como plomo, antimonio o zinc.

- **Soldadura fuerte o *brazing*:** unión con una varilla que funde por encima de los 427 °C dos piezas que tienen un punto de fusión superior al de la varilla. El material de aporte está formado por aleaciones de plata y cobre con presencia de otros elementos como níquel, zinc o cadmio.

  En la soldadura blanda y en la fuerte el material base (la unión) no llega a fundirse, solo lo hace la varilla de aporte. Es necesario aplicar a la unión un producto decapante o fundente de forma previa a la aplicación de la varilla. Su función es doble: por un lado, limpieza de la unión para que entre el metal base y la varilla no exista nada que impida una unión correcta. Por otro, protege al material frente a la formación de óxidos entre las superficies a soldar.

  Ambos procesos tienen como principales ventajas que permiten realizar con facilidad sólidas uniones de piezas de materiales iguales o distintos entre sí con un mínimo calentamiento de estas. Esto hace que se emplee como proceso de unión en aplicaciones que van desde unir componentes electrónicos o tuberías para climatización, a su más alta expresión en las industrias de la automoción, el ferrocarril o aeroespacial.

Figura 6.11. Soldadura blanda. *(Fuente: Würth).*

Figura 6.12. Varilla de soldadura fuerte resistente a la corrosión.

- **Soldadura oxiacetilénica:** consiste en unir piezas metálicas con varilla de aporte de tal forma que el material base (piezas) y el material de aporte (varilla) tengan un punto de fusión inferior a la temperatura que es capaz de generar la llama.

  De los tres procesos de soldadura oxigás es el único donde se persigue la fusión parcial (o total) de la unión. La varilla es, por lo general, de la misma composición que las piezas a unir y el cordón de soldadura lo forma la dilución entre los materiales de base y de aporte, es decir, una parte de la unión y de la varilla se mezclan formando ese cordón.

  La soldadura oxiacetilénica permite un alto control de la penetración y del tamaño del cordón: si se alarga el tiempo que pasa entre la formación del baño de fusión y el aporte de la varilla al mismo aumenta la penetración del cordón porque el calor de la llama actúa más tiempo sobre la unión consiguiendo mayor fusión de esta. Si se acorta el tiempo ocurre a la inversa. Esto es posible gracias a que la fuente de calor (soplete) y el aporte (varilla) están separados en este proceso, cosa que no sucede en la soldadura con electrodo revestido.

6.3. Soldadura al arco eléctrico

Los procesos TIG, MIG, MAG y electrodo revestido tienen en común que emplean el arco eléctrico como fuente de energía para lograr la fusión de la unión.

El arco eléctrico o arco voltaico fue descubierto en 1800 por el químico británico Sir Humphry Davy (primo del inventor del gas acetileno), aunque no fue hasta casi un siglo después cuando se llevó a cabo su aplicación a la soldadura. Consiste en una descarga eléctrica de electrones que van de un polo con carga negativa a otro con carga positiva en un medio gaseoso, es decir, el flujo de electrones se mantiene a pesar de que exista una pequeña distancia entre ambos polos. Ese flujo de electrones desprende una gran cantidad de calor y radiación en forma de luz muy brillante.

- **Electrodo revestido:** un electrodo es una varilla metálica, generalmente de la misma composición del metal de la unión. En él se distinguen:
  - **Revestimiento:** se trata de un recubrimiento que cubre la varilla metálica. Sus funciones son varias:
    1. Crear una cascarilla llamada escoria sobre la superficie del cordón de soldadura impidiendo su contacto con los gases atmosféricos mientras su temperatura es lo suficientemente alta para oxidarse en contacto con el oxígeno del aire.
    2. Desprender CO_2 al quemarse con el arco eléctrico. Este CO_2 es un gas más denso que el aire y actúa como barrera que impide que entre oxígeno o nitrógeno al baño de fusión antes de que se forme la escoria en la superficie del cordón.
    3. Facilita el inicio del arco y lo estabiliza.
    4. Aporta elementos desoxidantes al cordón.
    5. Provee de elementos aleantes que mejoran las propiedades de la soldadura.
  - **Cola o alma:** es una pequeña parte de la varilla que queda sin cubrir por el revestimiento. Sirve para facilitar el paso de la corriente desde el portaelectrodos.

  El portaelectrodos permite conectar el electrodo a uno de los polos, positivo o negativo, de la fuente de alimentación. Es una soldadura sencilla, barata y fiable. Al ser capaz de proteger el cordón por efecto del revestimiento se puede emplear tanto en interior como en exterior en chapa fina, media o gruesa. Las modernas fuentes de alimentación son pequeñas, portátiles y capaces de suministrar una alta intensidad de corriente para acometer todo tipo de trabajos. Es un proceso muy ventajoso para trabajar en obras por su capacidad de autoprotegerse, su portabilidad y su bajo coste en comparación con otros.

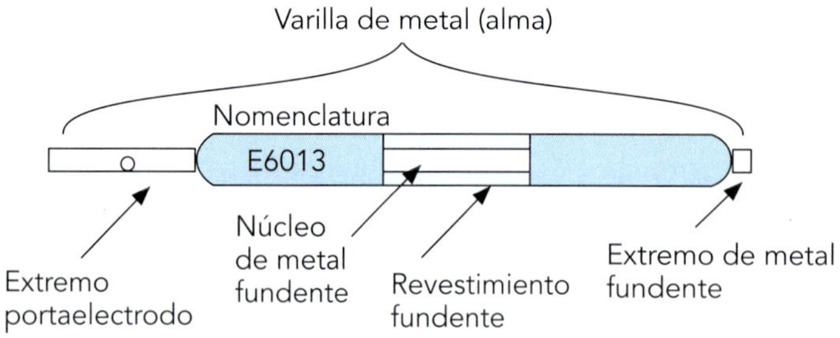

Figura 6.13. Esquema de las partes de un electrodo revestido.

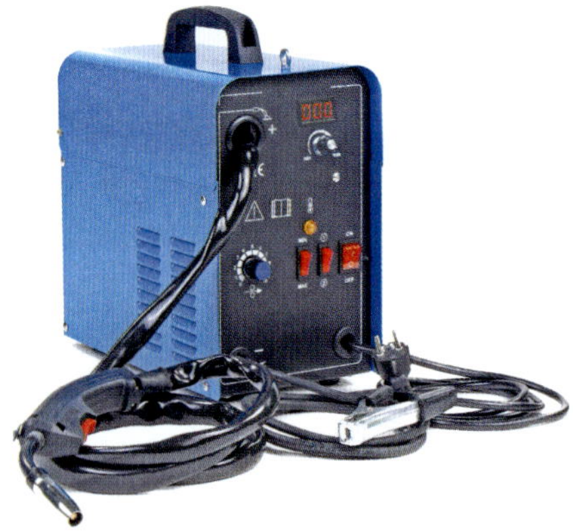

Figura 6.14. Componentes de un equipo de soldadura con electrodos revestidos.

- **MIG/MAG:** concebido como una mejora del electrodo revestido consiste en un alambre que constituye el material de aporte. Este se suministra en carretes de 1, 5, 15 y 18 kg. Sus ventajas frente al electrodo son, principalmente, dos:
  - Permite soldar sin tener que parar cada vez que se agota el electrodo, como ocurre en el proceso anterior.

- No deja escoria sobre el cordón puesto que el gas protector se suministra desde una botella externa a la fuente de alimentación. Cuando se emplea en la soldadura de materiales sensibles, como el aluminio, el gas es inerte (argón o helio) y se denomina MIG (Metal Inerte Gas). En el soldeo del acero al carbono el gas es activo (mezclas de argón con CO_2 y O_2) y se le conoce como MAG (Metal Activo Gas).

Es por ello el proceso de soldadura manual más productivo de todos y también es fácilmente automatizable, cualidades que lo convierten en el más empleado a nivel mundial. En exteriores, sin embargo, está limitado porque el viento puede desplazar el gas de protección.

Recuerda

Un gas es inerte cuando no reacciona en modo alguno con el metal base, el consumible o la atmósfera.

Un gas es activo cuando, en mayor o menor medida, produce alguna reacción con el metal base, de aporte o la atmósfera; por ejemplo, oxidación o reducción.

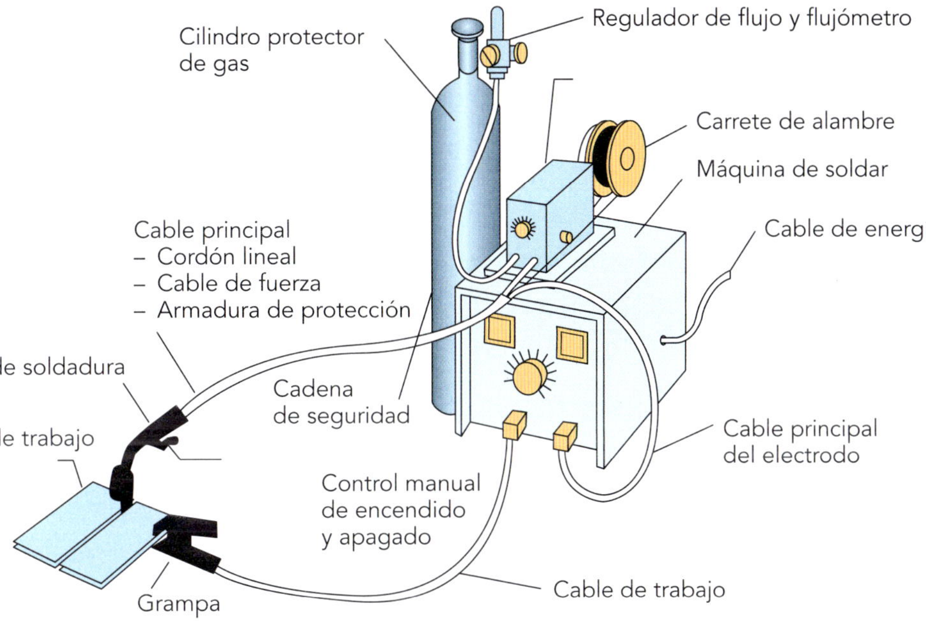

Figura 6.15. Componentes de un equipo de soldadura MIG/MAG.

- **TIG:** inspirado en la soldadura oxigás consiste en una pistola que porta un electrodo de tungsteno que no se funde ni se aporta a la soldadura.

El paso de la corriente eléctrica lo calienta hasta el punto de ponerlo incandescente y constituye así la fuente de calor. Lo que realmente hizo posible y operativo este proceso fue la invención de la pistola portadora del tungsteno. Se complementa con una varilla de aporte y una botella de gas protector que, en este caso, debe ser inerte para no causar ninguna reacción de oxidación o reducción al tungsteno.

Este proceso es muy apropiado para la soldadura de chapa muy delgada en cualquier tipo de material, aunque también es conocido por la alta calidad de sus uniones, razones que lo llevan a ser protagonista allí donde hay que realizar un cordón de sellado con la máxima seguridad.

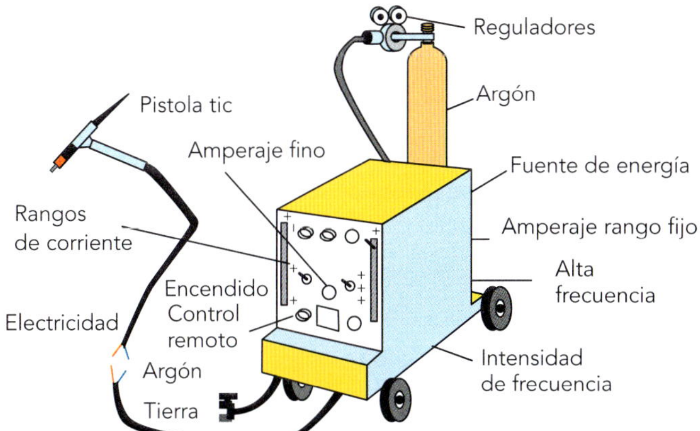

Figura 6.16. Componentes de un equipo de soldadura TIG.

Casos prácticos

Caso práctico RESUELTO

La aplicación de la soldadura requiere que el soldador posea algunos conocimientos sobre las máquinas y los elementos que las componen para que sea posible su correcto mantenimiento y puesta en marcha.

En este caso vamos a revisar las mangueras de los equipos que emplean botellas para descartar fugas de gases, poniendo especial énfasis en los más peligrosos, como el acetileno.

Solución:

Para llevar a cabo la tarea que se te encomienda, procede del siguiente modo:

- Comprueba que el regulador del manorreductor de la botella a revisar se puede mover con un dedo, lo cual indica que no deja pasar el gas de esa botella.
- Abre la rueda de paso de la botella (no más de una vuelta completa).
- Gira el regulador del manorreductor hasta alcanzar la presión de trabajo requerida por el equipo.
- Pulveriza líquido limpiacristales sobre los acoplamientos de la botella al manorreductor, del manorreductor a la manguera y de la manguera a la máquina o al soplete. En caso de fuga observarás cómo se forman pompas en la zona por la que escapa el gas.
- Realiza la misma operación pulverizando limpiacristales a lo largo de toda la manguera y observa si se forma alguna pompa.
- Para terminar, seca con papel todas las zonas mojadas con limpiacristales.

Caso práctico PROPUESTO

La aplicación de la soldadura requiere que el soldador posea algunos conocimientos sobre las máquinas y los elementos que las componen para que sea posible su correcto mantenimiento y puesta en marcha.

Localiza en el taller los siguientes equipos y realiza con el profesor las operaciones que se enumeran a continuación:

1. Oxigás:
   - Identifica la botella de acetileno.
   - Identifica la botella de oxígeno.
   - Con ayuda de una llave fija desmonta el manorreductor de oxígeno y vuelve a montarlo.
   - Desmonta el manorreductor de acetileno: observa que la tuerca de sujeción se afloja haciéndola girar a derechas, es decir, al revés. Se trata de un mecanismo de seguridad; todas las uniones mecánicas del gas combustible tienen esta particularidad.
   - Observa las diferencias entre el acople del manorreductor de acetileno y el del oxígeno.
   - Monta el manorreductor de acetileno. La tuerca de sujeción aprieta haciéndola girar a izquierdas.
   - Revisa el estado de las mangueras. Si es necesario, cámbialas por unas nuevas aflojando las abrazaderas que las unen a los manorreductores y al soplete.
   - Desmonta el cuello del soplete y la boquilla. Observa que existen boquillas con orificio de salida del gas de diferentes tamaños. Cada una corresponde con un valor en litros/hora; por ejemplo, 75, 150

o 300 l/h, con las que aumentar o reducir el caudal de salida del gas para soldar chapa más gruesa o delgada.

2. Equipo de electrodo revestido:

- Localiza el interruptor del equipo.
- Localiza el control de la intensidad de corriente (su unidad es el amperio) que regula la corriente que pasa por el electrodo. Observa que en las cajas de electrodos el fabricante indica unos amperajes mínimo y máximo de uso.
- Desmonta la conexión del portaelectrodos y de la masa con la máquina. Observa cómo las bornas acoplan dentro del orificio situado en la máquina y cómo en uno aparece un signo + y en otro un signo -. Esto permite la opción de conectar el portaelectrodos en el polo positivo o negativo, algo que tiene consecuencias en la forma del cordón y su penetración en la unión.
- Desmonta el cable de un portaelectrodos y vuelve a montarlo. Cuando se deterioran, tanto el cable como el portaelectrodos, es necesario reemplazarlos.
- Desmonta el cable de la pinza de masa y vuelve a montarlo.

3. Equipo MIG/MAG:

- Identifica el tipo de gas e indica si es activo o inerte.
- Localiza en el frontal del equipo el control de la corriente (en este caso, tensión; su unidad es el voltio).
- Localiza en el frontal del equipo el control de la velocidad de hilo. Este debe regularse de acuerdo con el valor de corriente.
- En este proceso la polaridad es siempre la siguiente: pistola al positivo y masa al negativo.
- Abre la tapa que da acceso al carrete de hilo.
- Desmonta los rodillos y observa para qué diámetro de hilo están diseñados (lo suelen llevar impreso en el lateral).
- Desmonta el carrete de hilo.
- Desacopla la pistola del cuerpo de la máquina.
- Extrae la sirga del interior de la pistola, revisa que no esté dañada (doblada o aplastada en algún punto) y vuelve a montarla.
- En la pistola desmonta la tobera (tubo por el que salen hilo y gas), la punta de contacto (boquilla por la que sale el hilo) y el difusor (pieza a continuación de la boquilla con varios agujeros por los que sale el gas). Observa que también la punta de contacto lleva impresa en un costado el diámetro del hilo para el que está diseñada: por ejemplo 0,8; 1,0; 1,2; o 1,6 mm.

4. Equipo TIG:

- Identifica el tipo de gas e indica si es inerte o activo.
- Localiza el control de la intensidad de corriente (su unidad es el amperio) que regula la corriente que pasa por el electrodo de tungsteno. Observa que el fabricante indica unos amperajes mínimo y máximo de uso según el diámetro del electrodo.
- En este proceso la polaridad es siempre la siguiente: pistola al negativo y masa al positivo.
- En la pistola desmonta la tobera cerámica, el terminal (cola), el difusor de gas y el portatungstenos. Observa que tanto el difusor como el portatungstenos tienen impreso en un costado el diámetro de electrodo para el que están diseñados, por ejemplo; 1,6; 2,4; o 3,2 mm.

Mapa conceptual

EQUIPOS DE SOLDADURA BLANDA, FUERTE, OXIACETILÉNICA Y ELÉCTRICA

Introducción a los procesos de soldadura manual

- Las primeras soldaduras se pudieron realizar en 1900
- El acetileno, gas que se utiliza como combustible de la soldadura oxiacetilénica, fue descubierto en 1836 por Edmund Davy
- La Primera Guerra Mundial supuso una gran demanda de armamento y propició el desarrollo de la soldadura eléctrica unos años después.
- Tras la fundación de la Sociedad Americana de la Soldadura (AWS, American Welding Society) y la invención de la corriente alterna, ambos eventos sucedidos en 1919, hubo gran actividad investigadora
- En los años 30 se generalizó el uso de electrodos revestidos en la soldadura al arco eléctrico de todo tipo de estructuras metálicas. Más tarde, en 1941 se patentó la pistola de soldadura TIG (Tungsteno Inerte Gas)
- En 1948 la Fundación Battelle tuvo éxito en el desarrollo de una idea patentada por HE Kennedy que trataba de sustituir el electrodo revestido por un alambre aportado por una pistola

Soldadura oxigás

- En 1953 introdujeron el uso del CO_2 como gas protector en el proceso anterior, lo que supuso una alternativa al electrodo revestido en la soldadura del acero. El proceso se llamó MAG (Metal Activo Gas)
- Es un proceso en el que intervienen dos gases que generan la combustión, acetileno y gas comburente
- La técnica consiste en soldar con el calor que desprende la llama de un soplete a una velocidad, presión y proporción correctas. El equipo necesario consta de:
  - Soplete
  - Botella de acetileno
  - Botella de oxígeno
  - Varilla de aporte
  - Manorreductores de acetileno y oxígeno
  - Otras herramientas de apoyo
- Oxicorte. Técnica auxiliar de soldadura que secciona o elimina material

Soldadura al arco eléctrico

- Los procesos TIG, MIG, MAG y electrodo revestido tienen en común que emplean el arco eléctrico como fuente de energía para lograr la fusión de la unión

Actividades finales

DE COMPROBACIÓN

6.1. ¿En qué año se realizaron las primeras soldaduras de la historia con uno de los procesos actuales?

a) 1850.

b) 1900.

c) 1990.

6.2. ¿En qué año se patentó la pistola del proceso TIG?

a) 1941.

b) 1942.

c) 1943.

6.3. ¿Cuál de los siguientes procesos consiste en sustituir al electrodo revestido por un alambre aportado por una pistola?

a) Electrodo revestido.

b) TIG.

c) MAG.

6.4. ¿Cuál de los siguientes procesos emplea un electrodo de tungsteno no consumible como fuente de calor asistido por el arco eléctrico?

a) Electrodo revestido.

b) TIG.

c) MAG.

6.5. ¿Cuál de los siguientes es el gas combustible que se emplea en la soldadura oxigás?

a) Argón.

b) Oxígeno.

c) Acetileno.

6.6. ¿Cuántos manómetros tiene normalmente un manorreductor?

a) Dos.

b) Tres.

c) Cuatro.

6.7. ¿Con qué otro nombre se conoce a la soldadura fuerte?

a) *Soldering*.

b) *Brazing*.

c) Oxiacetilénica.

6.8. ¿Cuáles son las características de un gas inerte?

a) Produce alguna reacción con los gases de la atmósfera, material base o de aporte.

b) No produce ninguna reacción con los gases de la atmósfera, material base o de aporte.

c) Reacciona con el material base o de aporte, pero no reacciona con la atmósfera.

6.9. ¿En cuál de las siguientes aplicaciones es más propia el proceso TIG?

a) Es muy apropiado para la soldadura de chapa muy delgada en cualquier tipo de material.

b) Es el proceso de soldadura manual más productivo de todos y también es fácilmente automatizable, cualidades que lo convierten en el más empleado a nivel mundial.

c) Es una soldadura sencilla, barata y fiable. Al ser capaz de proteger el cordón por efecto del revestimiento se puede emplear tanto en interior como en exterior, en chapa fina, media o gruesa.

6.10. ¿Qué dos gases intervienen en la combustión de la soldadura oxigás?

a) Acetileno y oxígeno.

b) Comburente y oxígeno.

c) Etino y comburente.

6.11. ¿Cuál es la función de los manorreductores?

a) Proporcionar gas a presión constante.

b) Proporcionar presión y, por tanto, fuerza a la llama.

c) Proporcionar los grados necesarios para que se produzca la fusión.

6.12. ¿De qué otro modo se denomina a la soldadura blanda?

a) *Soldering*.

b) *Welding*.

c) *Brazing*.

Actividades finales

6.13. ¿Qué es la cola o alma?

a) Es una pequeña parte de la varilla que queda sin cubrir por el revestimiento.

b) La que aporta elementos desoxidantes al cordón.

c) La que provee de elementos aleantes que mejoran las propiedades de la soldadura.

6.14. ¿Cuál fue el objeto cuya invención hizo posible y operativo el proceso TIG?

a) El gas CO_2.

b) Los electrodos revestidos.

c) La pistola portadora del tungsteno.

DE APLICACIÓN

6.15. Expón qué dos importantes eventos relacionados con la soldadura tuvieron lugar en 1919.

6.16. Cita el año en que se generalizó el uso de los electrodos revestidos.

6.17. Indica qué aplicación de TIG, motivo que inspiró su creación, no podía atender el electrodo revestido.

6.18. Resume en qué consiste la soldadura oxigás.

6.19. Enumera los componentes de un equipo de soldadura oxiacetilénica.

6.20. Explica brevemente qué cuatro tipos de llamas se pueden regular en un soplete de soldadura oxigás.

6.21. Define la función de un manorreductor de gas.

6.22. Explica brevemente en qué consiste la soldadura fuerte o *brazing*.

6.23. Enumera los procesos que emplean el arco eléctrico como fuente de energía para la fusión de la unión.

6.24. Resume las funciones del revestimiento del electrodo revestido.

6.25. Comenta las diferencias entre MIG y MAG.

6.26. Indica las diferencias y similitudes entre TIG y oxigás.

6.27. Expón en qué se diferencia un gas inerte de un gas activo.

6.28. Define brevemente las principales ventajas de cada uno de los distintos procesos de soldadura.

DE AMPLIACIÓN

6.29. Realiza, con ayuda de internet, un resumen de los tipos de electrodos, en lo que se refiere a su revestimiento, disponibles actualmente en el mercado y comenta sus diferencias.

Actividades finales

6.30. Desmonta, con ayuda del profesor, la carcasa de un equipo de soldadura para limpiar el polvo que se acumula en su interior. Para esta operación, tan necesaria para el correcto mantenimiento del equipo, deberás aflojar los tornillos de la carcasa que cubre el equipo, retirarla con cuidado y dejar al aire el interior. Utiliza una pistola de aire comprimido para soplar el polvo de las partes mecánicas del aparato y una brocha para la placa electrónica. Realiza esta operación en un lugar ventilado.

6.31. Pide al profesor que realice una demostración comparativa de soldadura oxigás y TIG y comenta las similitudes y diferencias entre ambos procesos.

6.32. Solicita al profesor que realice una demostración comparativa de soldadura con electrodos revestidos y razona las aplicaciones más adecuadas de uno y otro.

Enlaces web de interés

Gases para soldadura:
http://www.carburos.com/Products/Gases/WeldingCutting-Gases.aspx

Consumibles de soldadura:
https://www.selfasoldadura.com/productos-soldadura-bohler

Equipos de soldadura:
http://www.itw-welding.es/ITW_welding/Productos_Miller.html

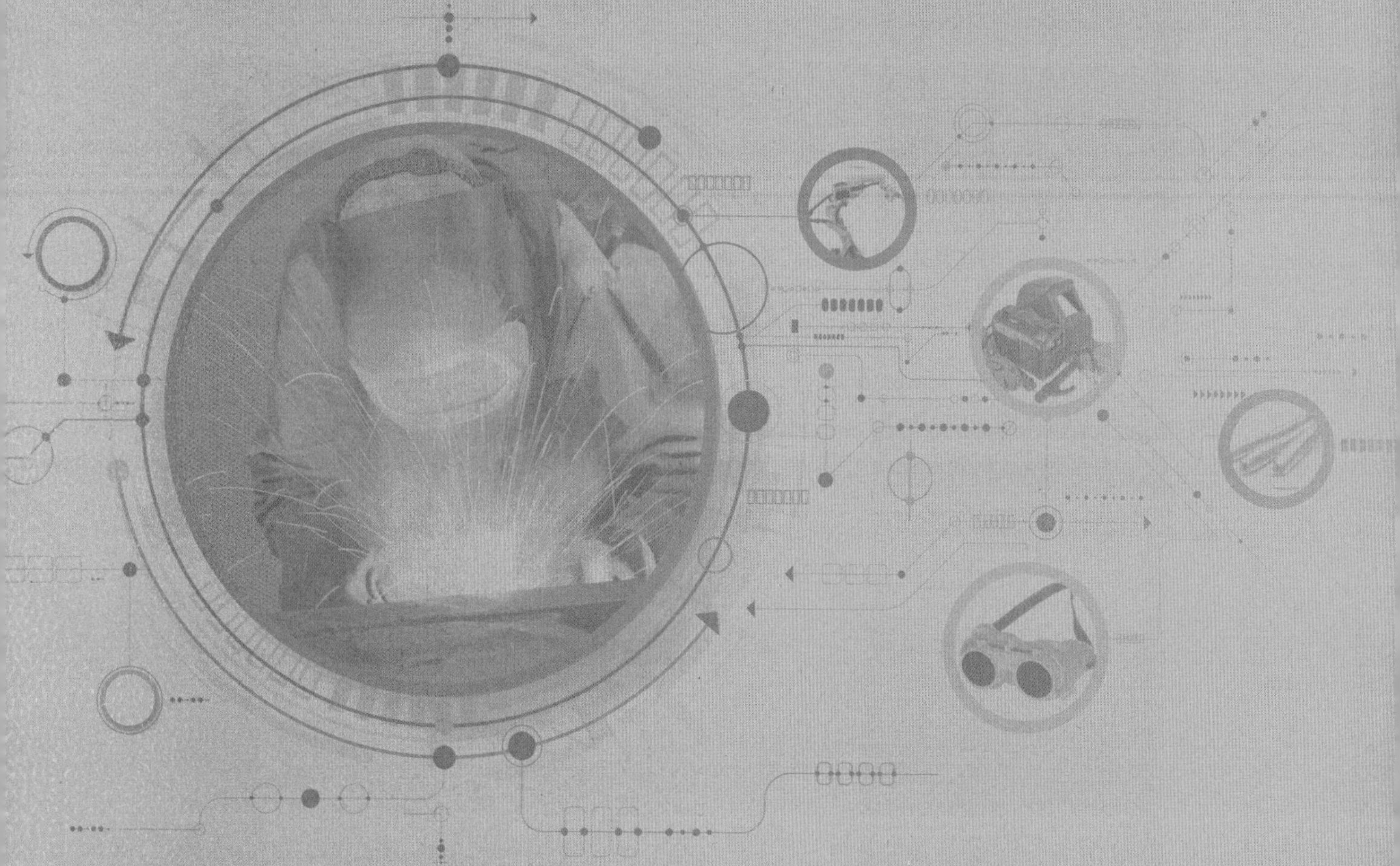

Operaciones con equipos de soldadura blanda, fuerte, oxiacetilénica y eléctrica

7

La ejecución de una soldadura manual requiere seguir una serie de técnicas particulares a cada proceso de soldeo. En esta unidad didáctica se estudiarán las técnicas de aplicación de los procesos de soldadura oxigás y al arco eléctrico que permitan realizar cordones de soldadura correctamente. La última parte de la unidad enumera los defectos de ejecución más comunes y explica cómo evitarlos o corregirlos.

Contenidos

Objetivos

- Tomar contacto con los procesos de soldeo manual, consumibles y parámetros, así como con los defectos de las uniones.

7.1. Soldadura oxigás

Como ya se ha explicado anteriormente, este proceso de soldadura consiste en producir la fusión de la unión en la pieza con la varilla de aporte mediante el calor desprendido por una llama. En términos generales, se necesitan los siguientes elementos:

- Fuente de calor: soplete oxiacetilénico.
- Gas combustible: acetileno.
- Gas comburente: oxígeno.
- Boquilla para soldadura con oxigás.
- Varilla de aporte del mismo material que las piezas a unir.
- Encendedor de cazoleta.
- Manorreductores de acetileno y oxígeno.
- Guantes cortos y protección ocular (gafas con cristal del n.° 5).

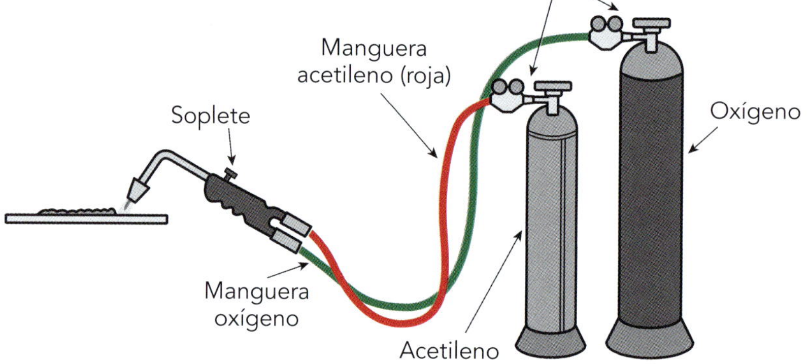

Figura 7.1. Elementos que componen un equipo de soldadura oxigás.

Para soldar con oxigás se deben consultar las presiones de gas recomendadas por el fabricante de la boquilla de soldadura. Esta boquilla se elige en función del espesor de las piezas a unir: a mayor espesor, mayor es el orificio de salida de la boquilla, mayor es el tamaño de la llama y, por tanto, genera más calor.

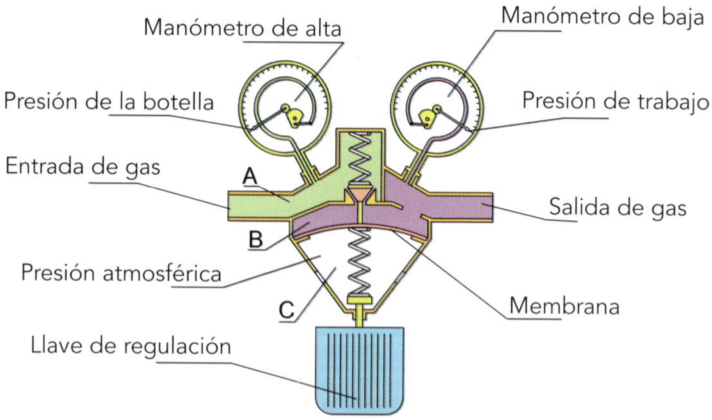

Figura 7.2. Manorreductor y su funcionamiento.

Una vez conocidas las presiones de salida del gas indicadas por el fabricante se deben regular estas en la herramienta habilitada a tal fin: el manorreductor. Esta herramienta es un dispositivo que permite ajustar el flujo de gas que requiera la boquilla.

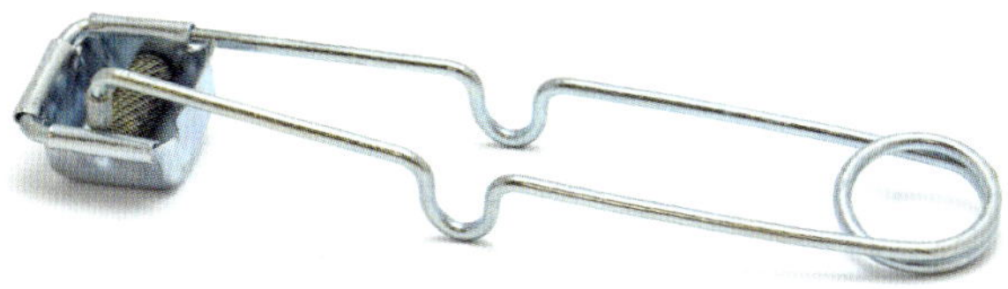

Figura 7.3. Encendedor de cazoleta. *(Fuente: Gala Gar).*

Tras regular las presiones de salida en los manorreductores la llama se enciende abriendo ligeramente el grifo del acetileno del soplete, a la vez que se prende una chispa con el encendedor de cazoleta delante de la boquilla de dicho soplete. La chispa inflama el gas y produce la llama.

A continuación, se ha de abrir el grifo del oxígeno. El aspecto de la llama cambia: de ser una llamarada anaranjada sin forma definida adquiere forma alargada y se distinguen en ella el dardo, el penacho y la zona reductora (Figura 7.4). La regulación final de la llama depende del material que se vaya a unir; por ejemplo, el acero al carbono y el cobre requieren una llama neutra. La llama neutra se regula abriendo lentamente el grifo del oxígeno sin tocar el del acetileno; al hacerlo la zona reductora retrocede hasta alcanzar el mismo tamaño que el dardo, lo que indica que la llama es alimentada por la misma cantidad de acetileno que de oxígeno.

Otros materiales, como el aluminio y la fundición de hierro, precisan una llama reductora. Regular este tipo de llama consiste en dejar a la vista la zona reductora, es decir, dejar de abrir el grifo del oxígeno antes de que la zona reductora alcance el mismo tamaño que el dardo. En consecuencia, en una llama reductora hay más acetileno que oxígeno.

Por último, el latón necesita que la llama sea oxidante. Su regulación consiste en un exceso de oxígeno en la llama, es decir, una vez que la zona reductora se iguala en tamaño al dardo se ha de continuar abriendo un poco más el grifo del oxígeno.

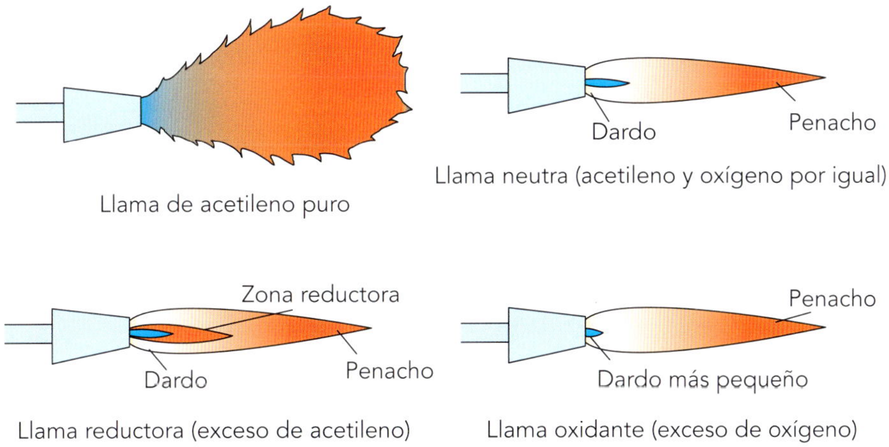

Figura 7.4. Tipos de llama oxiacetilénica.

El proceso de soldeo con oxigás consiste en acercar la llama, en concreto el dardo, a unos 5 mm de la unión y dejar que el calor lleve a fusión una pequeña área denominada **baño de fusión.** Esto supone que una parte de la unión ha cambiado de fase, de sólido a líquido, y ambas piezas quedarán unidas cuando este baño se enfríe y vuelva a ser sólido.

Al mismo tiempo, el complemento del soplete es la varilla de aporte. Esta varilla, generalmente fabricada en el mismo material que las piezas a unir, es la responsable de que el cordón de soldadura (nombre que recibe el baño de fusión una vez enfriado) tenga una cierta altura, necesaria para que la unión sea más fuerte. Esto se consigue aportando varilla regularmente al baño de fusión, es decir, la varilla debe entrar y salir del baño de fusión. Cada vez que esto ocurre una pequeña parte de la varilla se mezcla con el metal líquido del baño de fusión y ese aporte extra de material se traduce en que el cordón gana unos milímetros de altura que van a dar mayor resistencia a la soldadura.

Actividad propuesta 7.1

Une dos piezas de acero al carbono de 100 × 35 × 1,5 mm. Para ello, selecciona una varilla de acero del tipo 70S-6 de 2 mm de diámetro y una boquilla de 160 litros/hora para el soplete. Posiciona las dos piezas, una junto a la otra, regula una llama neutra en el soplete y utiliza esa llama para fundir ligeramente los extremos de las piezas para impedir que estas se muevan durante su soldeo. Dirige la llama del soplete a uno de los extremos de la unión y permanece ahí hasta que se forme el baño de fusión. A continuación, introduce ligeramente la punta de la varilla de aporte en el baño hasta que veas que la altura de este aumenta 1 o 2 mm. Retira la varilla y avanza unos milímetros sobre la unión con el soplete para repetir la misma operación: funde, aporta, retira varilla y avanza.

7.2. Soldadura blanda

La ventaja frente al oxigás de los procesos de soldadura blanda y fuerte es que pueden unir entre sí piezas de igual o distinto material dado que es la varilla de aporte la que se funde y en ningún caso las piezas a unir. Por esta razón, dicha unión se produce independientemente del punto de fusión del metal base o de las características de este.

Para realizar una unión con este proceso se necesita lo siguiente:

- Fuente de calor: esta puede ser un soplete (de propano u oxigás), o una pistola TIG.
- Gas combustible: propano o acetileno.
- Gas comburente: oxígeno.
- Decapante: para la soldadura blanda.
- Varilla de estaño.
- Guantes cortos y gafas con cristal del n.° 5.

Se procede aplicando el decapante en la zona a unir de ambas piezas y, posteriormente, se montan esas piezas en la posición que indique el plano. A continuación, se calienta la unión con soplete o TIG. Hay que mantener el aporte de calor hasta que la unión alcance una temperatura superior a la de fusión del estaño; cuando esto ocurra, al tocar la unión con la varilla esta pasará a fase líquida y fluirá alrededor de la unión.

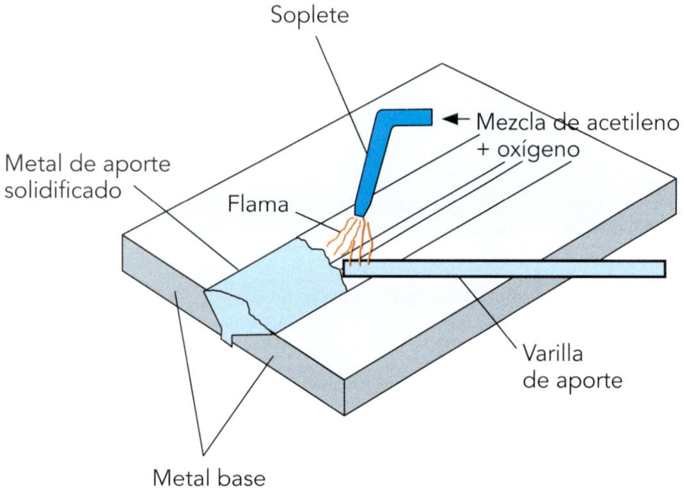

Figura 7.5. Proceso de soldadura blanda y fuerte.

Actividad propuesta 7.2

Suelda un tubo de cobre con un codo del mismo material. Para ello, frota con papel de lija fina el extremo del tubo y del codo con el fin de eliminar la suciedad que puedan presentar.

A continuación, aplica decapante en los extremos a unir de ambos elementos y posteriormente introduce el tubo en el codo.

Seguidamente, vamos a precisar de un soplete de soldadura oxigás provisto con una boquilla de soldadura para espesores de 0 a 5 mm. Tras consultar las presiones indicadas por el fabricante de la boquilla trasladarás estas a los manorreductores de la botella de acetileno/propano y también de la de oxígeno. Una vez hecho esto procederás a regular una llama neutra.

A continuación, acerca la llama del soplete a la unión de ambos y toca esta con la varilla hasta que observes que el estaño se funde y corre alrededor de la unión. La cantidad de varilla debe ser la mínima indispensable para que el estaño rodee la unión por completo.

7.3. Soldadura fuerte

Proceso en el que se produce coalescencia mediante calentamiento con temperaturas superiores a 467 °C utilizando un material de aporte no ferroso y con un punto de fusión menor al del metal base. La herramienta necesaria es la siguiente:

- Fuente de calor: puede ser un soplete (de propano u oxigás) o una pistola TIG.
- Gas combustible: propano o acetileno.
- Gas comburente: oxígeno.
- Decapante: para la soldadura fuerte.
- Varilla de soldadura fuerte, de la que existen tres tipos:
  - Varilla de cobre fosforoso: se emplea para soldar tubos de cobre para conducir gas natural, para circuitos de calefacción o para usos sanitarios.
  - Varilla de cobre - plata: varilla de cobre con un 5 % de plata, muy utilizada para circuitos de aire acondicionado y refrigeración en general. Si se aumenta el contenido en plata aumenta también la fluidez del baño, lo que permite una mayor capilaridad. Es habitual emplear los siguientes porcentajes en estas aplicaciones:
    - 25 % de plata para soldadura de acero, cobre, latón y níquel.
    - 30 % - 40 % de plata para los materiales anteriores, además de para la soldadura de aceros inoxidables.
  - Varilla de latón: para uniones que no requieran una gran fluidez.
- Guantes cortos y gafas con cristal del n.° 5.

Una vez elegida la varilla se procede igual que para la soldadura blanda, con la única diferencia de que dependiendo del fundente empleado puede ser necesario ir haciendo deslizar la varilla de aporte por la unión, o puede que baste dejar inmóvil esa varilla en algún punto de la unión para que el aporte pase a estado líquido y se vaya desplazando por esta.

Vocabulario técnico

Capilaridad: es el movimiento de un líquido por la superficie de un sólido. Este movimiento lo causa la atracción de las moléculas del líquido hacia las del sólido.

Figura 7.6. Soldadura fuerte.

Actividad propuesta 7.3

De nuevo, suelda un tubo de cobre con un codo. Para ello, procede a limpiar con lija, aplicar el fundente e introducir el tubo en el codo. A continuación, acerca la llama a la unión y calienta la zona hasta que su temperatura sea lo suficientemente alta como para fundir la varilla de aporte nada más tocar la unión. En caso de ser necesario el desplazamiento de la varilla de aporte por la unión lo debes realizar en vertical descendente, es decir, empezando por la parte superior de la unión tubo-codo para ir descendiendo por uno de los lados de esa unión.

7.4. Soldadura con electrodos revestidos

El fundamento de este y de todos los procesos que emplean el arco eléctrico como fuente de calor es el mismo que el de la soldadura oxigás: lograr la fusión de la unión y del material de aporte. El arco eléctrico permite que en la unión se alcance una temperatura superior a la de fusión del material que conforma las piezas a soldar y del material de aporte. Es necesario:

- Fuente de energía: el equipo de soldadura que produce el arco eléctrico.
- Material de aporte: electrodo revestido.
- Portaelectrodos.
- Cable de masa.
- Guantes largos de soldadura eléctrica y pantalla con cristal del n.° 11.
- Ropa de algodón ignífugo de manga larga.

El portaelectrodos está unido a la fuente de alimentación por un cable y la pieza a soldar también lo está mediante el cable de masa. Para arrancar se toca la unión con el electrodo, de modo que se cierra el circuito y la corriente eléctrica puede pasar entre ambos. A continuación, se separan ligeramente ambos y se establece el arco eléctrico, esto es, una luz muy brillante que supera los 3000 °C y que emite una radiación que justifica la protección facial de la pantalla y la manga larga para el cuerpo impidiendo que esa radiación queme la piel y los ojos.

Soldar con electrodo revestido supone todo un reto para la coordinación de los sentidos: el electrodo se va a ir consumiendo, por lo que su longitud se reduce. Para soldar se debe acercar el electrodo a la unión al mismo ritmo que este se va consumiendo mientras se mantiene una pequeña inclinación en el sentido del avance (unos 70°) y una velocidad de avance constante.

El arco eléctrico quema a la vez la varilla del electrodo y el revestimiento exterior de esta. Este último tiene dos funciones:

- Genera un gas que desplaza el aire del baño de fusión impidiendo que este tenga contacto con el oxígeno (que lo oxidaría) o el hidrógeno (responsable de un fenómeno llamado fisuración en frío).
- Al enfriarse crea una escoria protectora en la superficie del cordón que lo protege del contacto con la atmósfera mientras se enfría.

El éxito de la soldadura con electrodos revestidos viene de mantener la misma velocidad de avance manteniendo constante la inclinación del electrodo (70°) y la distancia entre este y la unión (3 mm). El amperaje es la unidad de corriente que fluye entre el electrodo y la pieza; a mayor amperaje el electrodo se consume más rápidamente aportando más calor a la unión, y a la inversa si se reduce ese amperaje.

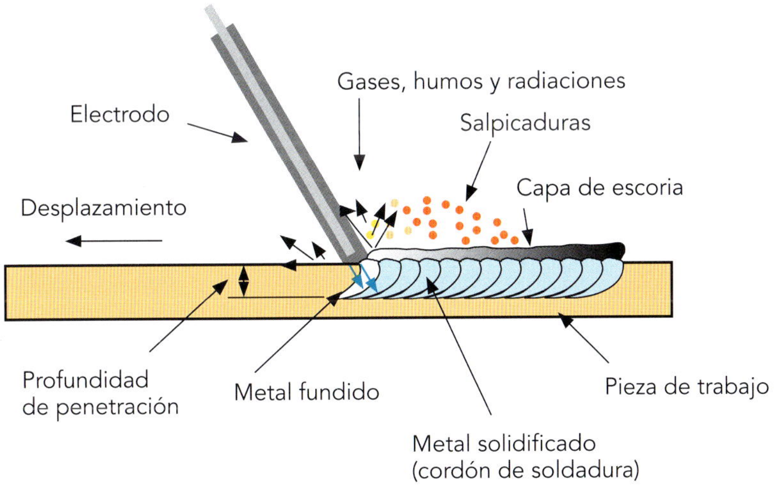

Figura 7.7. Proceso de soldadura con electrodos revestidos.

Actividad propuesta 7.4

Une dos piezas de acero al carbono de 100 × 35 × 3 mm. Para ello, necesitarás un electrodo de tipo rutilo 6013 de 2,5 mm de alma. Conecta el electrodo al polo negativo de la máquina, la masa al positivo y regula el amperaje del equipo a unos 50-60 amperios.

Posiciona las dos piezas una junto a la otra para proceder a su punteado (unir los extremos de las piezas entre sí con una soldadura corta para evitar que estas se muevan durante la soldadura).

Arranca en uno de los extremos y comienza a soldar las piezas. A modo de referencia para establecer la velocidad de avance debes dejar que el diámetro del baño de fusión sea siempre ligeramente mayor al del electrodo mientras mantienes la inclinación y la distancia lo más constantes posible.

7.5. Soldadura MAG

La soldadura MIG/MAG es un procedimiento por fusión por arco. La temperatura se consigue por el establecimiento del arco entre el electrodo, el hilo y la pieza que se va a soldar. Se divide en dos tipos: MIG (el gas protector es inerte) y MAG (el gas protector es activo). En la actualidad es muy utilizado ya que procura velocidades de soldadura muy altas. Para este proceso se necesita lo siguiente:

- Fuente de energía: equipo de soldadura MIG/MAG.
- Material de aporte.
- Pistola MIG/MAG.
- Rodillos.
- Cable de masa.
- Botella de gas de protección.
- Guantes largos de soldadura eléctrica y pantalla con cristal del n.° 11.
- Ropa de algodón ignífugo de manga larga.

La pistola MIG/MAG está provista de un gatillo que activa unos rodillos instalados en el cuerpo de la máquina. La función de estos es tirar del hilo alojado en un carrete para hacerlo salir por la punta de la pistola. Al mismo tiempo, el equipo hace pasar una corriente por este alambre de modo que, cuando se pulsa el gatillo, el hilo avanza y al tocar la unión salta el arco eléctrico y se genera la suficiente temperatura como para fundir hilo y unión.

Como ya se sabe, este proceso estaba pensado para sustituir al electrodo revestido, pero dado que el hilo no posee revestimiento el proceso requiere que por el extremo de la pistola se aporte un gas protector que desplace la atmósfera mientras se suelda. Por esta razón está limitado en trabajos de campo donde el viento puede disipar el gas de protección, tareas que el electrodo revestido sí puede asumir sin esos problemas.

Su aplicación es, en la práctica, muy similar a la del electrodo revestido. La pistola debe ir ligeramente inclinada (unos 70°) en el sentido del avance, algo que favorece que el gas proteja adecuadamente la soldadura. En la soldadura MAG no es necesario acercar la pistola al baño de fusión dado que los rodillos envían el hilo hacia la unión, pero sí será necesario mantener un control sobre la longitud del hilo a la vista, es decir, mantenerlo constante. Se recomienda que esta sea de unos 15 mm.

Sabías que...

El canal de los rodillos en el que se aloja el hilo puede ser diferente y se elige en función de las características del material del alambre. Por ejemplo: para hilo de acero el canal tiene forma de «V», pues se trata de un alambre duro más resistente a la deformación. Sin embargo, para hilo de materiales blandos como el aluminio el canal debe tener forma de «U» para evitar que la presión de los rodillos pueda deformarlo.

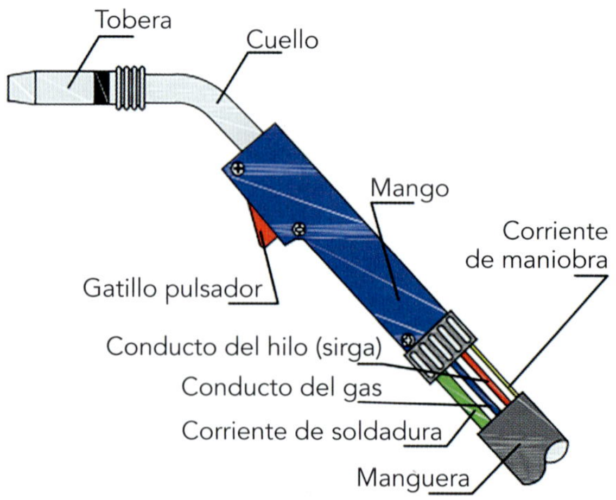

Figura 7.8. Cuerpo de la pistola MIG/MAG y sus partes.

La dificultad de este proceso puede estar en que el tamaño de la tobera entorpece la visión del alambre, por lo que el soldador debe posicionarse algo adelantado y no perder de vista el hilo para poder así controlar su longitud en todo momento.

Lo más novedoso es que ahora hay dos parámetros que regular: velocidad de hilo y corriente (voltaje). Es necesario ajustar una a la otra para que el hilo se funda correctamente según llega a la unión; de lo contrario llegará demasiado «frío» y rebotará contra la pieza sin llegar a fundirse, o demasiado caliente, algo que produciría la fusión del hilo con la punta de contacto.

Para realizar esta regulación con éxito se puede proceder de la siguiente forma: ajustar el mando del voltaje a un valor medio y el de la velocidad de hilo al máximo; de este modo ya se tiene la certeza de que el hilo va a salir sin la temperatura suficiente, pero sin dañar la punta de contacto. A continuación, con la pistola en una mano y el mando de la velocidad de hilo en la otra se regula la velocidad correcta mientras se pulsa el gatillo y se abre arco sobre un trozo de chatarra. El hilo saldrá de la pistola y rebotará contra la chatarra lanzando chispas en todas las direcciones; mientras tanto, y sin quitar el dedo del gatillo, se bajará lentamente la velocidad de hilo hasta apreciar que el hilo deja de rebotar y el sonido deja de ser una sucesión de pequeños estallidos para pasar a ser un zumbido constante característico de una máquina MAG bien regulada.

Actividad propuesta 7.5

Une dos piezas de acero al carbono de 100 × 35 × 3 mm. Para ello, necesitas hilo, rodillos y punta de contacto de 0,8 mm del tipo 70S-6 y una botella de argón/CO_2/O_2. Conecta la masa al polo negativo, regula el voltaje del equipo a entre 15 V y 17 V y la salida del gas de protección a entre 12 y 15 litros/minuto. Posiciona las dos piezas, una junto a la otra, en posición horizontal para proceder a su punteado. Arranca en uno de los extremos y comienza a soldar las piezas con la pistola ligeramente inclinada en el sentido del avance. No conviene que la pistola avance completamente perpendicular a la unión (90°); una inclinación de 70° será suficiente para garantizar la protección del gas. La referencia para establecer la velocidad de avance también es dejar que el diámetro del baño de fusión se encuentre entre 5 mm y 8 mm.

7.6. Soldadura MIG

Como ya se ha mencionado en el apartado anterior en la soldadura MIG el gas protector es inerte. Los materiales necesarios son estos:

- Fuente de energía: equipo de soldadura MIG/MAG.
- Material de aporte.
- Pistola MIG/MAG con punta de contacto.
- Rodillos.
- Cable de masa.
- Botella de gas de protección.
- Guantes largos de soldadura eléctrica y pantalla con cristal del n.° 11.
- Ropa de algodón ignífugo de manga larga.

Como ya es sabido, la soldadura MIG se realiza con el mismo equipo de MAG con alguna diferencia:

1. La soldadura MAG usa como protección un gas activo como CO_2 o CO_2+O_2, válido para la soldadura del acero al carbono y del acero inoxidable (variando en cada caso la presencia

de gas activo). La soldadura MIG emplea un gas inerte, como el argón o el helio, lo que la hace más adecuada para soldar materiales más delicados como las aleaciones de aluminio, el níquel, el magnesio o el titanio.

2. Puede ser necesario cambiar algunos elementos del equipo: por ejemplo, los rodillos o el tubo (llamado sirga o camisa) que conduce el hilo por la manguera de la pistola. Para soldar aluminio se precisan rodillos con un canal en forma de «U» para evitar que estos deformen el hilo. La sirga para soldar acero, fabricada en este mismo material, se sustituye por otra de teflón o grafito que pueden conducir cualquier hilo de materiales reactivos sin producirles contaminación.
3. Para soldar aleaciones ligeras (aluminio) es recomendable emplear diámetros de hilo más gruesos (1,2 mm) y longitudes de mangueras más cortas. Con esto se evita que la alimentación del hilo se interrumpa a menudo por deformación del mismo.

Más allá de esto la soldadura se realiza de igual manera a la del acero en cuanto a regulación y ejecución de la misma.

Actividad propuesta 7.6

Une dos piezas de aluminio al magnesio del tipo 5083 de 100 × 35 × 3 mm. Para ello, necesitas hilo del tipo 5356, rodillos y punta de contacto, todo ello de 1,2 mm, y una botella de argón puro. Conecta la masa al polo negativo, regula el voltaje del equipo a entre 16 y 18 V y la salida del gas de protección a entre 12 y 15 litros/minuto. Posiciona las dos piezas una junto a la otra en posición horizontal para proceder a su punteado. Arranca en uno de los extremos y comienza a soldar las piezas con la pistola ligeramente inclinada en el sentido del avance. No conviene que la pistola avance completamente perpendicular a la unión (90°); 70° será suficiente para garantizar la protección del gas. La referencia para establecer la velocidad de avance también es dejar que el diámetro del baño de fusión se encuentre entre 5 mm y 8 mm.

7.7. Soldadura TIG

La soldadura de gas inerte de tungsteno (soldadura TIG) utiliza el calor generado por el arco eléctrico y pertenece al grupo de soldadura por fusión. Se utiliza para conseguir una máxima calidad y resulta muy adecuada para todo tipo de metales soldables. Donde se utiliza con más frecuencia es en la construcción de depósitos y tuberías, así como en la industria aeronáutica.

El material de aporte, cuando es necesario, se añade por medio de varillas, igual que ocurre en la soldadura oxiacetilénica. Los materiales necesarios son los siguientes:

- Fuente de energía: equipo de soldadura TIG.
- Material de aporte.
- Electrodo de tungsteno de 1,6 mm.
- Pistola TIG con portatungstenos y difusor de gas para tungstenos de 1,6 mm de diámetro.
- Cable de masa.
- Botella de gas de protección de argón puro.
- Guantes de piel fina para soldadura TIG y pantalla con cristal del n.° 11.
- Ropa de algodón ignífugo de manga larga.

El proceso TIG, tal y como ya se ha mencionado, se concibió como una mejora de la soldadura oxigás; por tanto, es muy similar en su ejecución. Consta de una pistola que contiene un electrodo de tungsteno que asoma por una tobera no metálica (de cerámica). El extremo del electrodo se afila como un lápiz. Al pulsar el gatillo de la pistola el tungsteno se pone incandescente y emite calor. La punta afilada permite concentrar el calor emitido en un área de reducido diámetro lográndose así uniones con cordones muy estrechos de alta penetración.

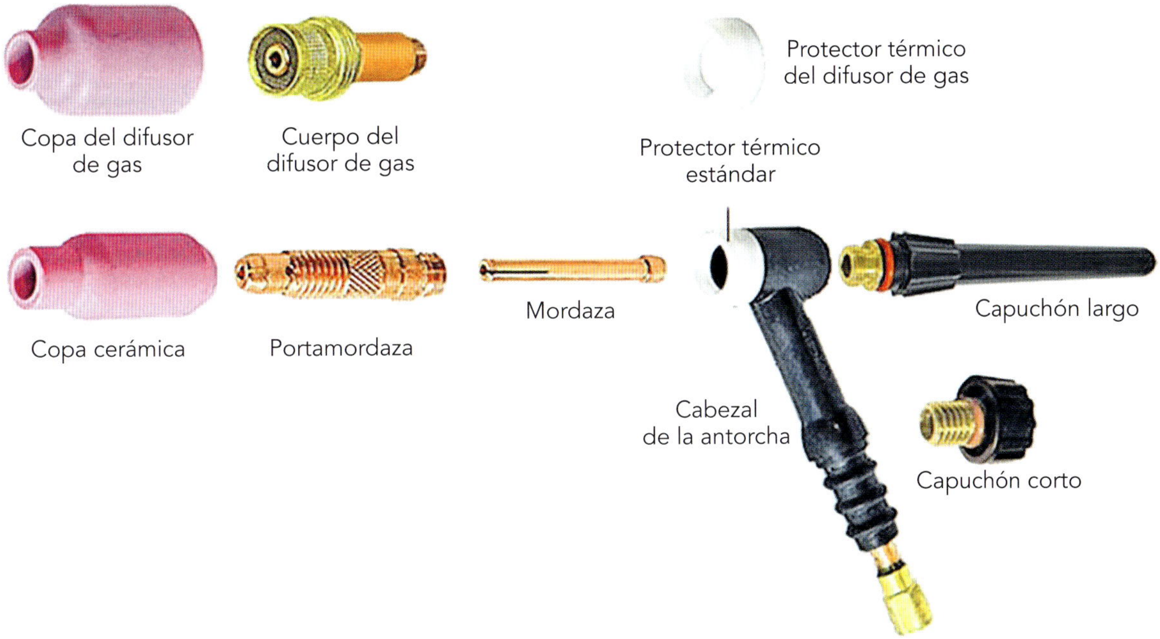

Figura 7.9. Partes de la pistola TIG.

La punta del tungsteno debe ir en todo momento a unos 3 mm de la unión. Al mismo tiempo, el complemento sigue siendo la varilla de aporte. Aportando varilla regularmente al baño de fusión se consigue que el cordón de soldadura tenga una cierta altura, necesaria para que la unión sea más fuerte.

La protección del cordón, al igual que en MIG/MAG, procede del gas que se aporta por la pistola. Sin embargo, no hay lugar aquí para los gases activos y se han de emplear exclusivamente gases inertes, como el argón o el helio, pues los gases activos podrían contaminar el tungsteno.

Actividad propuesta 7.7

Une dos piezas de acero al carbono de 100 × 35 × 1,5 mm. Para ello, selecciona una varilla de acero del tipo 70S-6 de 2 mm de diámetro, una cerámica del n.° 5 y un portatungstenos, difusor y tungsteno (aleado con torio, cerio o lantano) de 1,6 mm de diámetro. Conecta la masa al polo positivo, regula el amperaje del equipo a entre 50 y 70 amperios y la salida del gas de protección a 8 litros/minuto. Posiciona las dos piezas una junto a la otra, pulsa el gatillo de la pistola y utiliza el calor del tungsteno para fundir ligeramente los extremos de las piezas para impedir que estas se muevan durante su soldeo. Pulsa de nuevo el gatillo de la pistola posicionando esta al final de uno de los extremos de la unión y permanece ahí hasta que se forme el baño de fusión. A continuación, introduce ligeramente la punta de la varilla de aporte en el baño hasta que veas que la altura de este aumenta 1 o 2 mm. Retira la varilla y avanza unos milímetros sobre la unión con la pistola para repetir la misma operación: funde, aporta, retira varilla y avanza.

7.8. Defectos en los procesos de soldeo

Se entiende por defecto un fallo en el cordón que puede motivar su rechazo, eliminación o repetición de la soldadura. La inspección de estos defectos es realizada por distintas figuras dependiendo de la parte que les toque, pudiendo ser:

- **Inspección visual:** generalmente es realizada por personal de la sección de calidad o por el inspector de construcciones soldadas (ICS).
- **Inspección no visual:** consiste en la exploración y análisis de las soldaduras en un laboratorio de ensayos donde existe maquinaria específica que permite valorar la calidad de las uniones.

Se pueden agrupar los defectos de la soldadura en dos grupos:

- **Detectables mediante inspección visual.** Son los siguientes:
  1. **Poros superficiales:** se pueden producir por presencia de suciedad en la unión o falta de protección del baño de fusión durante el soldeo.
  2. **Inclusiones de escoria:** una falta o un exceso de corriente puede producir que parte de la escoria se mezcle con el cordón quedando atrapada en este.
  3. **Grietas:** generalmente se producen después de la soldadura. Sus causas pueden deberse a un exceso de corriente que tensione más de lo necesario la unión y desencadene fuerzas que acaben por hacer fallar el cordón.
  4. **Mordeduras:** son zonas en las que se aprecia que falta material. El calor de la soldadura puede fundir más de la cuenta la unión y, si el material de aporte no cubre estas zonas, quedan como depresiones alineadas normalmente a los lados del cordón.
  5. **Falta de material:** la falta de aporte o el exceso de corriente pueden dar cordones hundidos inaceptables.
  6. **Falta de simetría en el cordón:** a valorar generalmente en uniones en ángulo donde este debe tener la misma base que altura para trabajar correctamente.
  7. **Exceso de altura en los empalmes:** una altura del empalme por encima de 3 mm (según los procesos puede variar) puede suponer el rechazo de la soldadura.

Figura 7.10. Fragmento de una tubería para bombear gas. En el marco se aprecia el defecto de la soldadura en forma de agujero y grieta.

- **No detectables mediante inspección visual.** Son los siguientes:
  1. **Falta de fusión:** una mala elección de la corriente/llama o una mala ejecución de la soldadura puede ser causa de que el material de aporte no se mezcle debidamente con la unión. Por tanto, esta unión no ofrece suficiente garantía de calidad.
  2. **Poros internos:** las causas suelen ser las mismas que producen los poros superficiales. En este caso, estos no quedan a la vista y hay que emplear equipos radiográficos o de ultrasonidos para detectarlos.
  3. **Presencia de cuerpos extraños en el interior del cordón:** como suciedad, restos de alúmina o inclusiones de tungsteno.

7.9. Materiales de aportación en función del material base

El criterio a la hora de elegir electrodo, varilla o carrete de hilo es variable y las opciones, a veces, muy numerosas. Se puede afirmar, de forma muy resumida, que se puede optar por un consumible que tenga la misma composición química que el material base, o también se puede elegir uno con diferencias en dicha composición con el fin de que el cordón adquiera una mejora en su respuesta a los esfuerzos a los que va a verse sometido en su tiempo de servicio. El fabricante es quien debe ejercer como asesor del usuario para tomar la decisión con acierto.

En términos generales se podría resumir así:

- **Electrodos revestidos (AWS A5.1):**
  - En la soldadura de aceros de bajo contenido en carbono se emplean electrodos de rutilo con el código AWS E6013 y básicos con los códigos E7016 o E7018. Los rutilos se caracterizan por su facilidad de reencendido; se suelen emplear en aplicaciones de baja responsabilidad. Los básicos aportan elementos químicos que desoxidan y mejoran las características finales del cordón, por lo que se emplean en los casos más exigentes.
  - En aceros aleados las varillas de los electrodos son de acero con una cantidad variable de carbono, silicio, manganeso, cromo, molibdeno o vanadio.
  - En la soldadura de fundición de hierro se emplean electrodos que pueden contener desde un 60 % a un 100 % de níquel.
  - En aceros inoxidables se podría decir que en la mayoría de los casos se emplea un electrodo de varilla de la misma composición, y en muchos otros esta composición contiene elementos para mejorar el cordón.

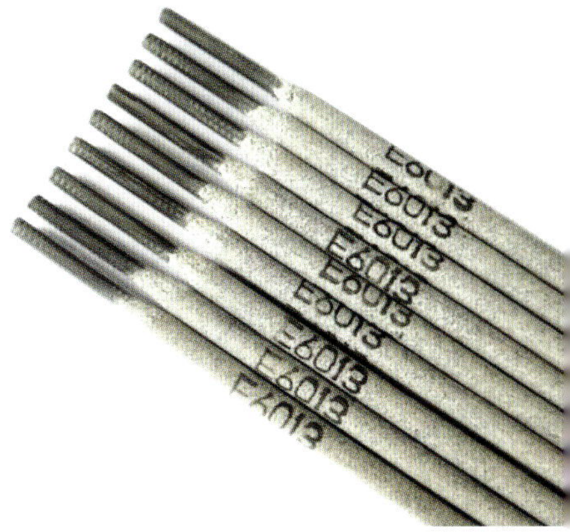

Figura 7.11. Leyendo el código, la letra E significa que se trata de un electrodo. Los primeros dos números indican la resistencia mínima a la tracción: en este ejemplo, E6013 significa que la soldadura con este electrodo resistirá 60 000 lbs/pulg. El tercer número indica la posición para soldar; en este caso, el 1 significa que el electrodo es ideal para soldar en todas las posiciones: plano, vertical ascendente y horizontal.

- **TIG y MIG/MAG:** para la soldadura de la familia de los aceros, los consumibles, el hilo o las varillas se eligen con el mismo criterio que para el caso de los electrodos revestidos. Las normas AWS que los clasifican son:
  - AWS A5.18/A5.18M:2005 aceros al carbono.
  - AWS A5.28/A5.28M:2005 aceros aleados.
  - AWS A5.9 – 9/A5.9M:2006 aceros inoxidables.

  Para el resto de los materiales:
  - Aluminio. En la mayoría de los casos se emplean solo dos tipos de consumibles: 5356 (aluminio al magnesio) o 4043 (aluminio al silicio). Existe también un amplio catálogo de varillas e hilo de otras composiciones para mejorar las propiedades de la soldadura. La norma AWS es la A5.10/A5.10M:2017.
  - En el caso del níquel la norma es la AWS A5.11/A5.11M:2005.
  - Para las aleaciones de magnesio es la AWS A5.19-92:2015.
  - Para las aleaciones de titanio es la norma AWS A5.16/A5.16M:2013.

7.10. Ajuste de parámetros de los equipos en función del metal base

La naturaleza del metal base en cuanto a conductividad térmica es la que determina el ajuste de los parámetros de soldadura. Como ejemplos opuestos en capacidad de conducir el calor está por un lado el acero inoxidable, que presenta un valor de 16,3 W/m·K (vatios por metro y kelvin); por otro está el aluminio con 205 W/m·K. El acero al carbono presenta un valor medio/bajo de 50,2 W/m·K.

A la hora de la soldadura esto supone:

- **Cuando el material es muy buen conductor,** el calor se propaga rápidamente por las piezas, lo que retarda la formación del baño de fusión. Habitualmente se comienza su soldadura con un valor alto de corriente que compense la pérdida y permita una rápida formación del baño de fusión hasta que este valor de corriente sea excesivo, lo que supone parar para reducir esta antes de proseguir con el soldeo repitiendo esta operación las veces que sea necesario para mantener la calidad del cordón.
- **Cuando el material es muy mal conductor,** el calor se propaga con dificultad por las piezas diferenciando enormemente la temperatura que se alcanza en la unión y alrededor de ella, lo cual hace que se produzcan fuertes dilataciones y contracciones que hacen que las medidas se salgan fácilmente de las tolerancias permitidas.

7.11. Cálculo de temperaturas de precalentamiento

En la soldadura de los aceros de alto contenido en carbono (hasta el 0,55 %) la ZAT (zona afectada térmicamente) se puede endurecer por la transformación de la austenita en martensita (como ya se vio en la Unidad 2), debido al rápido enfriamiento del metal. El paso de austenita a martensita aumenta la dureza y la resistencia de los aceros, pero también su fragilidad porque disminuye la ductilidad del material. Esto, unido a las tensiones producidas por la soldadura, puede llegar a fisurar la zona endurecida. Este endurecimiento dependerá del contenido en carbono del acero y de la velocidad de enfriamiento.

Los precalentamientos se emplean en materiales de estas características para salir al paso de este problema. En aceros con más de un 0,55 % de carbono es muy difícil conseguir una unión correcta dado que cuanto mayor sea este, mayor será la dureza y más elevada la temperatura de precalentamiento. Este precalentamiento contribuye a:

- Reducir las tensiones y evitar la fisuración.
- Mantener una microestructura lo más homogénea posible para que la soldadura no produzca cambios metalúrgicos tales como la formación de compuestos químicos que alteren sus propiedades.

Si se quiere determinar la temperatura mínima de precalentamiento de una forma más concreta la fórmula del autor Seferian es una de las más utilizadas, quizá porque tiene en cuenta, por un lado, la composición química del material y, por otro, su espesor. La fórmula se expresa a continuación:

$$\text{Temperatura de precalentamiento } (Tp) = 350 \times \sqrt{C} - 0{,}25$$

Siendo $C = Cq + Ce$

Cq es el carbono equivalente químico que se obtiene de la composición química del acero en esta fórmula aprobada por el Instituto Internacional de la Soldadura (IIW, International Institute of Welding):

$$Cq = C + \frac{Mn}{6} + \frac{Cr + Mo + V}{5} + \frac{Cu + Ni}{15}$$

Y *Ce* es el carbono equivalente del espesor:

$$Ce = 0{,}005 \times e\,(\text{mm}) \times Cq$$

El carbono equivalente del espesor expresa la influencia que ejerce el espesor de la plancha determinado por la conductividad térmica del cordón. Una vez obtenido *C* se aplica la fórmula desarrollada por Seferian.

El IIW sostiene que para un *Ce* inferior a 0,35 no se requiere precalentamiento; para un *Ce* entre 0,35 y 0,55 sí se requiere; y a partir de 0,55 se requiere precalentamiento y tratamiento térmico posterior a la soldadura. Teniendo esto en cuenta en internet hay disponibles aplicaciones para calcular la temperatura de Seferian de un modo muy sencillo.

Actividad propuesta 7.8

Calcula la temperatura de precalentamiento para un acero al carbono SEW 520 que tiene un porcentaje máximo de carbono de 0,4, un 1,8 de manganeso y sin presencia significativa del resto de los elementos para un espesor de 50 mm.

7.12. Puesta a punto de los equipos para los procesos de soldeo

La fuente de alimentación de un equipo de soldadura normalmente está en ambientes donde hay polvo y suciedad que se van a ir acumulando sobre la placa, el ventilador, etc. En principio, si está sucia, algunas partes no disiparán bien el calor interno que se produce con su funcionamiento, y si no se le hace el debido mantenimiento al final acabará por averiarse gravemente.

Para mantener limpio el equipo se debe desmontar la carcasa, dejar al descubierto el interior y usar aire comprimido para soplar la suciedad. Debe tenerse cuidado con lo siguiente:

- **No usar excesiva presión de aire** que pueda romper o arrastrar algún pequeño componente electrónico de la placa. En las zonas delicadas se debe usar una brocha para la limpieza y no el aire a presión.
- **El compresor de aire debe estar en buenas condiciones.** Si no se purga frecuentemente se acumula en su calderín agua que viene del vapor que contiene el aire y que al comprimirse vuelve al estado líquido. Un compresor sin purgar rociará con agua la fuente de alimentación al soplarla, pudiendo oxidarla o cortocircuitarla.
- **El soplado se debe hacer con la máquina desenchufada y a última hora, cuando ya no se va a utilizar hasta el día siguiente.** Aunque el compresor esté purgado el aire que expulsa sigue conteniendo una parte de vapor. Se debe dejar el equipo secando al aire hasta el día siguiente.

Un equipo limpio alarga su vida útil, consume menos y no se calienta en exceso.

Figura 7.12. Soplado de polvo en el interior del equipo. (Fuente: revistacentrozaragoza.com).

Retirar el polvo con una pistola de aire comprimido es una operación en la que se debe tener muy presente todo lo explicado anteriormente. El objetivo de esta tarea es alargar la vida útil del equipo, no acortarla. Siempre debe mantenerse una distancia mínima, unos 20 cm, para evitar que el chorro de aire se concentre en un único punto, haciendo especial hincapié en ventiladores y placas o circuitos. Si a esa distancia no se logra retirar el polvo, es preferible usar un pincel o algo similar.

No es recomendable soplar los carretes de hilo, pues aumenta el riesgo de que estos se oxiden.

Enlaces web de interés

Videotutoriales de soldadura:

https://www.weldingtipsandtricks.com/
https://www.youtube.com/channel/UCC-rcViV7rl6tuNpKxIM8-g
https://www.youtube.com/channel/UCV7Lp64L0qjkptWHufsBJew

Caso práctico RESUELTO

Realiza una soldadura en ángulo PB con los siguientes procesos:

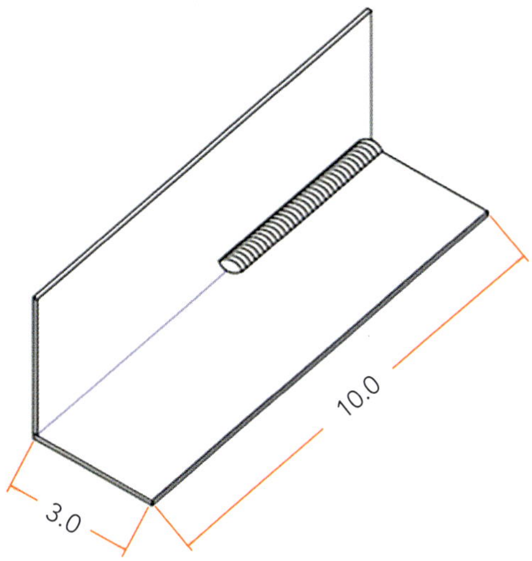

1. **Oxigás**
   - **Material base:** chapa de acero de 100 × 100 × 3 mm.
   - **Gas combustible:** acetileno a la presión que indique el fabricante de la boquilla.
   - **Gas comburente:** oxígeno de alta pureza a la presión que indique el fabricante de la boquilla.
   - **Boquilla:** 300 litros/hora.
   - **Sentido del avance:** el soplete hacia delante o detrás.
   - **Cordones:** uno.
   - **Grado de oscuridad del cristal de las gafas/pantalla de protección:** número 6.
   - **Varilla de aporte:** a elegir entre 2 mm y 2,4 mm.

   El procedimiento es dar calor en el extremo de la unión que hayas elegido para empezar hasta ver que el baño no solo está en las piezas superior e inferior, sino también en la unión. Debes esperar a aportar solo cuando el baño sea una circunferencia, como en la figura siguiente.

   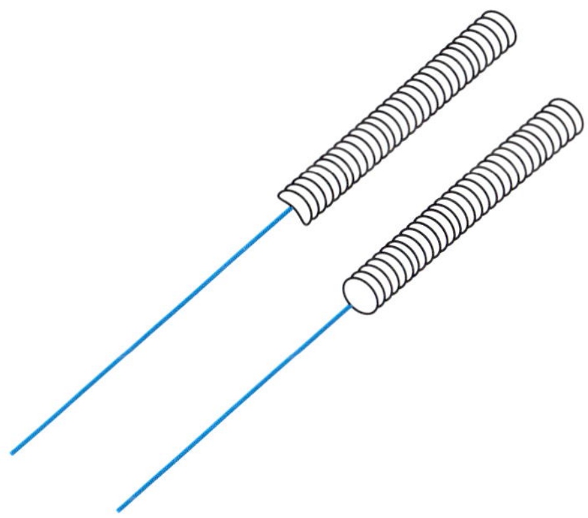

   En la figura, el baño de la ilustración superior no está listo; para aportar debes esperar a que forme una circunferencia, como ocurre en la ilustración inferior.

   Dado que las piezas del ejercicio tienen un espesor considerable (3 mm) para soldarse con oxigás va a ser clave para evitar que el soplete se apague con un pequeño pero peligroso retroceso de la llama atender lo siguiente:

   - Mantener la distancia del dardo a la unión a entre 10 y 5 mm, pero nunca menor. El avance más lento mientras esperas que el baño alcance la forma antes indicada va a calentar más la punta del soplete, lo que conlleva más riesgo de retroceso.
   - Debes parar más a menudo para refrigerar la punta sumergiéndola en un cubo metálico con agua, siempre con el acetileno cerrado y el oxígeno abierto.
   - La varilla de aporte debe ser del menor diámetro posible para no enfriar innecesariamente el baño y ralentizar aún más el progreso de la soldadura, siempre que esto no produzca otros defectos como las mordeduras por falta de material de aporte.

2. **Electrodo revestido**
   - **Material base:** dos chapas de acero al carbono de 100 × 40 × 3.
   - **Electrodos:** rutilo 6013 de 2,5 × 350.
   - **Polaridad:** directa (electrodo al negativo).
   - **Número de cordones:** 3, todos con movimiento recto.
   - **Intensidad:** de 70 a 80 amperios.

   Vas a realizar un primer cordón recto para unir el ángulo. Posteriormente depositarás dos más sobre el primero.

Casos prácticos

Arranca en uno de los extremos y avanza dando al electrodo una mínima inclinación en el sentido del avance. Este avance debe dejar tiempo para que el cordón sea ligeramente mayor que la cabeza del electrodo. Además, debes llevarlo a la misma distancia de la pieza de arriba y de la de abajo.

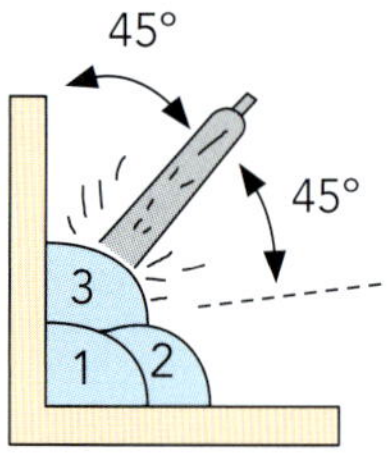

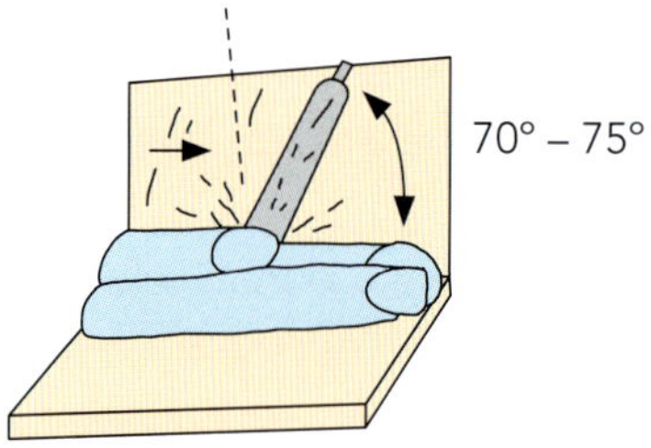

Una vez realizado el primer cordón limpia las proyecciones mientras la escoria se enfría; esto asegura la protección de la soldadura y facilita que esta se separe con mayor facilidad.

Para el segundo cordón repite la misma operación apuntando a la base del primero. El tercer y último cordón debe solaparse con el segundo, es decir, fundir una parte de este y terminar de cubrir por completo el primero.

Caso práctico PROPUESTO

Realiza una soldadura en ángulo PB con los siguientes procesos:

1. MAG
   - **Material base:** dos chapas de acero al carbono de 100 × 35 × 3 mm.
   - **Diámetro del hilo y designación:** 0,8 mm. ER 70S-3 (AWS A5.18-05) G 46 3 M 2Mo (EN ISO 14341-A:2008).
   - **Número de cordones:** tres, todos con movimiento recto.
   - **Corriente de soldeo:** 18 a 22 voltios.
   - **Velocidad de alimentación del hilo:** 4 a 8 metros/minuto.
   - **Caudal de gas:** 8-12 litros/minuto de argón/CO_2 (85/15 %).
   - **Longitud de hilo libre:** de 5 a 10 mm.
2. TIG
   - **Material base:** dos chapas de acero al carbono de 100 × 30 × 3 mm.
   - **Tungsteno que utilizar:** a elegir, según disponibilidad, entre electrodo Ø 1,6 mm de torio (Wth20 rojo), lantano (WLa 10/15, negro o dorado), cerio (WCe 20, gris) o tierras raras (E3, violeta).
   - **Tobera:** del número 5.
   - **Varilla:** 2 o 2,4 mm ER 70S-6.
   - **Número de cordones:** uno depositado con movimiento recto.
   - **Intensidad:** de 70 a 80 amperios.
   - **Caudal de gas:** de 6 a 10 litros (adapta el caudal al diámetro de la tobera) de argón puro.

Mapa conceptual

OPERACIONES CON EQUIPOS DE SOLDADURA BLANDA, FUERTE, OXIACETILÉNICA Y ELÉCTRICA

Soldadura oxigás

- Fusión de la unión y la varilla mediante el calor que desprende una llama. Se necesitan los siguientes elementos:
  - Soplete oxiacetilénico
  - Gas combustible
  - Gas comburente
  - Boquilla para soldadura con oxigás
  - Varilla de aporte
  - Encendedor de cazoleta
  - Manorreductores
- Se deben consultar las presiones de gas recomendadas por el fabricante de la boquilla de soldadura

Soldadura blanda

- Para realizar una unión con este proceso se necesita:
  - Fuente de calor, soplete o pistola
  - Gas combustible
  - Gas comburente
  - Decapante
  - Varilla de estaño
- Se procede aplicando el decapante en la zona a unir de ambas piezas

Soldadura fuerte

- Se produce coalescencia mediante calentamiento con temperaturas superiores a 467 °C

Soldadura al arco con electrodos revestidos

- Fuente de energía
- Material de aporte
- Portaelectrodos
- Cable de masa

Soldadura MAG

- Procedimiento de soldadura por fusión por arco. Se necesita:
  - Fuente de energía para soldadura MIG/MAG
  - Material de aporte
  - Pistola MIG/MAG
  - Rodillos
  - Cable de masa
  - Botella de gas de protección

Soldadura MIG

- Fuente de energía
- Material de aporte
- Pistola MIG/MAG con punta de contacto
- Rodillos
- Cable de masa
- Botella de gas de protección
- Guantes largos de soldadura eléctrica y pantalla con cristal del n.° 11

Mapa conceptual

OPERACIONES CON EQUIPOS DE SOLDADURA BLANDA, FUERTE, OXIACETILÉNICA Y ELÉCTRICA

- **Soldadura TIG**
  - Fuente de energía
  - Material de aporte
  - Electrodo de tungsteno de 1,6 mm
  - Pistola TIG
  - Cable de masa
  - Guantes largos de soldadura eléctrica y pantalla con cristal del n.º 11
- **Defectos en los procesos de soldeo**
  - Pueden ser visuales y no visuales
- **Materiales de aportación en función del metal base**
  - El fabricante es quien debe ejercer como asesor del usuario para tomar la decisión con acierto
- **Ajuste de parámetros del equipo en función del material base**
  - Cuando el material es muy buen conductor, el calor se propaga rápidamente por las piezas; esto retarda la formación del baño de fusión
  - Cuando el material es muy mal conductor, el calor se propaga con dificultad por las piezas produciendo fuertes tensiones
- **Cálculo de temperaturas de precalentamiento**
  - Para determinar la temperatura mínima de precalentamiento la fórmula del autor Seferian es una de las más utilizadas
- **Puesta a punto de los equipos para los procesos de soldeo**
  - Mantener el equipo limpio
  - No usar excesiva presión de aire en el soplado y hacerlo con la máquina desenchufada
  - El compresor debe estar en perfectas condiciones

DE COMPROBACIÓN

7.1. ¿Cuál es el proceso en la soldadura oxigás?

a) Producir la fusión de la unión en la pieza mediante el calor desprendido por un arco eléctrico.

b) Producir la fusión de la unión en la pieza mediante el calor desprendido por una llama.

c) Producir la fusión de la unión en la pieza mediante el calor desprendido por la varilla de aporte.

7.2. Para soldar con oxigás se deben consultar las presiones de gas que recomienda el fabricante de:

a) La varilla de aporte.

b) El soplete.

c) Las boquillas de soldadura.

7.3. Indica qué tipo de llama requiere la soldadura oxigás del acero al carbono:

a) Neutra.

b) Oxidante.

c) Reductora.

7.4. ¿Cuál es la característica de la soldadura blanda y fuerte?

a) Unión por fusión de la varilla de aporte y el metal base.

b) Unión por fusión solo de la varilla de aporte.

c) Unión por fusión solo del metal base.

7.5. ¿A qué temperatura se produce coalescencia en la soldadura fuerte?

a) Superior a 467 °C.

b) Superior a 524 °C.

c) Superior a 683 °C.

7.6. El fundamento de todos los procesos que emplean el arco eléctrico como fuente de calor es propio de la soldadura:

a) Fuerte y blanda.

b) Con electrodo revestido.

c) Oxigás.

7.7. ¿Cómo se denomina la soldadura de gas inerte de tungsteno?

a) Soldadura MIG/MAG.

b) Soldadura oxigás.

c) Soldadura TIG.

7.8. ¿En qué tipo de soldadura el arco eléctrico quema a la vez la varilla del electrodo y el revestimiento exterior de esta?

a) Electrodo revestido.

b) Oxigás.

c) MIG/MAG.

7.9. ¿Qué inclinación debe mantener el electrodo para que la soldadura con electrodos revestidos sea un éxito?

a) 50°.

b) 60°.

c) 70°.

7.10. La soldadura MIG/MAG es un procedimiento por fusión:

a) De un alambre por arco eléctrico.

b) De un electrodo revestido por arco eléctrico.

c) De un electrodo de tungsteno por arco eléctrico.

7.11. ¿Cuál de los siguientes gases se debe emplear en la soldadura MIG?

a) Argón + CO_2 + O_2.

b) Argón puro.

c) Acetileno.

7.12. ¿Cuál de los siguientes gases se debe emplear en la soldadura MAG del acero al carbono?

a) Argón + CO_2 + O_2.

b) Argón puro.

c) Acetileno.

7.13. ¿Cuál de los siguientes gases se debe emplear en la soldadura TIG del acero al carbono?

a) Argón + CO_2 + O_2.

b) Argón puro.

c) Acetileno.

7.14. ¿Cuál de los siguientes defectos es detectable mediante una inspección visual?

a) Mordeduras.

b) Poros internos.

c) Faltas de fusión.

Actividades finales

DE APLICACIÓN

7.15. Define brevemente en qué consiste la soldadura oxigás.

7.16. Enumera los elementos necesarios para soldar con oxigás.

7.17. Explica el papel del manorreductor en las soldaduras asistidas por gas.

7.18. Indica en qué se diferencia un encendedor de cazoleta de un encendedor de gas tradicional.

7.19. Comenta la principal ventaja de los procesos de soldadura blanda y fuerte frente al oxigás.

7.20. Enumera los elementos necesarios para realizar una soldadura fuerte.

7.21. Describe brevemente en qué consiste la soldadura con electrodos revestidos.

7.22. Indica el número de cristal inactínico recomendado para soldar con electrodo revestido.

7.23. Expón las funciones del revestimiento del electrodo.

7.24. Define brevemente en qué consiste la soldadura MIG/MAG.

7.25. Comenta las diferencias entre la soldadura MIG y la soldadura MAG.

7.26. Indica algún metal que se pueda soldar con MIG.

7.27. Indica algún metal que se pueda soldar con MAG.

7.28. Enumera los materiales necesarios para realizar una soldadura TIG.

7.29. Indica algún metal que se pueda soldar con TIG.

7.30. Define el concepto de defecto en los procesos de soldeo.

7.31. Enumera los dos tipos de inspección de defectos de soldeo.

7.32. Explica en qué consiste el defecto conocido como mordedura.

7.33. Explica en qué consiste el defecto conocido como poros internos y cómo se detectan.

7.34. Indica cuál es la norma que clasifica el hilo o las varillas para la soldadura de los aceros inoxidables.

DE AMPLIACIÓN

7.35. Indica en los espacios con flecha las partes de una soldadura MIG/MAG.

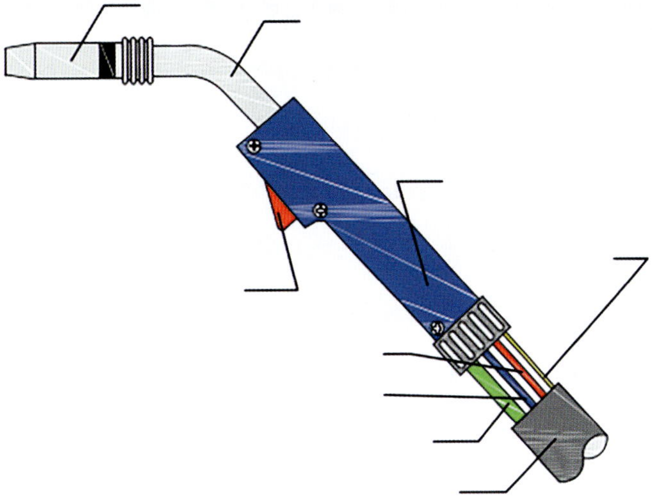

7.36. Explica con tus palabras los siguientes conceptos:

- Punta de contacto.
- Adaptador de la punta de contacto.
- Difusor.
- Cuello.
- Gatillo.
- Sirga.

7.37. Indica en los tres gráficos siguientes (izquierda, centro y derecha) cuál de ellos se corresponde con: transferencia por arco-espay, transferencia globular, transferencia por cortocircuito.

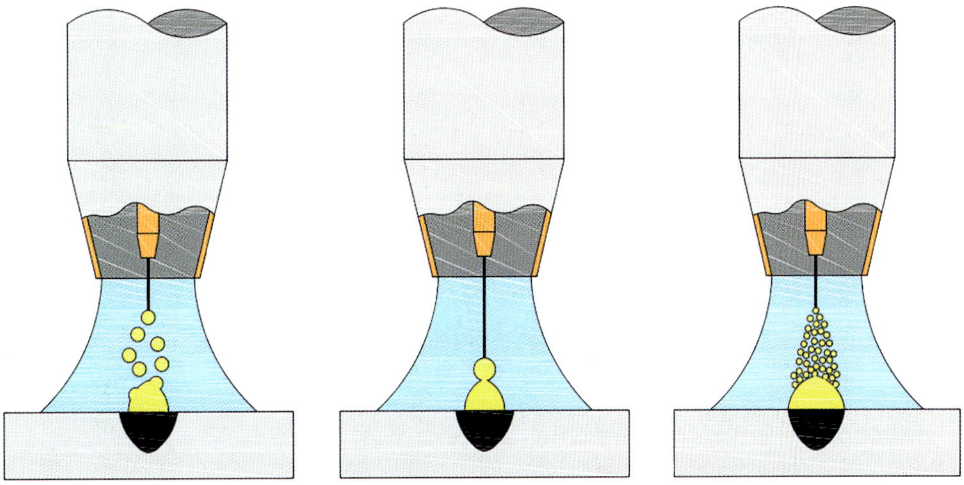

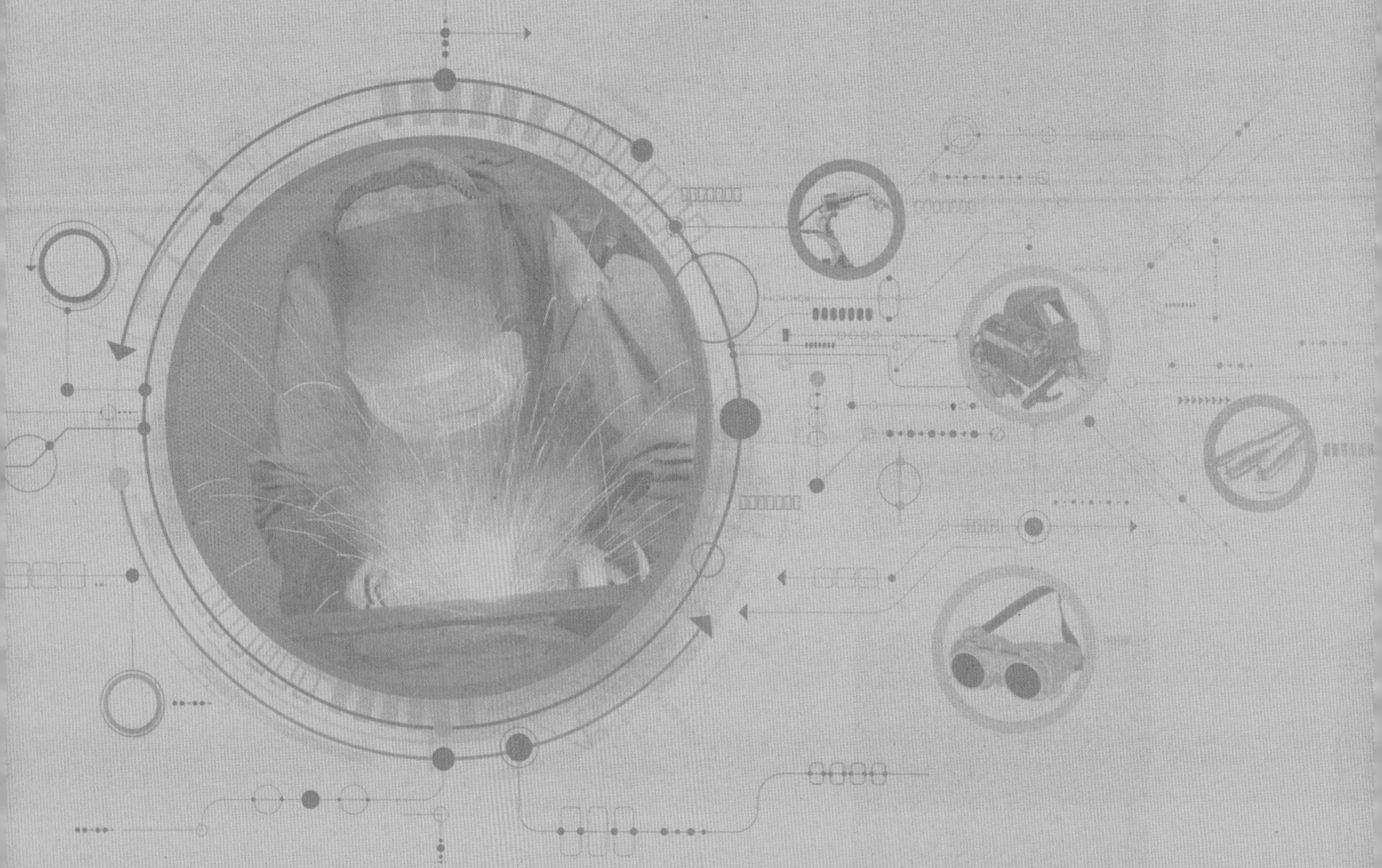

8 Prevención de riesgos laborales y protección ambiental

Las técnicas de unión y montaje comprenden multitud de actividades laborales que van desde los procesos de conformado y corte, hasta el transporte y la instalación, sin olvidar la soldadura. En ocasiones, los trabajadores se encuentran con equipos y materiales diferentes en circunstancias complicadas que limitan el entorno y la capacidad de realizar la tarea en óptimas condiciones.

El objetivo de esta unidad es incorporar la seguridad a los hábitos y rutinas de trabajo, concienciar a los estudiantes de la importancia de trabajar en entornos seguros y, sobre todo, cumplir con la Ley de Prevención de Riesgos Laborales (LPRL) para evitar cualquier incidente o accidente que pueda derivarse en el desarrollo de la profesión.

Contenidos

Objetivos

- Identificar los riesgos asociados al taller de unión y montaje actuando correctamente en caso de emergencia y accidentes.
- Interpretar correctamente la señalización de seguridad.
- Conocer y utilizar los equipos de protección individual.
- Entender los sistemas de seguridad de máquinas y equipos.

8.1. La seguridad laboral

En los talleres de soldadura se realizan operaciones donde existe una posibilidad real de accidente, por lo que es necesario identificar los riesgos que encierra cada intervención para establecer las medidas necesarias que consiga evitarlos.

La función básica de un montaje es unir dos partes o más para conseguir formar un conjunto completo. Esta unión se diseña para que las piezas a ensamblar ajusten de forma perfecta; por tanto, es necesario que sean colocadas o insertadas unas dentro de otras correctamente y se unan a través del atornillado, el remachado, la aplicación de adhesivos, etcétera.

En lo que respecta a la parte técnica generalmente están basados en un mal funcionamiento de las herramientas o instrumentos que se utilicen, así como un deficiente estado de mantenimiento y conservación.

8.1.1. Diferencia entre peligro, riesgo y enfermedad profesional

La **prevención** es el conjunto de medidas que se adoptan o que están previstas en todas las fases de la actividad que realice una empresa o el propio trabajador. Las circunstancias concretas que repercuten de forma negativa sobre la salud y la seguridad de los trabajadores son:

- **Riesgos laborales:** son aquellos que pudieran ocurrir, por ejemplo, poniendo en marcha un equipo de soldadura o durante la manipulación de cualquier herramienta de forma inesperada.
- **Peligro:** se trata de un posible daño como, por ejemplo, la repercusión que puede tener estar o trabajar en instalaciones con defectos o en mal estado de conservación, con protecciones no correctas, etcétera.
- **Enfermedad profesional:** es aquella que se produce a causa de algún factor de riesgo propio del trabajo y que se encuentra recogida en el Real Decreto 1299/2006, de 10 de noviembre.

Figura 8.1. Las principales enfermedades profesionales son las osteomusculares y se corresponden con actividades repetitivas, de fuerza o por adoptar posturas inadecuadas que se mantienen en el tiempo.

Otros conceptos importantes son:

- **Accidente de trabajo:** es un suceso repentino que puede producir una lesión en el trabajador o trabajadora, una alteración psíquica, incluso invalidez o muerte.
- **Factor de riesgo:** es una situación que está en el desarrollo y en las condiciones del trabajo y que, eventualmente, puede desencadenar una merma en la salud del trabajador ocasionando un daño.
- **Daño derivado del trabajo:** enfermedad, lesiones o patologías sufridas en un puesto de trabajo como consecuencia de desarrollar una actividad laboral.

8.1.2. Normativa de seguridad laboral

La normativa obliga a cumplir una serie de condiciones en seguridad e higiene laboral. El conjunto de leyes y decretos que afectan a los contenidos de esta obra son:

- Ley 31/95 de 08/11 de Prevención de Riesgos Laborales.
- Real Decreto 485/97 sobre disposiciones mínimas de señalización de seguridad y salud en el trabajo.
- Real Decreto 486/97 sobre disposiciones mínimas de seguridad y salud en los lugares de trabajo.
- Real Decreto 487/97 sobre manipulación individual de cargas que entrañe riesgos, en particular dorsolumbares para los trabajadores.
- Real Decreto 773/97 sobre utilización de equipos de protección individual.
- Real Decreto 39/97 sobre el Reglamento de los Servicios de Prevención y Orden TIN/2504/2010 que lo desarrolla.
- Real Decreto 1215/97 sobre utilización de equipos de trabajo.
- Real Decreto 1627/97 por el que se establecen las disposiciones mínimas de Seguridad y Salud en las Obras de Construcción.
- Real Decreto 949/97 sobre certificado profesional de prevención de riesgos laborales.
- Real Decreto 952/97 sobre residuos tóxicos y peligrosos.
- Real Decreto 1215/97 sobre utilización por los trabajadores de equipos de trabajo.

8.2. Identificación de riesgos y plan de prevención asociados a uniones y montajes

Para llevar a cabo una adecuada gestión preventiva es fundamental implantar un **Plan de Prevención de Riesgos Laborales,** en el que, al menos, se incluyan los siguientes aspectos:

- Determinar la estructura organizativa.
- Definir qué tipo de funciones hay que desarrollar, prácticas y usos, fases y procedimientos.
- Implementar los recursos humanos necesarios para que pueda llevarse a cabo la acción preventiva.

Sabías que...

El Instituto Nacional de Seguridad y Salud en el Trabajo dispone de guías técnicas, a las que se puede acceder libremente y donde se desarrolla la Ley de Prevención de Riesgos Laborales en todos los sectores productivos.

Los riesgos derivados de la soldadura están incluidos en el sector industrial de la fabricación mecánica, así como en el de instalaciones en el área de fabricación, montaje y reparación, y pueden agruparse en cuatro categorías:

- De seguridad.
- Higiénicos.
- Ergonómicos.
- Psicosociales.

8.2.1. Riesgos de seguridad

Responden a causas técnicas y a condiciones de peligrosidad o de inseguridad en el entorno laboral. Son de sencilla solución si se descubre dónde se origina el riesgo y se adoptan de forma inmediata medidas para paliarlo. Concretamente, los principales riesgos de seguridad asociados a la soldadura son los que se detallan a continuación.

☐ Caída de personas al mismo nivel

Esta caída se produce cuando una persona pierde el equilibrio.

Causas	Consecuencias	Prevención
■ Iluminación insuficiente. ■ Materiales acumulados o herramientas esparcidas en el área de trabajo. ■ Mal estado del piso o que este esté deslizante por fluidos derramados. ■ Falta de orden o limpieza en zonas de paso.	■ Heridas superficiales. ■ Fracturas de huesos y luxaciones. ■ Esguinces. ■ Lesiones musculares. ■ Hematomas.	■ Mantener limpia y ordenada la zona de trabajo y las de paso. ■ Iluminar adecuadamente las zonas de trabajo. ■ Usar calzado de seguridad antideslizante. ■ Limpiar de inmediato las manchas, los residuos o los desperdicios del suelo.

☐ Caída de personas a distinto nivel. Trabajos en altura

Se incluyen las caídas de personas y objetos a distinto nivel. Los elementos que se utilizan en estas tareas, por lo general, son escaleras de mano y andamios. Los riesgos que se derivan básicamente son por la ausencia de protección, tanto en horizontal como en vertical.

Causas	Consecuencias	Prevención
■ Ausencia de señalización. ■ Medidas de protección insuficientes. ■ Mal estado del piso o que este esté deslizante por fluidos derramados. ■ Deficiente iluminación en zonas de desnivel.	■ Heridas superficiales o profundas. ■ Fracturas de huesos y luxaciones. ■ Esguinces. ■ Lesiones musculares. ■ Hematomas. ■ Muerte.	■ Utilizar equipos adecuados (andamios, escaleras). ■ Utilizar medidas de protección individual y colectiva (redes, barandillas, arneses, cinturones...). ■ Respetar las zonas delimitadas de paso.

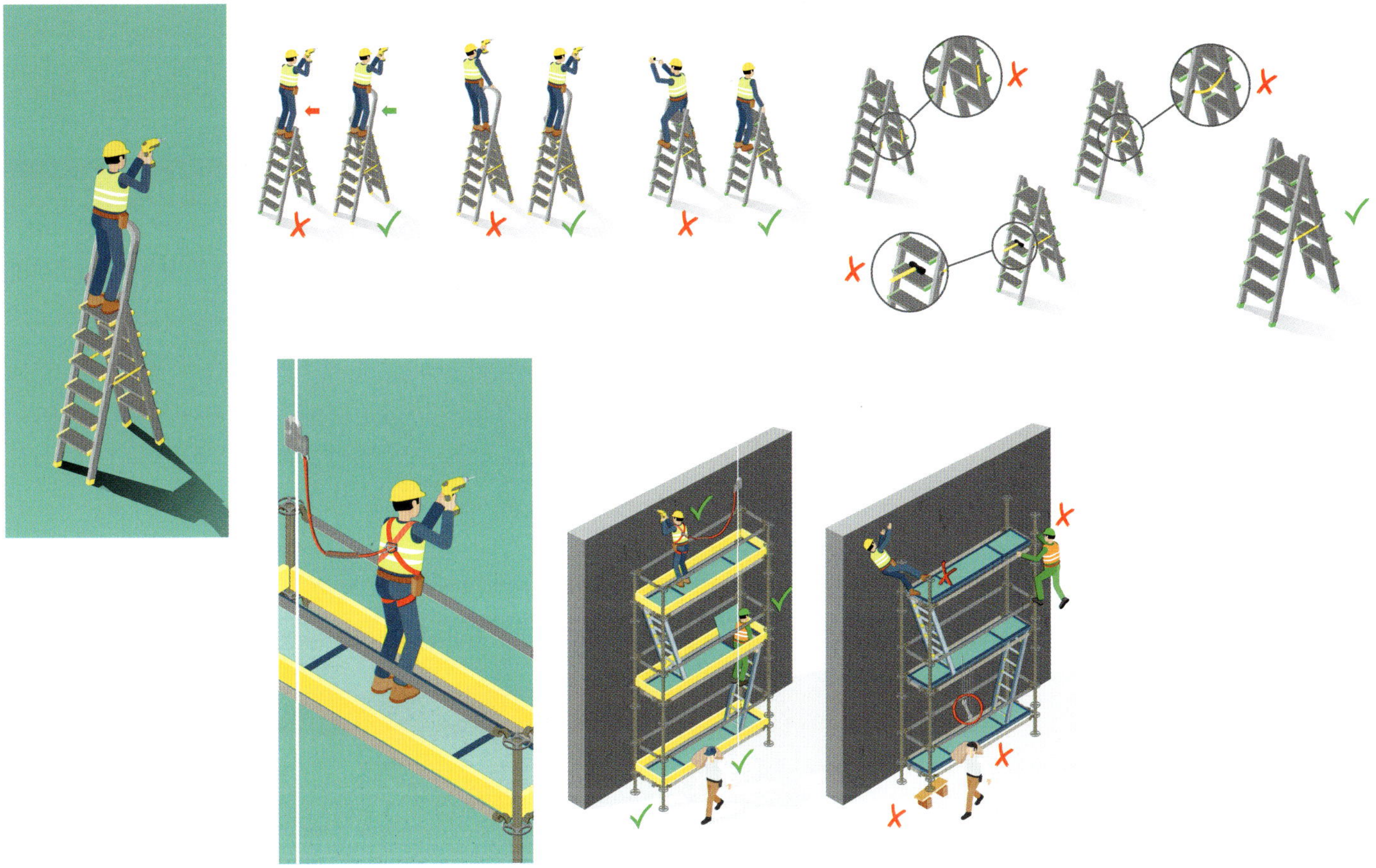

Figura 8.2. Uso seguro de las escaleras de mano portátiles y de los andamios.

Recuerda

Se consideran trabajos en altura aquellos que se realizan por encima de dos metros.

Caída de objetos o herramientas

Puede deberse a factores diferentes, aunque las causas más frecuentes provienen de la manipulación de elementos o útiles, pero también por tareas de carga, transporte o colocación de material.

Causas	Consecuencias	Prevención
■ Caída de herramientas o de equipo. ■ Elementos de agarre o herramientas en mal estado de conservación que provocan la mala sujeción. ■ Utilizar el elemento o herramienta no adecuado al trabajo que se está realizando.	■ Heridas superficiales o profundas. ■ Fracturas de huesos y luxaciones. ■ Esguinces. ■ Lesiones musculares. ■ Hematomas. ■ Muerte.	■ Utilizar los equipos adecuados. ■ Utilizar una base de soldar sólida. ■ Elegir las herramientas y equipos más adecuados a la tarea que se va a llevar a cabo.

Atrapamiento entre piezas

Esta situación se produce cuando la persona o una parte de su cuerpo queda enganchada o aprisionada por mecanismos de las máquinas o entre objetos, piezas o materiales.

Causas	Consecuencias	Prevención
■ Uso de ropa holgada. ■ Uso de pulseras, anillos, pelo suelto durante la manipulación de máquinas o herramientas portátiles sin la protección adecuada. ■ Elementos móviles con espacios donde se pueda introducir una parte del cuerpo.	■ Heridas superficiales o profundas. ■ Fracturas de huesos y luxaciones. ■ Esguinces. ■ Lesiones musculares. ■ Hematomas.	■ Usar ropa adecuada, ajustada en puños y tobillos, llevando todos los botones abrochados y las cremalleras subidas. ■ Mantener la distancia adecuada entre el cuerpo y la maquinaria o elemento móvil que se esté utilizando.

Golpes o cortes

Se producen en el contacto de alguna parte del cuerpo con objetos punzantes o cortantes.

Causas	Consecuencias	Prevención
■ Accidentes con elementos o máquinas o brocas, así como otros elementos que tengan bordes cortantes o partes punzantes. ■ Manipulación de herramientas en mal estado. ■ Contacto con superficies peligrosas.	■ Heridas superficiales. ■ Fracturas de huesos y luxaciones. ■ Cortes. ■ Contusiones. ■ Hematomas.	■ Utilizar equipos adecuados marcados con CE. ■ Respetar las instrucciones del fabricante. ■ Sustituir las herramientas en mal estado. ■ Realizar el mantenimiento periódico de máquinas y herramientas.

Proyecciones por partículas o fragmentos

Se podrían producir lesiones por la proyección de piezas, fragmentos o pequeñas partículas de material que salen desprendidos desde una máquina, herramienta o materia prima a conformar y que impactan contra el cuerpo de la persona que está trabajando, si esta no está debidamente protegida.

Causas	Consecuencias	Prevención
■ Accidentes con elementos o máquinas o brocas, así como otros elementos que tengan bordes cortantes o partes punzantes. ■ Manipulación de herramientas en mal estado. ■ Contacto con superficies peligrosas.	■ Heridas superficiales. ■ Cortes. ■ Quemaduras. ■ Irritación de las mucosas. ■ Incrustación de partículas en partes del cuerpo.	■ Utilizar equipos adecuados marcados con CE. ■ Respetar las instrucciones del fabricante. ■ Sustituir las herramientas en mal estado. ■ Realizar el mantenimiento periódico de máquinas y herramientas.

Contactos térmicos

Se producen con productos o piezas, desechos, sólidos o líquidos cuya temperatura se eleva o supera los 65 °C (metales fusionando, sopletes, etcétera).

Causas	Consecuencias	Prevención
■ Contacto con electrodos. ■ Contacto con piezas recientemente cortadas. ■ Uso de lámparas portátiles. ■ Utilización de ropa sintética. ■ Manipulación de ácidos.	■ Infección. ■ Inflamación. ■ Quemaduras. ■ Destrucción celular.	■ Utilizar pantallas de soldadura para evitar el contacto con piezas incandescentes. ■ No tocar piezas recientemente soldadas. ■ Cubrir todo el cuerpo, incluidos la cabeza y el cuello. ■ Utilizar el EPI adecuado al trabajo que se está realizando. ■ No portar cerillas o mecheros o materiales inflamables. ■ No dejar en el suelo la pinza portaelectrodos.

Figura 8.3. Es importante que cualquier tipo de soldadura se realice con guantes protectores.

Soldadura eléctrica

Ha de tenerse muy en cuenta el material con el que se está trabajando, ya que los riesgos que se producen en puestos de soldadura vienen derivados del foco de calor que se aplica, y puede generar óxidos que pasen al ambiente.

Causas	Consecuencias	Prevención
■ Contacto con energía eléctrica en el uso de herramientas o extensiones en malas condiciones. ■ Contacto con partículas en el corte de materiales.	■ Proyección de partículas. ■ Contactos eléctricos. ■ Quemaduras. ■ Radiación ultravioleta e infrarroja. ■ Exposición a sustancias nocivas por inhalación de gases o vapores generados en el proceso de soldadura.	■ Usar chaqueta de soldador, guantes, pantallas, mandil, manguitos y polainas, así como botas o calzado de seguridad. ■ En caso de usar mascarilla deberá llevar un filtro apropiado. ■ Cambiar los electrodos con los guantes puestos. ■ No colocar la pinza encima de materiales conductores. ■ No usar nunca cables dañados o en mal estado o deficientemente reparados. ■ Hay que evitar situarse en la vertical de los humos de soldadura. ■ Ventilar el local.

☐ Soldadura con soplete de gas

La soldadura a gas genera calor. El calor que desprende este tipo de soldadura puede alcanzar hasta los 3500 °C. Por tipos de materiales y sus temperaturas pueden citarse los siguientes:

- Cobre: punto de fusión de 1083 °C.
- Bronces y latones: punto de fusión entre 870 °C y 1100 °C.
- Aleaciones de aluminio: punto de fusión entre 570 °C y 640 °C.

Los procesos de soldadura conllevan una serie de riesgos muy importantes.

Causas	Consecuencias	Prevención
■ Acumulación de gases en un área cerrada sin ventilación. ■ Explosión en caso de ignición.	■ Proyección de partículas. ■ Contactos eléctricos. ■ Quemaduras. ■ Radiaciones no ionizantes. ■ Exposición a sustancias nocivas por inhalación de gases o vapores generados en el proceso de soldadura. ■ Explosiones.	■ Usar guantes, pantallas, mandil y polainas. ■ Transportar las botellas, si es posible, en un carro portabotellas siempre en posición vertical, evitando que choquen entre ellas o contra superficies duras. En caso de no contar con carro deberán ser rodadas sobre su base o peana. ■ No se deben manipular las botellas con las manos o guantes llenos de grasa. ■ Las botellas deben mantenerse de pie y sujetas cuando se estén usando. ■ Evitar el uso de mangueras con empalmes. ■ Antes de la conexión de una botella abrir ligera y brevemente el grifo, colocándose en el lado opuesto al de salida del gas. ■ Sujetar bien los racores con bridas o abrazaderas. ■ Evitar colocarse en la vertical de los humos de soldadura. ■ Almacenar las botellas en posición vertical. Las llenas y las vacías se almacenarán en grupos separados. ■ No se deben almacenar botellas con fugas. Para detectar fugas no se emplearán llamas, sino productos adecuados para cada gas. ■ Ante materias inflamables, aunque estén en el interior de armarios especiales, se debe respetar una distancia de seguridad suficiente. ■ Si se detectaran anomalías o fugas en una botella, colocarla en una zona suficientemente ventilada y comunicárselo al suministrador del equipo.

Actividad propuesta 8.1

En la Figura 8.4, ¿a qué tipo de riesgos está sometiéndose la persona que está soldando la tubería?

Figura 8.4. Proceso de soldeo de una tubería de cobre. Para el encendido del soplete se abrirá primero la válvula de oxígeno y se utilizará un encendedor de chispa, nunca se debe intentar encender mediante una llama.

Contactos eléctricos

Son habituales en el uso de equipos de soldadura eléctrica cuando entran en contacto con alguna parte del cuerpo.

Causas	Consecuencias	Prevención
■ Contacto con electrodos. ■ Contacto con piezas recientemente cortadas. ■ Uso de lámparas portátiles. ■ Utilización de ropa sintética. ■ Manipulación de ácidos.	■ Contracturas musculares. ■ Fracturas de huesos y luxaciones. ■ Asfixia. ■ Parada cardíaca. ■ Parada respiratoria. ■ Inconsciencia.	■ Utilizar equipos adecuados marcados con CE. ■ Respetar las instrucciones del fabricante. ■ Comprobar las conexiones eléctricas de forma periódica. ■ No utilizar aparatos eléctricos con manos o pies húmedos. ■ Comprobar que el grupo está conectado a tierra antes de iniciar la soldadura. ■ Comprobar que la pinza es la adecuada al electrodo en uso y que está sujeto convenientemente. ■ No usar mangueras con la protección rota o deteriorada. ■ Comprobar el funcionamiento de los diferenciales. ■ Proteger los cables contra proyecciones incandescentes.

Explosiones o incendios

La liberación de una gran cantidad de energía de forma brusca puede llegar a provocar un incendio.

Causas	Consecuencias	Prevención
■ Trabajar en ambientes inflamables. ■ Fuga de gases (metano, hidrógeno…). ■ Presencia de focos de ignición y de materiales combustibles (llama, chispas, escorias…).	■ Pérdida de conocimiento. ■ Asfixia. ■ Quemaduras. ■ Intoxicación. ■ Muerte.	■ Cerrar el grifo y enfriar las botellas de acetileno. ■ No soldar en locales donde se almacenen combustibles o material inflamable. ■ Evitar que las chispas del soplete caigan sobre botellas, mangueras o líquidos inflamables. ■ Utilizar un extintor de nieve carbónica en caso de incendio del grifo de la botella de acetileno. ■ Utilizar el EPI adecuado al trabajo que se está realizando. ■ Utilizar válvulas antirretornos de llama. ■ No dejar en el suelo la pinza portaelectrodos. ■ No conectar la pinza de masa a canalizaciones o depósitos. ■ Conocer el procedimiento de trabajo en espacios confinados con riesgo de explosión. ■ Limpiar con agua caliente y desgasificar los recipientes que hayan contenido líquidos inflamables. ■ Separar los materiales inflamables de focos de ignición.

Recuerda

Se deben realizar las revisiones o inspecciones establecidas en el Reglamento de Aparatos a Presión y llevar a cabo un mantenimiento periódico de los equipos.

Actividad propuesta 8.2

En la siguiente tabla identifica, en los espacios vacíos de la derecha, qué medida de prevención es necesaria ante el riesgo indicado en la columna izquierda.

Riesgo	Medida de prevención
Generación de gases (ozono, fosgeno, CO, óxido nitroso, etcétera)	
Trabajar en ambientes inflamables	
Contacto con electrodos	

8.2.2. Riesgos higiénicos

Son los derivados de unas condiciones ambientales determinadas, como podrían ser la falta de iluminación, la presencia de ruidos o vibraciones. También son riesgos higiénicos los que advierten la presencia o no de agentes contaminantes químicos, físicos o biológicos que puedan afectar a la salud de los trabajadores y de las trabajadoras.

□ Trabajos a la intemperie

Son trabajos que se realizan al aire libre y que tienen mucha incidencia sobre la persona que trabaja en exteriores, como pueden ser una lluvia intensa o viento fuerte que pueden provocar deslizamientos o desprendimientos, suponiendo un peligro importante para los operarios.

En los trabajos a realizar en exterior se estará muy pendiente del tiempo meteorológico, ya que en caso de ser adverso hay que:

- Interrumpir el trabajo en caso de lluvia intensa o fuertes vientos.
- Suspender el uso de máquinas si estas limitan la seguridad.
- Evitar los trabajos en altura.
- Paralizar los trabajos próximos a líneas o transformadores eléctricos.

Causas	Consecuencias	Prevención
■ **Calor:** insolación, deshidratación, golpes de calor. ■ **Frío:** hipotermia, disminución de la sensibilidad en las extremidades.	■ Golpe de calor. ■ Agotamiento. ■ Calambres. ■ Erupciones. ■ Congelación. ■ Hipotermia.	■ **Calor:** realizar las tareas de mayor esfuerzo en las horas de menor insolación solar. – Utilizar ropa transpirable y protegerse la cabeza con gorra o sombrero. – Contemplar zonas de descanso adecuadas (sombras, casetas). – Beber líquido. ■ **Frío:** disponer de zonas de descanso cómodas y calientes. – Ingerir bebidas o alimentos calientes (no es recomendable el alcohol). – Utilizar ropa adecuada a las bajas temperaturas.

Exposición a radiaciones no ionizantes

Se producen cuando ondas ultravioletas o infrarrojas inciden de manera directa sobre el cuerpo, aunque los posibles riesgos estarán determinados por el tiempo de exposición y el tipo de radiación. Suelen ser frecuentes en los trabajos al aire libre realizados en verano debido a las altas temperaturas que pueden llegar a soportarse.

Por otra parte, el arco eléctrico, por las altas temperaturas que alcanza, genera rayos ultravioleta e infrarrojos que pueden provocar efectos muy graves si no se tiene la precaución adecuada y si no se trabaja con la suficiente ventilación.

Causas	Consecuencias	Prevención
■ Frecuencia de la radiación (cuanta más frecuencia, mayor energía). ■ Intensidad de la radiación recibida.	■ Irritación. ■ Enrojecimiento o eritema. ■ Quemaduras. ■ Dolor de cabeza. ■ Vértigo. ■ Lesiones en los ojos (lagrimeo, fatiga visual, conjuntivitis). ■ En casos muy graves, cáncer de piel.	■ Aplicarse crema solar con alto factor de protección. ■ Proteger la nuca. ■ Usar ropa de tejidos transpirables. ■ EPI adecuado a la exposición de radiación infrarroja. ■ Pantalla de mano en los trabajos de soldadura. ■ Calzado de seguridad.

Exposición a radiaciones electromagnéticas

La radiación electromagnética es una energía que se transmite a través de un medio (aire, agua, etc.) en forma de ondas invisibles o partículas. Muchas las actividades laborales generan campos electromagnéticos en el lugar de trabajo y su presencia puede provocar alteraciones y entrañar riesgos en función de la frecuencia de la radiación (a más frecuencia, más energía) y la intensidad recibida.

Causas	Consecuencias	Prevención
■ Exposición a la radiación infrarroja en operaciones con arco de soldadura. ■ Exposición a radiaciones ultravioletas con soldadura al arco eléctrico.	■ Dolor de cabeza. ■ Quemaduras. ■ Vértigo. ■ Lesiones en los ojos. ■ Cáncer de piel.	■ La elección del EPI adecuado. ■ Intentar evitar electrodos de tungsteno toriado. ■ Señalizar la zona de trabajo. ■ Aumentar la distancia de exposición.

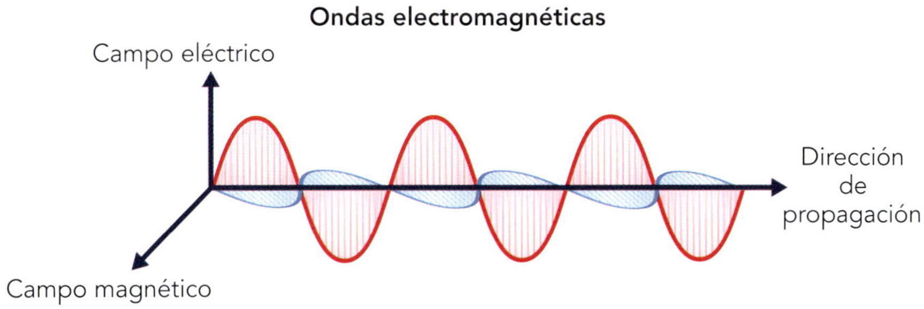

Figura 8.5. El espectro electromagnético es el conjunto de todas las ondas. Hay de diferentes tipos y las peligrosas son las ionizantes.

Sabías que...

Aproximadamente entre un 5 % y un 10 % de la población es electrosensible según reconoce la Organización Mundial de la Salud (OMS) y los síntomas que presentan son dolores de cabeza, insomnio, irritabilidad, depresión o mayor riesgo de cáncer.

☐ Exposición a agentes químicos. Inhalación de humos o gases

Se produce generalmente al almacenar productos tóxicos o durante su transporte. El daño se produce cuando el cuerpo absorbe una determinada cantidad de estos productos a través de las vías respiratorias, digestivas o la piel. Estos elementos pueden hacerse presentes en la unión de piezas y codos de PVC, usando pegamentos, masillas, colas o disolventes, etcétera.

Causas	Consecuencias	Prevención
■ Envenenamiento del cuerpo con productos químicos tóxicos.	■ Irritación en la piel y de los ojos. ■ Quemaduras. ■ Intoxicación. ■ Asfixia, con la consecuente lesión pulmonar. ■ Dolor de cabeza, mareos, náuseas.	■ Seguir las instrucciones del etiquetado y de la ficha de seguridad. ■ Usar los equipos de protección individual (protección respiratoria, guantes y ropa de trabajo según las instrucciones). ■ Ventilar el local y utilizar sistemas de detección de gases y extractores de humos y gases.

☐ Exposición a fuentes de ruido

Sonidos molestos, fuertes y cuya repetición constante pudiera provocar alteraciones físicas o psíquicas. La exposición a altos niveles de ruido puede provocar fatiga auditiva, que se recupera descansando del efecto sonoro. Este riesgo puede llegar a provocar lesiones en el nervio auditivo.

Causas	Consecuencias	Prevención
■ Exposición a niveles de ruido alto y constante.	■ Malestar general, dolor de cabeza, cansancio, zumbido de oídos. ■ Disminución de la capacidad de alerta. ■ Pérdida prematura de la audición. ■ Sordera.	■ Utilizar protecciones auditivas (orejeras, cascos o tapones auditivos). ■ Sustituir máquinas o equipos similares técnicamente por otros más silenciosos. ■ Realizar el mantenimiento adecuado de las herramientas.

☐ Vibraciones

Las vibraciones se producen por el movimiento de máquinas cuando están trabajando o en desplazamiento. Las vibraciones se deben a las veces que se repite un ciclo por segundo, aunque también por su intensidad.

Causas	Consecuencias	Prevención
■ Vibración de todo el cuerpo como, por ejemplo, las que se producen al conducir una carretilla o los golpes de una prensa. ■ Vibración localizada en solo una parte del cuerpo como, por ejemplo, martillear sobre un yunque o al cortar la chapa con una cizalla eléctrica manual.	■ Pérdidas de equilibrio, mareos y vómitos.	■ La elección del EPI adecuado. ■ Equipo auxiliar que reduzca los riesgos de lesión por vibraciones. ■ Mantenimiento de los equipos de trabajo. ■ Formación a los trabajadores sobre el manejo correcto y en forma segura del equipo de trabajo. ■ Limitar la duración e intensidad de la exposición.

Figura 8.6. Vibración que recibe en todo el cuerpo el trabajador. Esto se produce porque la mayor parte del peso está apoyado sobre la superficie que vibra.

☐ Trabajos en solitario

Antes de comenzar los trabajos se ha de valorar la necesidad de tomar medidas específicas ante situaciones de emergencia, ya que podría existir un riesgo añadido por la falta de ayuda y auxilio. El teléfono móvil o los radioteléfonos podrían garantizar el contacto con la persona que trabaja en solitario y pudiera tener algún tipo de dificultad.

☐ Trabajos en espacios confinados

En los trabajos en conductos de aire, falsos techos, sótanos, fosos o galerías de servicio pueden darse factores de riesgo importantes, puesto que los peligros son abundantes.

Causas	Consecuencias	Prevención
■ Caídas a distinto nivel. ■ Inhalación de gases, humos, vapores, etc., que pueden provocar asfixia o intoxicación, así como explosiones. ■ Posturas forzadas en lugares difíciles.	■ Asfixia. ■ Intoxicación.	■ No entrar en espacios confinados sin la autorización previa. ■ Disponer de un procedimiento de trabajo establecido (tareas y tiempos). ■ Equiparse con el medio adecuado para el acceso al recinto: escaleras, plataformas. ■ Si la altura lo requiere llevar la protección individual anticaídas. ■ Si hace falta iluminación extra, solo se utilizarán lámparas portátiles de seguridad de muy baja tensión. ■ No utilizar llamas. ■ Se requiere la presencia de otra persona que mantenga una comunicación permanente con la que realiza los trabajos en el interior, para auxiliar en un caso de emergencia.

Figura 8.7. Los espacios confinados representan un peligro adicional porque en caso de producirse un accidente se suma el poco espacio que hay para maniobrar.

☐ Manejo manual de cargas. Aplastamiento

En el movimiento de embalajes, paquetes o bultos pueden darse diversos casos en los que se puede producir una lesión, como golpes fuertes, tirones musculares, etc. Además, si se tratara de mover cargas pesadas o piezas de grandes volúmenes, es imprescindible utilizar medios mecánicos que faciliten los desplazamientos ya que las consecuencias en caso de accidente serían fatales.

Peligros	Consecuencias	Prevención
▪ Lesiones torsolumbares. ▪ Caídas al mismo nivel. ▪ Caídas de los objetos en manipulación. ▪ Cortes en las manos. ▪ Golpes contra objetos. ▪ Aplastamiento en caso de caída de materiales pesados.	▪ Laceración. ▪ Cortes. ▪ Lesiones de espalda. ▪ Hematomas. ▪ Sangrado. ▪ Fractura. ▪ Daño muscular. ▪ Daño en nervios. ▪ Daño en los tejidos. ▪ Muerte.	▪ Situar los pies ligeramente separados y ligeramente adelantado uno respecto del otro. ▪ Si el objeto está sobre una base elevada, primero aproximarlo consiguiendo una base firme y estable. ▪ Agacharse flexionando las rodillas, manteniendo recta la espalda, levantando la carga con las piernas y no con la espalda. ▪ Aproximar la carga al cuerpo y, durante el recorrido, dar pasos cortos. ▪ Sujetar la carga firmemente con las palmas de las manos usando guantes. ▪ Al desplazar una carga es mucho mejor empujarla que tirar de ella. ▪ Almacenar los materiales más utilizados a una altura entre la cintura y los hombros. ▪ Utilizar escaleras para alcanzar los objetos que estén por encima de los hombros. ▪ Utilizar calzado de seguridad. ▪ En el caso de cargas voluminosas y pesadas utilizar medios mecánicos de transporte siempre que sea posible.

Figura 8.8. Levantamiento de una carga soportando su peso con medios mecánicos.

☐ Atropellos de máquinas en movimiento

Es frecuente que en las empresas dispongan de vehículos para el transporte de mercancías o para el traslado de los trabajadores. Podría darse la circunstancia de un atropello; no es frecuente, pero puede producirse un accidente si no se presta atención a sus movimientos.

Causas	Consecuencias	Prevención
■ Atropello.	■ Graves lesiones en músculos, huesos, vísceras, etcétera.	■ Para las máquinas móviles (carretillas elevadoras, grúas-puente, elevadores, etc.), es necesaria una señal acústica que avise del movimiento. ■ Delimitar y respetar sus zonas de paso. ■ Una persona sin formación específica no deberá manejar ninguna de estas máquinas.

Actividad propuesta 8.3

Explica qué riesgo de los higiénicos te parece el más grave de todos los que existen por las consecuencias que puede tener la persona que se expone a él.

8.2.3. Riesgos ergonómicos

Durante los trabajos de soldadura es de suma importancia mantener una postura adecuada a la tarea que se está desarrollando para evitar lesiones, cansancio y sobresfuerzos.

☐ Posturas forzadas

Mantenimiento de una postura mantenida en el tiempo. También es aquella postura que no es adecuada al trabajo que se está realizando de forma continuada, por tanto, resulta incómoda.

Causas	Consecuencias	Prevención
■ Brazos elevados por encima de los hombros. ■ Posturas estáticas, incorrectas (de rodillas, agachado).	■ Dolor muscular. ■ Lumbalgia. ■ Dolor de espalda. ■ Dolor de rodillas. ■ Dolor de piernas.	■ Realizar cambios frecuentes de postura. ■ Alternar labores. ■ Formación e información en higiene postural.

□ Movimientos repetitivos

Son movimientos mantenidos durante un periodo de tiempo que implican a músculos, huesos, articulaciones y nervios de una parte localizada del cuerpo.

Causas	Consecuencias	Prevención
■ Posturas forzadas de muñecas y hombros. ■ Vibraciones mano-brazo por utilizar herramientas portátiles. ■ Fuerza manual excesiva real. ■ Realizar ciclos de trabajo muy repetidos.	■ Dolor muscular. ■ Lumbalgia. ■ Dolor cervical. ■ Lesión de espalda. ■ Síndrome del túnel carpiano (entumecimiento de la muñeca y de la mano).	■ Reducir la velocidad en los movimientos. ■ Mantener la temperatura adecuada de manos y brazos. ■ Apoyar las manos cuando no se utilicen herramientas de precisión. ■ Utilizar los EPI adecuados.

Figura 8.9. La operación de lijado manual tiene una cualidad de carácter repetitivo, con posibilidad de generar en la persona que la realiza algún tipo de lesión.

8.2.4. Riesgos psicosociales

Son los riesgos relacionados directamente con las condiciones laborales, además de la organización del trabajo y su contenido, que pueden afectar a la salud psicológica del trabajador.

□ Estrés

El estrés puede provocar a corto plazo una fatiga mental que influye de manera directa sobre la salud del trabajador. Viene generado por tener que trabajar de forma rápida e irregular, cuando se han de tomar decisiones difíciles, etcétera.

Causas	Consecuencias	Prevención
■ Carga elevada de trabajo. ■ Ausencia de organización por parte de la empresa. ■ Condiciones de trabajo difíciles y peligrosas. ■ Incertidumbre laboral. ■ Falta de experiencia para el cometido. ■ Ausencia de planificación.	■ Dolor muscular. ■ Alteraciones gástricas. ■ Palpitaciones. ■ Trastorno del sueño. ■ Eccemas de piel. ■ Preocupación constante. ■ Bloqueo mental. ■ Mal humor, etcétera.	■ Establecer buena relación de cooperación con los compañeros y responsables de la empresa. ■ Exigir formación técnica. ■ Realizar descansos.

☐ Insatisfacción laboral

Se genera por falta de autonomía en la forma de ejecutar el trabajo, cuando no hay posibilidad de demostrar los conocimientos y capacidades para el puesto, etcétera.

Causas	Consecuencias	Prevención
■ Condiciones precarias de trabajo. ■ Malos horarios. ■ Tareas monótonas. ■ Falta de reconocimiento de las aptitudes. ■ Salario insuficiente. ■ Falta de adaptación al esquema de trabajo.	■ Fatiga. ■ Trastorno del sueño y del estado de ánimo. ■ Ansiedad. ■ Depresión. ■ Dolor de cabeza.	■ Mantener buenas relaciones con los compañeros. ■ Aprovechar las oportunidades de aprendizaje y formación.

8.3. Interpretación de los símbolos y señalización de seguridad del área de trabajo

La señalización en un área de trabajo o taller recoge un conjunto de advertencias que arrojan una información fundamental para garantizar la completa seguridad de las personas que trabajan dentro o las que puedan realizar algún tipo de trayecto por su interior.

8.3.1. Señales

Las señales relativas a la seguridad aportan información sobre actividades o situaciones relacionadas con la seguridad o la salud en el trabajo. Existen de cinco tipos: obligación, peligro, auxilio, prohibición y contraincendios. A su vez, pueden ser horizontales y verticales. Las horizontales consisten en colores o marcas en el suelo que acotan zonas de paso, mientras que las verticales se colocan en paredes o superficies perpendiculares al suelo con diferentes formas y colores.

El taller debe limitar mediante señales de advertencia el acceso a determinas áreas que puedan entrañar algún tipo de peligro, como, por ejemplo:

- Prohibir el acceso a las zonas de trabajo, señaladas con bandas diagonales a rayas amarillas y negras en el suelo, y alguna señalización vertical.
- Señalar perímetros alrededor de elevadores y fosos, así como señalizar lugares o espacios donde puedan producirse caídas, resbalones o tropiezos.
- Delimitar con triángulos las zonas en las que pueda haber presencia de fluidos como aceite o líquidos que pudieran provocar caídas.

Hay que tener en cuenta que algunas señales pueden estar colocadas en más de una zona dentro del taller; por ejemplo, la que avisa de la existencia de un extintor.

☐ Señales de advertencia o peligro

Tradicionalmente eran triangulares con el pictograma negro sobre fondo amarillo hasta que el reglamento CLP (Reglamento CE n.º 1272/2008 sobre clasificación, etiquetado y envasado de sustancias y mezclas) las modificó. Ahora son con forma de rombo y el pictograma es negro sobre fondo blanco.

Figura 8.10. Pictogramas con las señales de advertencia.

☐ Señales de prohibición

Son señales circulares y el símbolo es de color negro sobre fondo blanco. Prohíbe cualquier conducta que sea susceptible de provocar un peligro.

☐ Señales de obligación

Informan de la necesidad de utilizar protecciones en la realización de determinadas tareas. Son redondas, con el pictograma en blanco sobre fondo azul.

Figura 8.11. Las señales de prohibición son verticales y deben indicar el impedimento de usar ciertos productos, atravesar determinados espacios, realizar tareas concretas, etcétera.

Figura 8.12. Señales que indican el cumplir con una obligación.

□ Señales de auxilio

También se denominan de salvamento o socorro. Su función es proporcionar información sobre los equipos de auxilio o salvamento, así como las salidas de emergencia. Su forma es rectangular o cuadrada y el pictograma es blanco sobre fondo verde.

Figura 8.13. Señales que indican puestos de socorro y salidas de evacuación.

☐ Señales contraincendios

Advierten dónde están los elementos de seguridad para afrontar un incidente, además de indicar las vías de salida ante la posibilidad de tener que evacuar. Son cuadradas o rectangulares, con el símbolo en blanco sobre fondo verde o rojo.

Figura 8.14. Pictogramas con las señales de emergencia y evacuación.

Recuerda

El Real Decreto 485/1997 es el que regula la señalización en centros y lugares de trabajo.

☐ Señales luminosas y acústicas

Se accionan en el momento de indicar una necesidad o cuando hay que realizar una acción concreta. En el ámbito de la industria es obligatorio implantar un sistema de alarma acústico en aquellas máquinas en las cuales las personas que las manejan no pueden percibir en algunos puntos de trabajo el peligro de forma visual.

8.4. Manipulación de productos químicos y fichas de seguridad

Si existe la posibilidad de que algún trabajador o trabajadora pueda estar expuesto a elementos químicos, se deben tener en cuenta las siguientes medidas preventivas:

- Consultar la etiqueta del envase y seguir sus instrucciones.
- Utilizar envases siempre, y debidamente etiquetados, bien cerrados y alejados de las fuentes de calor.
- Manipular el producto en locales convenientemente ventilados, limpiándose las manos tras su manejo.
- No forzar nunca el envase para abrirlo.

Por otra parte, la ficha de datos de seguridad (FDS, o MSDS del inglés *Material Safety Data Sheets*) es un método que contiene información específica sobre las características y particularidades de una determinada sustancia.

La ficha de seguridad de los productos químicos contendrá la siguiente información.

- Identificación de la sustancia y de su fabricante o distribuidor.
- Identificación de sus peligros.
- Medidas a tomar en caso de vertido accidental.
- Medidas de manipulación y protección individual.
- Propiedades fisicoquímicas y la reactividad con otras sustancias.
- Información toxicológica y primeros auxilios.

Figura 8.15. Etiqueta informativa de un disolvente universal. *(Fuente: Pinturas Lepanto).*

- Información ecológica y forma de eliminarlo.
- En caso de ingestión accidental llamar al Instituto Nacional de Toxicología.

Actividad propuesta 8.4

Indica el tipo de señales de las que has estudiado que están presentes en tu taller y tu aula.

8.5. Riesgos asociados a operaciones de conformado

En las operaciones con herramientas y equipos para plegado y curvado estos son los principales riesgos asociados a las medidas preventivas para evitarlos.

- **Atrapamiento o aplastamiento de miembros entre los útiles:** para evitarlos se debe llevar la ropa abotonada y el pelo recogido de modo que ropa o cabello no pueda quedar atrapado. No está permitido portar cadenas o anillos manipulando estas máquinas, que deben estar dotadas de un botón de parada de emergencia en un lugar accesible y de los sistemas de seguridad que se precisen para impedir el acceso de dedos y manos a zonas peligrosas. Los mandos que, en su caso, activen la máquina deben estar lejos de la zona de atrapamiento y debidamente protegidos para impedir su activación accidental.
- **Caída de objetos:** se debe utilizar calzado de seguridad y cuidar que los perfiles a plegar o curvar están correctamente sujetos por la máquina o herramienta antes de soltarlos. En caso necesario se utilizará el puente grúa para mantener la pieza en su lugar durante estas operaciones. Se procederá a un correcto apilado que garantice la estabilidad de las piezas.
- **Cortes con objetos afilados:** se utilizarán guantes de seguridad adecuados para las operaciones con estas máquinas o herramientas.

8.5.1. Riesgos asociados a operaciones de corte

Los riesgos que se pueden originar en la utilización de la maquinaria de corte serían:

- **Cortes y lesiones graves:** en sierras manuales deben emplearse guantes protectores y verificar el estado de la hoja de sierra periódicamente. La pieza que haya de ser cortada debe estar correctamente inmovilizada por medios o útiles auxiliares.

  En las radiales el disco de corte debe estar montado según las indicaciones del fabricante. El cambio de disco debe realizarse con la herramienta adecuada con la radial desenchufada.

  Durante la manipulación de sierras de cinta las manos deben permanecer fuera del alcance de la hoja de sierra desde el momento que se inicia el corte hasta después de que la hoja se haya detenido. El botón de parada de emergencia debe estar operativo y accesible. El cambio de hoja se realizará con la máquina desenchufada y con ayuda de guantes protectores.
- **Quemaduras:** tanto en equipos que emplean arco eléctrico como plasma o arco aire o en el oxicorte se deberán utilizar ropa ignífuga y protecciones de cuero, así como pantallas protectoras que protejan los ojos de proyecciones y de la radiación.
- **Inhalación de humos:** será necesario emplear los medios de extracción localizada de humos que eviten que estos lleguen a las vías respiratorias en condiciones insalubres.

8.5.2. Riesgos asociados a operaciones de corte y conformado

Los riesgos específicos son los siguientes:

- **Caídas:** se debe usar calzado con suela antideslizante para prevenir los resbalones en suelos mojados por fluidos o taladrinas.
- **Impacto de virutas:** durante el conformado y las operaciones de corte con maquinaria como el torno y la fresa, que funcionan por arranque de viruta, se deben emplear EPI como gafas de protección o guantes, así como ropa adecuada.
- **Contactos eléctricos:** las máquinas deben tener toma de tierra y estar dotadas de diferenciales. Se debe revisar periódicamente el estado del cableado y las tomas de corriente.

8.6. Utilización de los equipos y medidas de prevención de riesgos laborales. EPI

El equipo de protección individual, o EPI, lo proporciona la empresa y según las tareas que se deban realizar incluye los siguientes elementos:

- **Gafas:** se fabrican en plástico transparente o ligeramente oscurecidas para cuando se trabaja en el exterior. Protegen los ojos de partículas, escoria, polvo, etcétera.
- **Pantallas:** las pantallas protectoras se sujetan a la cabeza y protegen los ojos y el rostro. Están hechas con vidrio inactínico para proteger de la radiación y el calor de la soldadura. Son utilizados regularmente los tonos #10, #11 y #12.
- **Capuz:** capucha para soldar que cubre hombros y cabeza, aislando la zona térmicamente y dejando libre el rostro.
- **Zapatos de seguridad, con puntera reforzada:** una de las prendas más importantes ya que protege de muchos y diversos riesgos como golpes, proyecciones, electricidad, etcétera. Conviene el uso de botas ya que resguardan los tobillos. Deben tener puntera y entresuela de acero, así como suela antideslizante y aislante.

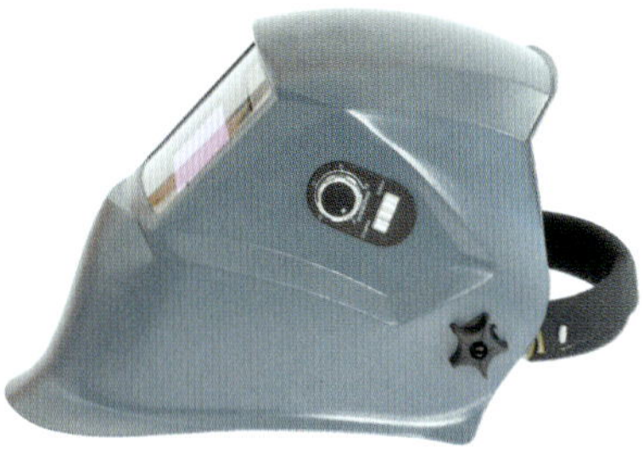

Figura 8.16. Pantalla fotosensible electrónica.

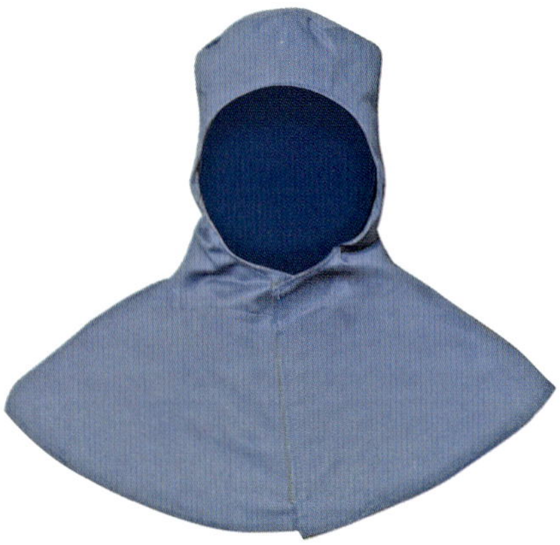

Figura 8.17. Capuz de seguridad. *(Fuente: Fastepis).*

Figura 8.18. Botas de protección.

- **Guantes:** protegen de las radiaciones del arco, del calor y de las posibles proyecciones. Están fabricados en cuero.
- **Ropa:** para protegerse, en las labores de soldeo el trabajador debe vestir prendas ignífugas. Específicamente, llevará como indumentaria las siguientes:
  - **Chaqueta de soldador:** protege el tronco y las extremidades superiores.
  - **Mandil o delantal:** resguarda el tronco y la parte alta de las piernas.
  - **Polainas:** protegen los pies y los tobillos.
  - **Manguitos:** sirven para proteger los brazos.

Figura 8.19. Guante largo de cuero para soldadura industrial.

Figura 8.20. Chaqueta ignífuga para soldadura. *(Fuente: Würth).*

- **Cascos o tapones para protección auditiva:** son fundamentales porque protegen del sonido que genera esta actividad. Dependiendo de la intensidad del ruido se utilizarán:
  - **Tapones desechables:** para momentos concretos en que se van a producir ruidos elevados.
  - **Tapones reutilizables:** se usan de forma continua dentro del taller para mitigar el sonido del proceso de fabricación.
  - **Cascos:** cubren por completo la oreja con un material aislante acústico.

El uso del EPI es obligatorio y el trabajador debe mantenerlo en perfecto estado de conservación, debiéndose cambiar cuando deje de cumplir con su cometido por desgaste.

Actividad propuesta 8.5

Observa a este soldador e identifica todos los EPI que lleva.

8.7. Almacenamiento y retirada de residuos

La Directiva 2008/98/CE sobre los residuos persigue que se lleve a cabo por parte de todos los talleres un protocolo de actuaciones y obligaciones en relación con el almacenaje, etiquetado y destrucción de desechos que generan y evitar la contaminación medioambiental.

Los residuos que genera un taller de fabricación mecánica pueden clasificarse en metálicos y no metálicos.

Dentro de los metálicos hay tres categorías:

- **Férricos:** se reciclan en el contenedor de acero. Una empresa los retirará.
- **Aluminio:** las virutas se recogerán en bolsas y los retira una empresa especializada
- **Latón:** se ha de separar de los anteriores en contenedores específicos para su recogida por la empresa especializada.

Dentro de los no metálicos, existen dos categorías:

- **Plásticos.**
- **Papel y cartón.**

Por último, hay otra clase de residuos, como son:

- **Aceites usados.**
- **Taladrina.**

Contienen sustancias inflamables, corrosivas, tóxicas o que pueden producir reacciones químicas, que en ciertas concentraciones pueden ser peligrosas para la salud o para el medio ambiente. Algunos ejemplos son los productos tóxicos caducados o no, los disolventes, etcétera.

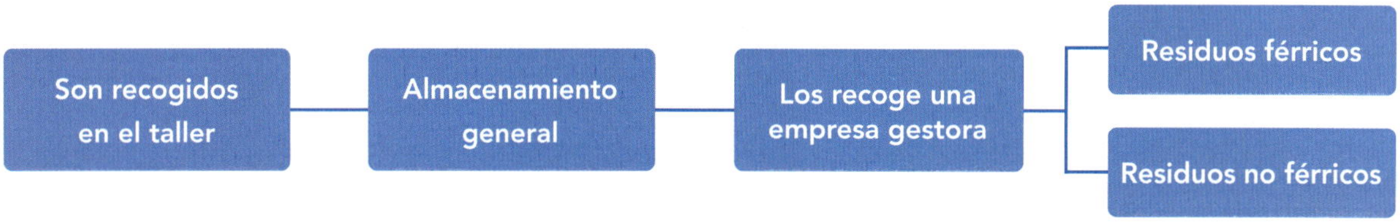

Figura 8.21. Gestión eficaz de los residuos.

8.8. Protección ambiental

El Reglamento Europeo EMAS, cuyas siglas se refieren a *Environmental Management and Audit Scheme*, trata de un sistema de gestión ambiental desarrollado por la Unión Europea en el año 1993. Su última revisión es la 1221/2009, de 25 de noviembre, y sus objetivos son:

- Promover mejoras continuas del comportamiento ambiental de las organizaciones mediante el establecimiento y la aplicación de sistemas de gestión ambiental.
- La evaluación sistemática de su funcionamiento.
- La difusión de información sobre el comportamiento ambiental.
- El diálogo abierto con todas las partes interesadas y la implicación del personal en las organizaciones.

El sector de las construcciones metálicas en general tiene gran impacto sobre el medio ambiente:

- **Contaminación directa:** ruido, radiación, partículas, gases, calor, etcétera.
- **Utilización de productos químicos:** taladrinas, aceites, desengrasantes, líquidos antiproyecciones, etc., que una vez terminada su vida útil se pueden convertir en vertidos tóxicos y peligrosos si no se desechan por separado y se llevan a un punto limpio o se encarga a una empresa autorizada su recogida.
- **Generación de residuos:** restos de chapa, electrodos y herramientas gastadas, viruta metálica, etc. La mayoría de las veces no se separa para su reciclado y posterior aprovechamiento.

La Comisión Europea elaboró una guía de usuario con el procedimiento a seguir para la adhesión al reglamento EMAS. Este reglamento, al igual que la norma internacional ISO 14001, propone un sistema a seguir por las organizaciones al que se pueden adherir libremente. En general se debe:

- Mantener en buen estado los equipos. Reduce emisiones y ahorra energía.
- Reutilizar los restos de metales para embridar y otras operaciones y desecharlos en contenedores específicos para su recogida como chatarra.
- Apagar cualquier equipo que no se esté utilizando.
- Utilizar las pantallas de protección colectiva para la contaminación por radiación y aspiraciones localizadas con filtro de humo y partículas que devuelva aire limpio.
- Separar las zonas de trabajo de las que generan ruido y dejar estas últimas para lugares específicos con cabinas insonorizadas.
- Separar los residuos en general para reciclar. Utilizar contenedores cerrados y separados para taladrinas y residuos tóxicos.
- No desperdiciar agua.

Figura 8.22. Planta de fundición donde se convierten los residuos en materia prima que genera nuevos productos.

Enlaces web de interés

INSST. Instituto Nacional de Seguridad y Salud en el Trabajo. Gobierno de España
www.insst.es

Napofilm. Web de vídeos de prevención realizados con técnicas de animación
www.napofilm.net

Asepal. Asociación de Empresas de Equipos de Protección Individual
www.asepal.es

Anetva. Asociación Nacional de Empresas de Trabajos Verticales
www.anetva.org

TB Group. Multinacional española especializada en equipos de protección laboral
www.tomasbodero.com

Fronius. Multinacional alemana fabricante de equipos y suministros de soldadura
www.fronius.com/es-es/spain

Casos prácticos

Caso práctico RESUELTO

Julián trabaja en un taller que se dedica a fabricar maquinaria para la industria metalúrgica, es el responsable de mantenimiento y técnico en prevención de riesgos laborales; por tanto, también gestiona todo lo relacionado con la PRL.

La empresa cuenta con 1000 trabajadores y recientemente han completado su plan de emergencia instalando un sistema de aviso acústico. Se anuncia a través de ese medio que se ha de llevar a cabo un simulacro de emergencia por incendio procediendo a la evacuación de todo el personal. Julián se encuentra hablando por teléfono.

Comienza a salir todo el personal. Julián cuelga su llamada y se dispone a salir sin comprobar si queda alguien en los aseos, único lugar donde no llega la megafonía.

Parte del personal se dirige hacia la salida a través del ascensor y otra parte por las escaleras. No existen señales de salida.

Una vez finalizado el simulacro se cuenta al personal y se llega a la conclusión de que en caso de haber sido real se habrían producido accidentes graves.

Indica los factores de riesgo que has detectado en el caso.

Solución:

- Julián no ha hecho caso del aviso de forma inmediata, ha continuado con su llamada.
- No ha comprobado, siendo el responsable de PRL, que no quedaba nadie en los lugares donde no hay instalada megafonía.
- Haber utilizado los ascensores como vía de salida.
- No tener informado al personal del método de evacuación que se ha de seguir en caso de emergencia.
- No tener señalizada la evacuación.
- No tener todos los espacios de la empresa con megafonía instalada.

Caso práctico PROPUESTO

Carlos acaba de terminar sus estudios en ciclos formativos de grado medio; en concreto, se ha titulado como Técnico en Mantenimiento Electromecánico y le ha salido una oportunidad laboral como peón especializado a través de la empresa donde ha realizado la FCT.

Su labor consiste en el mantenimiento del taller, limpiando bancos de trabajo, suelos y haciendo montajes y desmontajes de algunas estructuras sencillas, etcétera.

Hace poco, la empresa procedió a la retirada del material de desecho existente y el técnico de prevención distribuyó al personal en el almacén para que fueran clasificándolo para que la empresa que gestiona residuos lo pueda recoger.

Para la retirada del material no se disponía de carretillas ni cualquier otro equipo de trabajo, por lo que todas las funciones debían realizarse de forma manual.

A Carlos se le cayó una caja sobre los pies, aunque por suerte estaba vacía y no tuvo consecuencias.

Identifica y enumera los riesgos que presenta el caso.

Mapa conceptual

PREVENCIÓN DE RIESGOS LABORALES Y PROTECCIÓN AMBIENTAL

- La seguridad laboral
  - Diferencia entre riesgo, peligro y enfermedad profesional
  - Normativa de seguridad laboral
- Identificación de riesgos asociados a las uniones y los montajes
  - De seguridad
    - Caídas de personas al mismo nivel
    - Caídas de personas a distinto nivel. Trabajos en altura
    - Caída de objetos y herramientas
    - Atrapamiento entre piezas
    - Golpes o cortes
    - Proyecciones por partículas o fragmentos
    - Contactos térmicos
    - Soldadura eléctrica
    - Soldadura con soplete de gas
    - Contactos eléctricos
    - Explosiones o incendios
  - Ergonómicos
    - Posturas forzadas
    - Movimientos repetitivos
  - Higiénicos
    - Trabajos a la intemperie
    - Exposición a radiaciones electromagnéticas
    - Exposición a agentes químicos. Inhalación de humos o gases
    - Exposición a fuentes de ruido
    - Vibraciones
    - Trabajos en solitario
    - Trabajos en espacios confinados
    - Manejo manual de cargas. Aplastamiento
    - Atropellos por máquinas en movimiento
  - Psicosociales
    - Estrés
    - Insatisfacción laboral
  - Riesgos derivados de los trabajos de soldadura
- Interpretación de los símbolos y señalización de seguridad del área de trabajo
  - Señales
    - De advertencia o peligro
    - Prohibición
    - Obligación
    - Auxilio
    - Contraincendios
    - Luminosas y acústicas
- Manipulación de productos químicos y fichas de seguridad
- Riesgos asociados a operaciones de conformado
  - Riesgos asociados a operaciones de corte
  - Riesgos asociados a operaciones de corte y conformado
- Utilización de los equipos y medidas de prevención de riesgos laborales. EPI
- Almacenamiento y retirada de residuos
- Protección ambiental

Actividades finales

DE COMPROBACIÓN

8.1. El plan de prevención de riesgos laborales:

a) Es independiente de la actividad.

b) Es competencia de la propiedad de la instalación.

c) Depende de la estructura organizativa.

8.2. Los riesgos ergonómicos están relacionados con:

a) El confort en el trabajo.

b) Las condiciones ambientales.

c) El nivel de seguridad.

8.3. Los riesgos psicosociales están relacionados con:

a) Las relaciones humanas.

b) Las posturas forzadas.

c) El esfuerzo físico.

8.4. La manipulación de cargas es un riesgo:

a) Higiénico.

b) De seguridad.

c) Ergonómico.

8.5. ¿Quién debe encargarse de la eliminación de los residuos tóxicos?

a) El servicio municipal.

b) Un gestor autorizado.

c) Los servicios de la empresa.

8.6. ¿De dónde derivan las ondas en los campos electromagnéticos?

a) De la fuerza centrípeta.

b) De la electricidad.

c) Del agua.

8.7. La Comisión Europea elaboró una guía de usuario con el procedimiento a seguir para adherirse a un reglamento. ¿A qué reglamento?

a) EMAS.

b) BOIP.

c) CIME.

8.8. ¿Para qué momentos concretos sirven los tapones desechables?

a) Cuando se producen ruidos no muy altos, aunque constantes.

b) Se usan de forma continua dentro del taller.

c) Para momentos concretos en que se van a producir ruidos elevados.

8.9. ¿Cuáles son los riesgos higiénicos?

a) Los que se derivan de un uniforme deficiente y desgastado del operario.

b) Los que se derivan de condiciones ambientales.

c) Los que se derivan de un local sin recoger y desordenado.

8.10. ¿Qué tipo de radiaciones son las no ionizantes?

a) Las que producen las ondas ultravioletas o infrarrojas.

b) Las que producen los ruidos por encima de 65 decibelios.

c) Las que producen las máquinas de conformar.

DE APLICACIÓN

8.11. ¿En qué año entró en vigor la Ley de Prevención de Riesgo Laborales?

8.12. Explica qué entiendes por riesgo laboral.

8.13. Enumera los riesgos que pueden producirse en caídas a diferente altura.

8.14. ¿Qué se entiende por prevención?

Actividades finales

8.15. De todas las medidas de prevención citadas en esta unidad, ¿cuáles crees que son más importantes para los soldadores?

8.16. ¿Qué significa la sigla EPI? ¿Para qué sirve?

8.17. Explica si en el desarrollo de una tarea profesional existe la posibilidad de perder la salud. Pon un ejemplo.

8.18. Indica las diferencias entre peligro y riesgo.

8.19. Haz un croquis del taller donde trabajas y coloca en él los pasillos y salidas de emergencia.

8.20. Indica el material de protección del que dispones en tu centro y explica si es o no adecuado. ¿Por qué?

8.21. En el croquis de la Actividad de aplicación 8.19 sitúa los extintores que existen en tu taller.

8.22. Lee las etiquetas de los extintores, anota cuál es su composición y explica para qué tipo de fuegos sirve.

8.23. Propón todas las medidas que creas necesarias para mejorar la seguridad en el taller de tu centro.

8.24. Indica una operación y di con qué máquinas puede realizarse. Explica cómo hacer ese trabajo con las medidas más seguras.

8.25. ¿Qué protecciones existen para los ojos?

8.26. ¿Qué tipo de filtro de protección utilizarías para realizar una soldadura?

8.27. Explica con tus palabras el significado de riesgo cero.

8.28. Define los elementos EPI que debe tener un trabajador para realizar un trabajo en altura.

8.29. Observa la ilustración y enumera los riesgos que ves.

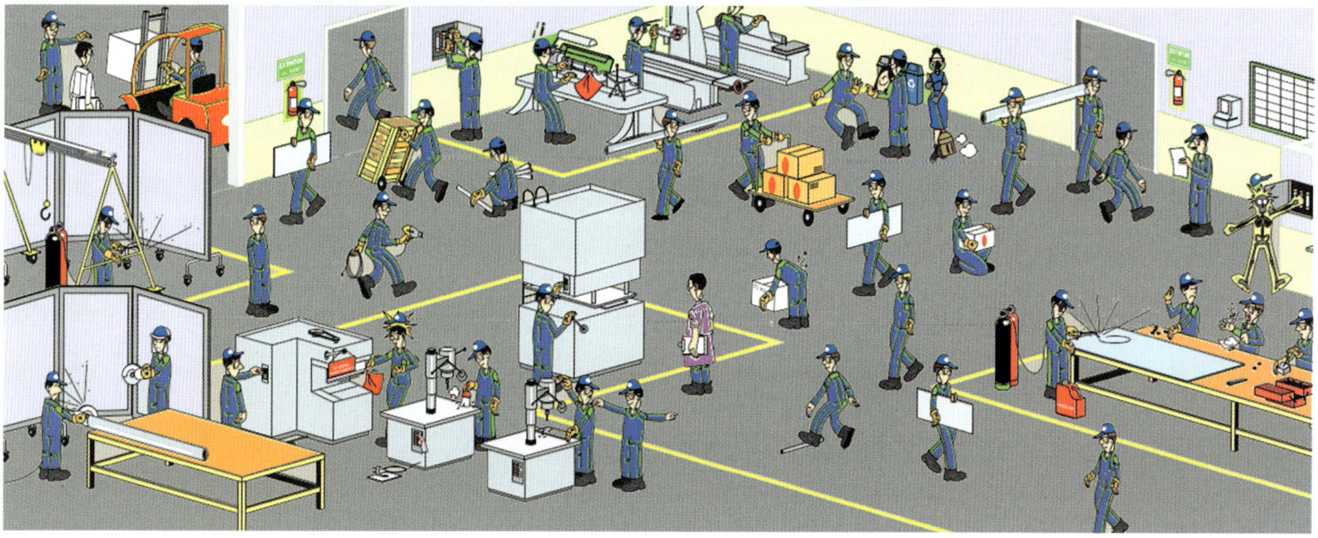

8.30. Explica qué son los riesgos higiénicos.

Actividades finales

8.31. En la siguiente tabla identifica, en los espacios de la derecha, qué medida de prevención es necesaria ante el riesgo indicado en la columna izquierda.

Riesgo	Medida de prevención
Contactos con los objetos calientes que se están soldando	
Exposición a radiación ultravioleta (UV) o infrarroja (IR)	
Generación de polvo, principalmente en el afilado de los electrodos	

DE AMPLIACIÓN

8.32. Dibuja el taller de tu centro donde trabajas los módulos prácticos y marca las salidas y los puntos de extinción de incendios.

8.33. Enumera las principales normas europeas en materia de seguridad y salud en el trabajo.

8.34. Define qué son las NTP.

8.35. Explica la NTP 494: Soldadura eléctrica al arco: normas de seguridad.

Prácticas de unión y montaje

9

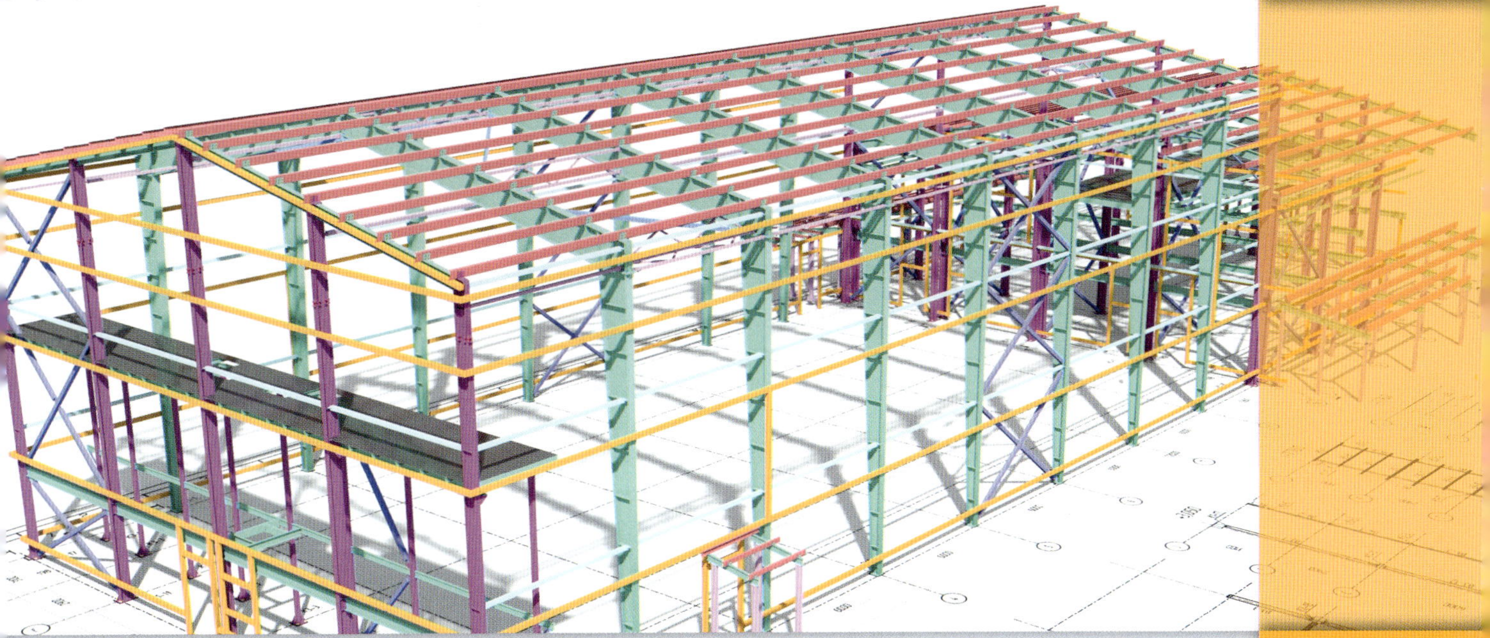

Las prácticas que se presentan en esta unidad didáctica vienen a desarrollar toda la teoría que se ha ido estudiando a lo largo del libro, al mismo tiempo que sirven como colofón al proponer como ejercicios reales la transformación y fabricación de piezas con diversos materiales y formatos que en unión y montaje se pueden encontrar.

Se propone, por tanto, una gran cantidad de prácticas con dificultad variable para poder ofrecer al alumnado ejercicios diferentes que le permitan consolidar todo lo estudiado, además de que le resulte motivador.

La secuencia de su realización, su temporización y el carácter individual o colectivo de las mismas, se deja a criterio del docente.

Objetivos

- Reconocer los materiales metálicos con los que se va a trabajar en las prácticas.
- Manejar adecuadamente las máquinas, equipos y herramientas que se utilizan en los talleres de soldadura.
- Dominar los instrumentos de medición para el control dimensional de las piezas.
- Comprender la importancia del dibujo técnico en los procesos de fabricación.
- Saber interpretar correctamente las indicaciones y símbolos de los planos.
- Conocer las distintas técnicas de unión y ensamblaje.
- Identificar los procesos de preparación y acabado.
- Determinar los efectos y defectos de las uniones.
- Incorporar a los hábitos de trabajo las medidas de prevención y protección estudiadas.

Práctica 1. Torre Eiffel

Material necesario:

- Malla electrosoldada para cerramientos de varilla de 5 mm.
- Tablero de 2000 × 800 mm.
- Sargentos.
- Clavos de acero.
- Rotulador o marcador permanente.
- Plegadora/curvadora.
- Equipo de soldadura (MAG).
- Sierra de cinta y radial de 115 mm.

En esta práctica se va a construir una Torre Eiffel de 1,70 metros.

Función del tablero

Dibuja el trabajo a tamaño real (escala natural). De esta forma, podrás montar los subconjuntos (piezas) siguiendo el modelo dibujado.

Inicio del proceso

Aunque en el Anexo 1 al final de la unidad se facilita un plano con las dimensiones de la torre, estas se pueden conseguir de una imagen cualquiera obtenida, por ejemplo, en internet. El proceso consiste en medir la altura que la torre presenta en la imagen (por ejemplo, 12 cm) y esta medida se relaciona en una regla de tres con la altura que decidas darle (170 cm); de este modo puedes convertir cualquier medida de la imagen al tamaño que tendrá la construcción. Un ejemplo: si la medida de la base de la torre en la imagen es de 5 cm, puedes obtenerla así con ayuda de la regla de tres.

$$12 \text{ ——— } 170$$

$$5 \text{ ——— } X \qquad \text{luego } 12X = 170 \cdot 5$$

$$X = \frac{170 \cdot 5}{12} \qquad X = 70,83 \text{ cm (71 cm si redondeas)}$$

Si divides 170 entre 12 el resultado es 14,16, que es el valor de la escala. Basta multiplicar por este valor cada medida de la imagen que tengas que convertir (en el mismo caso, 5 × 14,16 = 70,83 cm). Ahora ya sabes que una escala es un valor que representa la proporción entre el dibujo del plano y el tamaño real (o escala natural) que va a tener la construcción. Se representaría como 1:14,16 e indica que 1 cm del plano corresponde a 14,16 cm a tamaño real.

Generalmente los planos de construcciones metálicas emplean escalas sin decimales, como 1:25; 1:50 o 1:100. La excepción está en la representación gráfica de piezas pequeñas cuyo tamaño en el plano puede ser mayor que el tamaño real. Ejemplos de estas escalas serían 2:1 o 5:1.

Por otra parte, el material con el que construirás la torre es una malla electrosoldada. La dimensión estándar de esta es 6 × 2,35 m, con 40 varillas transversales, 16 longitudinales y un peso total de 29,26 kilos. En este caso, con solo media malla (3 × 2,35 m) tendrías una cantidad de material más que suficiente.

Esta malla se utiliza muy habitualmente en trabajos de cerrajería para la fabricación de cerramientos como el que se aprecia en la Figura 9.1.

Figura 9.1. Malla electrosoldada.

Como bien indica su nombre, las varillas están electrosoldadas, es decir, se les hace pasar una corriente eléctrica de alta intensidad a la vez que se ejerce una presión entre ellas en un corto espacio de tiempo, lo cual funde la zona de contacto entre varillas. El proceso recibe el nombre de soldadura por resistencia. La cuestión es que la soldadura que une las varillas se puede romper fácilmente con ayuda de un cortafrío y un martillo. De este modo puedes liberar varillas largas con las que fabricar la torre.

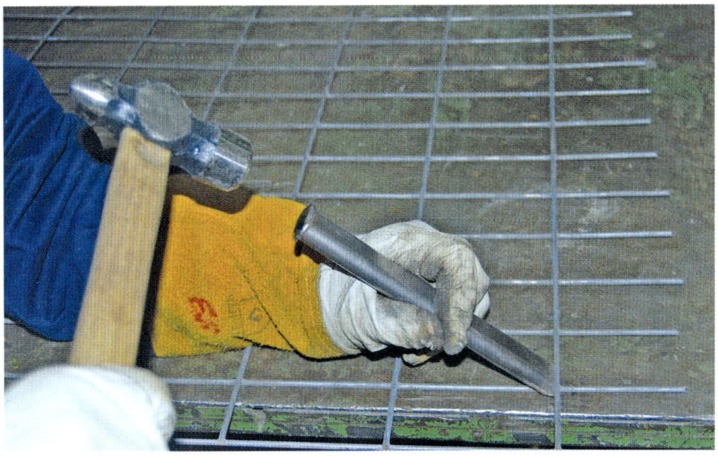

Figura 9.2. Martillo y cortafríos para sacar tiras de varilla. *(Fuente: Edinson Henao).*

Fases de trabajo

1. Dibuja en un tablero el perfil de la Torre Eiffel a tamaño natural.
2. Mide con un flexómetro las cuatro varillas más largas que vas a necesitar para construir el alzado; luego puedes cortar y conformar (darles la curvatura) con ayuda de unos rodillos de curvado. Si no dispones de rodillos puedes clavar clavos de acero alternando el lado exterior con el interior a lo largo de las varillas de modo que ayuden a conformar la varilla. La ventaja de los clavos es que inmovilizan la varilla durante el montaje.
3. Mide, numera y corta cada tramo de las varillas pequeñas con las que vas a fabricar el entramado de cada «pata».
4. Presenta las varillas sobre el dibujo hasta tenerlas todas.
5. Suelda las varillas. Para ello, primero debes regular la tensión y la velocidad de hilo correctas en una prueba fuera del montaje. Antes de soldar debes colocar la masa del equipo de soldadura en contacto con las varillas y proceder a fijar todo el entramado con puntos cortos y precisos.
6. Una vez hecho esto tendrás montadas las dos caras de una pata y, si las unes entre sí, tendrás montada una de las cuatro patas que constituyen la torre.
7. Fabrica las otras tres patas de la torre.
8. Replantea las patas. Para ello, monta un bastidor de tubo para la base y otro más pequeño, como el de la Figura 9.3, que permitirá inmovilizarlas mientras se unen entre sí y decoras la primera «terraza».

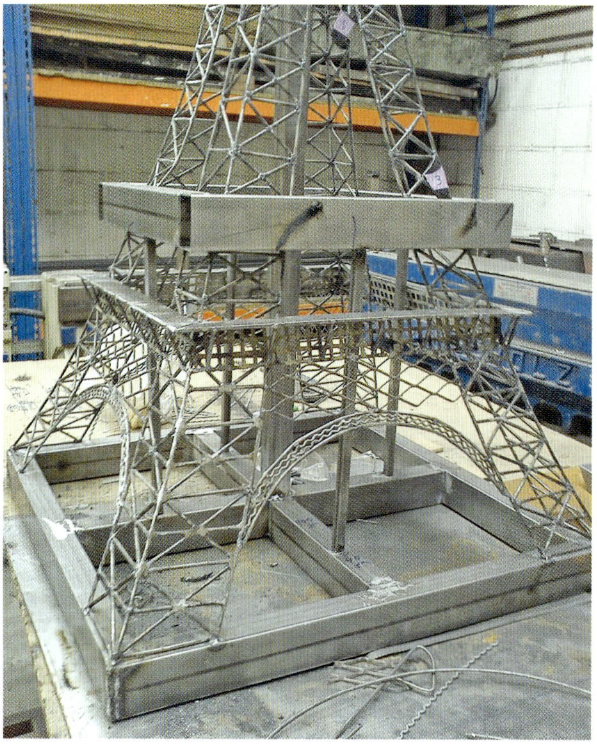

Figura 9.3. El bastidor de tubo sirve para unir las patas temporalmente mientras se montan por debajo de este la terraza y los arcos.

9. Realiza los arcos y el resto de los adornos con varillas de distintos tipos (onduladas y cuadradas).
10. Monta la primera terraza a la altura que marca el plano con chapa de 3 mm (corta los extremos a 45° para que formen un marco cuadrado).
11. Suelda el marco/terraza a las patas. Ahora ya puedes retirar el bastidor pequeño.

Figura 9.4. El tubo cuadrado soldado al centro de la base de la torre sirve para centrar las patas con ayuda de unos sargentos.

12. Suelda un tubo cuadrado al centro de la base de la torre en posición perpendicular. Te servirá de referencia para centrar las patas por encima de la segunda terraza con ayuda de unos sargentos.
13. Suelda los extremos de las patas a una chapa cuadrada de tres milímetros de espesor que servirá de base al adorno que corone la punta de la torre, y habrás finalizado el trabajo.

La torre es un ejercicio de montaje asequible y muy recomendable para empezar. El coste de los materiales es mínimo y no requiere muchas horas, más allá de que puede ser algo monótono cortar los pequeños trozos de varilla que requiere el entramado.

Figura 9.5. Remate de la punta de la torre.

Práctica 2. Atomium de Bruselas

Material necesario:

- Malla electrosoldada de varilla de 5 mm.
- Chapa de 3 mm.
- Tablero de 2000 × 800 mm.
- Sargentos.
- Rotuladores.
- Plegadora/curvadora.
- Equipo de soldadura (MAG).
- Sierra de cinta y radial de 115 mm.

En esta práctica vas a construir un Atomium. Esta réplica del conocido monumento de Bruselas representa una gran oportunidad para aprender a utilizar una herramienta de taller tan común como los rodillos de curvar. Esta práctica, al igual que la anterior, supone una mínima inversión en materiales, pero constituye un excelente ejercicio con el que aprender a usar los rodillos de curvado y practicar la soldadura MAG.

Inicio del proceso

La varilla de 5 mm de malla electrosoldada debes curvarla para formar las nueve esferas. Para ello, es necesario dar unas indicaciones sobre cómo utilizar los rodillos de curvar.

En el caso más sencillo se trata de una bancada (soporte) que monta tres rodillos de duro hierro fundido. Como se puede ver en la Figura 9.7, dos de ellos se disponen en línea uno sobre el otro y el tercero detrás de estos. La distancia entre el primero y el segundo se puede reducir con el fin de ajustarla al espesor de chapa que se quiere curvar por medio de, dependiendo del modelo, una ruleta o un volante.

Figura 9.6. Plegadora/curvadora.

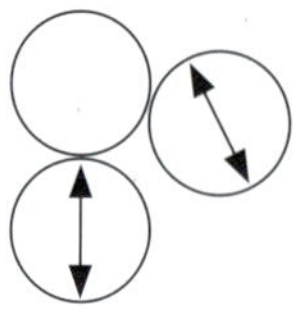

Figura 9.7. Rodillo inmóvil o n.° 1; debajo de este se encuentra el rodillo n.° 2, que puede acercarse o alejarse del n.° 1. Detrás de estos se encuentra el n.° 3.

El número 3 puede pasar de encontrarse en línea con el número 2 a cambiar de posición ascendiendo para acercarse al número 1. Según asciende el número 3, la curva de la chapa o la varilla será más cerrada.

Fases de trabajo

1. El diámetro propuesto de la esfera (ver Anexo 2) es de 350 mm.
2. Calcula la longitud de las varillas para el curvado. Para ello, emplea la fórmula para hallar el perímetro del círculo:

$$P = \text{diámetro} \times \pi$$

$$P = 350 \times 3{,}14$$

$$P = 1099 \text{ mm}$$

Redondeando esta medida y cambiando la unidad de milímetros a metros cada varilla debe medir 1,10 metros.

3. En la Figura 9.8 se muestran las tres etapas del curvado para conformar un círculo con la varilla. Empieza introduciendo la varilla por la parte trasera de los rodillos y ajusta la distancia entre los rodillos n.° 1 y n.° 2 hasta que sea igual a la sección de la varilla (5 mm). A continuación, actúa sobre la altura del n.° 3 y haz que vaya elevándose progresivamente para ir predeformando el inicio de la varilla hasta quedar en la misma posición que en el paso 1 de la Figura 9.8.
4. A continuación, haz girar los rodillos n.° 1 y n.° 2 para que expulsen la varilla por su parte posterior. Introdúcela ahora por la parte delantera, tal y como se puede ver en el paso 2. Haz girar de nuevo los rodillos n.° 1 y n.° 2 y podrás observar cómo la presión que ejerce el n.° 3 sobre la varilla va curvándola. La altura del rodillo n.° 3 va a determinar la curvatura que adquiera la varilla. En este punto debes hacer las pruebas que resulten oportunas hasta obtener un círculo.

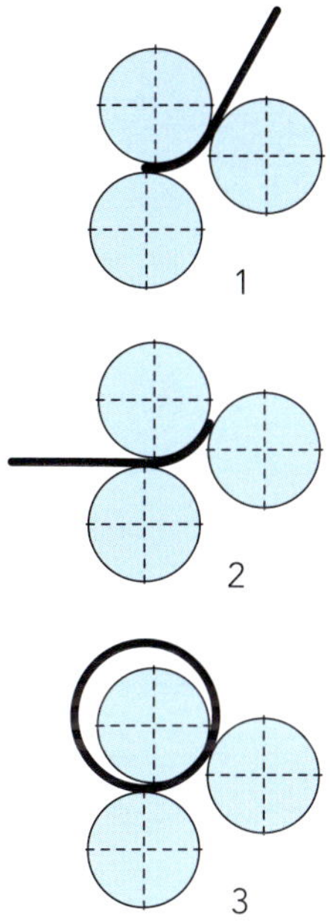

Figura 9.8. Proceso de curvado de las varillas.

5. Curva una varilla formando un círculo completo que, como puedes ver en la Figura 9.9, sirve para unir todas las demás en el centro de cada esfera.

Figura 9.9. Detalle de las esferas.

6. Corta por la mitad el resto de las varillas que conformarán la esfera, es decir, de 1,10 a 0,55 m y cúrvalas en los rodillos para obtener un semicírculo de cada una.
7. El lugar donde convergen los semicírculos de varilla de cada esfera son dos piezas de chapa (tienes que fabricar dos por cada esfera). Sus dimensiones son 3 mm de espesor y 40 mm de diámetro con un orificio de 6 mm en el centro. Este agujero permitirá pasar una varilla por ambos extremos de la esfera, lo que resultará de mucha utilidad a la hora de alinear estas.
8. Suelda con MAG uno de los semicírculos de varillas a las dos piezas de chapa, una en cada extremo. A continuación, en perpendicular a la media varilla, en el centro de esta y por la cara interior, suelda el círculo completo descrito en el paso número cinco.

Figura 9.10. Esferas alineadas sobre un retal de chapa al que previamente se le han trazado las distancias entre esferas y el diámetro de los enlaces que servirán para unirlas.

9. Suelda el resto de los semicírculos de varilla a las piezas de chapa. Para facilitar la tarea puedes hacer pasar una varilla recta por los orificios de las chapas para suspender la esfera en el aire mientras sueldas. Deben ser equidistantes, a unos 60 mm.

   Tienes que fabricar un total de 9 esferas.
10. Alinea cuatro esferas (Figura 9.11) a la medida indicada en el plano (ver Anexo 2) para construir los «enlaces» entre los «átomos» con la misma varilla de 5 mm. Cada enlace cuenta con cuatro varillas unidas entre sí por cinco varillas curvadas en un círculo de unos 60 mm de diámetro realizado con el curvado máximo que dan los rodillos.
11. Una vez alineadas las cuatro esferas inferiores, retíralas para alinear otras cuatro sobre el suelo y únelas también entre sí con las varillas que sirven de enlaces.
12. Una vez fabricadas las varillas que sirven de enlaces entre ellas, puedes unir las cuatro esferas inferiores con las cuatro superiores.

Figura 9.11. Como puede verse en la imagen izquierda se pueden alinear las esferas superiores con ayuda de una varilla recta que pase por las piezas de chapa taladrada mientras se les sueldan los enlaces que las fijarán en esa posición (imagen derecha).

13. Solo falta la esfera central del cubo. Para alinearla, saca la varilla diagonal que te ha servido para alinear entre sí las ocho esferas. Coloca la última esfera y únela en diagonal con ayuda de las varillas que sirven de enlaces repitiendo la operación para unir esta esfera central con la diagonal contraria.

    Con un bastidor de tubo cuadrado puedes fabricar un soporte que mantenga la estructura apoyada sobre una de las esferas, imitando al Atomium original.

Práctica 3. Golden Gate

Material necesario:

- Malla electrosoldada para cerramientos de varilla de 5 mm.
- Tubos de 60 × 40, 50 × 30, 40 × 20 y 30 ×15 mm.
- Chapa de 100 × 3 mm (6 metros).
- Tablero de 2000 × 800 mm.
- Sargentos.
- Rotuladores.
- Plegadora/curvadora.
- Equipo de soldadura (MAG).
- Sierra de cinta y radial de 115 mm.
- Pintura de minio (4 litros).

En esta práctica vas a construir una réplica del conocido puente Golden Gate de San Francisco. Para la realización de esta práctica necesitas otros materiales (aunque mínimos) y operaciones, como corte con plasma, limado y nivelado. Con un nivel de fabricación intermedio puedes lograr un resultado espectacular que se presta a la imaginación.

Inicio del proceso

Dibuja la mitad del puente a escala natural en el tablero trasladando las medidas del Anexo 3. En el plano que aparece en este anexo se ha triplicado la altura total de los postes con respecto al original para darles mayor detalle e importancia en nuestra réplica.

La fabricación se realiza en tres fases:

1. **Postes.** Para la fabricación de los postes necesitas estos tubos cuadrados:

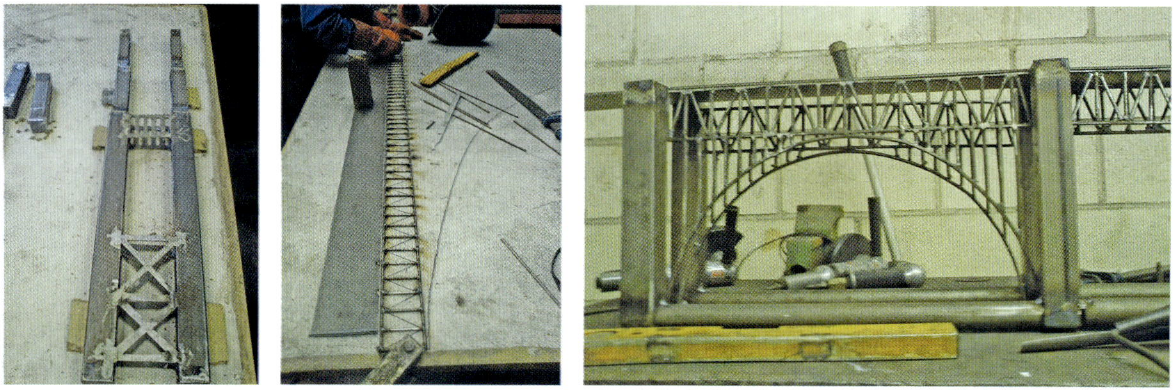

Figura 9.12. De izquierda a derecha: postes, viaducto y arcos.

   - Tubo de 60 × 40 mm para la base.
   - Tubo de 50 × 30 mm para el segundo tramo.
   - Tubo de 40 × 20 mm para el tercer tramo.
   - Tubo de 30 ×15 mm para la parte más alta.

   Corta cada tramo de tubo a la longitud indicada en el plano para posteriormente dividir este en dos con un corte longitudinal.

   El resto de los detalles son chapas de 3 mm cortadas con radial y disco de corte (las que conforman la Cruz de San Andrés en la base, elemento estructural metálico en forma de cruz soldada a una estructura con el fin de ofrecer mayor resistencia y sujeción a la misma) o con plasma las que unen entre sí las dos mitades de la parte más alta del tubo de 60 × 40 mm a las que posteriormente se les eliminan los óxidos y las rebabas del corte con lima.

2. **Viaducto.** Consiste en una chapa de 100 × 3 mm para la calzada del puente y decorado a ambos lados con varilla cortada a medida del plano. Bajo la calzada dos tramos largos y multitud de tramos cortos de varilla de 5 mm dispuestos en diagonal simulando la estructura que soporta el puente colgante.

3. **Arcos.** Aunque el puente original no es idéntico en sus dos extremos nos tomamos la libertad de decorarlo con dos arcos como el que puedes ver en el Anexo 3. Con restos de los tubos empleados en la construcción de los postes (o tubo de 40 × 40 mm) cierra el arco soldándolo en la parte superior a la chapa de 3 mm que hace de calzada.

Figura 9.13. Detalle de la unión de los postes con ayuda de unos tubos (en la parte inferior) que sujetan la estructura durante el montaje.

Fases de trabajo

1. **Unión de todas las fases.** Para unir todas las partes necesitas espacio, un nivel de burbuja o digital y unos retales que sirvan para unir temporalmente la base de la estructura durante el montaje (en este ejemplo se ha usado un resto de tubo de 10 mm de diámetro exterior).

Figura 9.14. El nivel de burbuja permite mantener la horizontalidad del montaje.

2. **Cables del puente colgante.** Para fabricar los «cables» se usa alambre de soldadura MAG. En concreto, corta tres unidades de alambre para cada uno de esos cables y trénzalos con ayuda de un tornillo de banco que sujete uno de los extremos de los alambres e introduciendo el otro extremo en un taladro de mano; haz funcionar el taladro a bajas revoluciones para ir girando los alambres, y así quedarán trenzados.

Fabrica el cable colgante al que van unidos todos los cables trenzados con la misma varilla de 5 mm utilizada para construir los viaductos que previamente pasó por los rodillos de curvado. Para unir los cables trenzados al cable colgante puedes elegir entre soldadura MAG o utilizar un adhesivo.

Figura 9.15. Detalle de la instalación de los cables trenzados.

3. **Pintura.** El minio va perfecto para darle ese color tan particular al puente y, además, impedir su oxidación.

Figura 9.16. Detalle general del puente pintado de minio salvo los cables en gris mate.

Práctica 4. WALL•E

Material necesario:

- Chapa de acero de 3 mm.
- Chapa de acero de 1,5 mm.
- Chapa perfilada/ondulada de 1,5 mm.
- Varilla lisa/roscada de 10 mm. Tuercas y tornillos del mismo diámetro.
- Ruedas de nailon.
- Tubo cuadrado de 60 × 40 × 1,5 mm.
- Tubo redondo de 50,8 × 3 mm.
- Tubo redondo de 45 × 1,5 mm.
- Cadena de bicicleta.
- Pintura amarilla/negra.

En esta práctica vas a construir, partiendo de una vieja máquina de soldadura averiada, el personaje de Disney WALL•E. Al igual que en los casos anteriores, vamos a realizar una original construcción con pocos medios y bajo presupuesto, pero subiendo el nivel de complejidad. Se trata de una práctica ideal para trabajar el curvado de chapa fina y donde la imaginación cobra suma importancia.

Inicio del proceso

A continuación se detallan las distintas fases de la construcción de nuestra réplica.

Fases de trabajo

1. Busca en internet imágenes que permitan obtener medidas con las que realizar en el tablero un dibujo a escala natural. A diferencia de los trabajos anteriores, en esta ocasión el tamaño del cuerpo de WALL•E va a estar definido por la carcasa de la máquina, así que, en base a estas medidas, calcula el resto de medidas con reglas de tres.
2. Dibuja a WALL•E a tamaño natural para su fabricación.
3. Divide con tus compañeros el trabajo en tres grupos: cabeza y cuello; cuerpo, brazos y manos; orugas y ruedas motrices.

Grupo 1: cabeza y cuello

1. Para fabricar la cabeza calca desde el dibujo del tablero a un folio una de las dos mitades.
2. Traslada el dibujo del folio a un rectángulo formado por tres trozos de chapa de 1,5 mm punteados entre sí para, posteriormente, recortar las dos piezas con forma de lágrima que constituyen la entrañable «cara» de WALL•E.

Figura 9.17. Detalle de una de las mitades de la cara de WALL•E fabricada en chapa de acero de 1,5 mm. El ojo es una pieza obtenida de una caja de cambios en un desguace.

3. Emplea la cara de WALL•E como útil para el curvado de las chapas que conforman cada una de las dos mitades de su cabeza. Solo es necesario presionar con la mano para que cada una de las chapas de 1,5 mm que forrarán la cabeza vaya tomando la forma de lágrima del útil, al tiempo que las punteas (4 o 5 puntos serían suficientes) para, a continuación, soldar entre sí los extremos de la chapa que acabas de conformar.

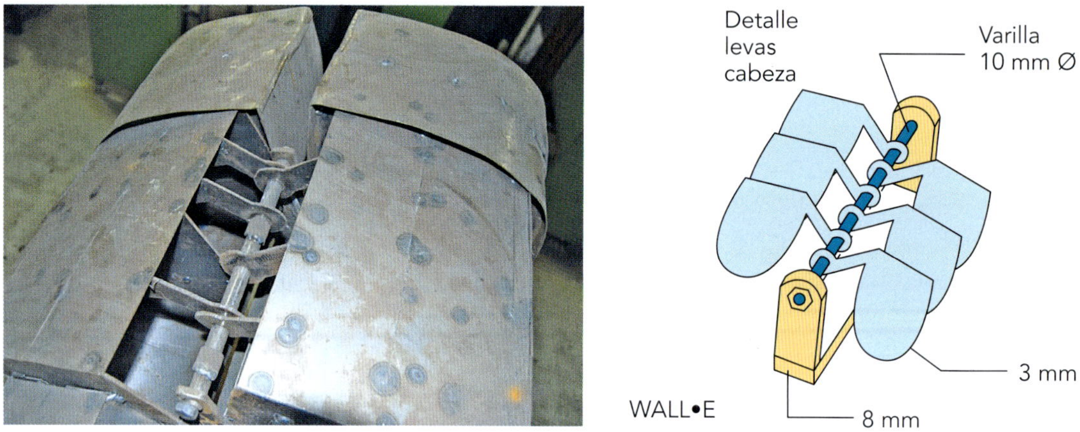

Figura 9.18. Detalle del diseño de las levas (derecha) y su aspecto una vez cubiertas con chapa de 1,5 mm curvada.

4. Las dos mitades de la cabeza van unidas entre sí por una varilla de 8 mm. Observa el plano de detalle del Anexo 4 y fabrica una «U» en pletina de 8 mm (tres piezas de acero soldadas con MAG). Taladra en la «U» dos orificios pasantes en los que alojar la varilla añadiendo un par de tuercas en los extremos de esta, de modo que puedas apoyar sobre la «U» las dos mitades de la cabeza.

5. En la varilla van unas piezas recortadas en chapa de 3 mm a las que llamaremos «levas» (ver detalle en el Anexo 4) que son móviles, es decir, su extremo está taladrado e introducido en la varilla roscada que actúa como eje.

6. Debes forrar cada leva que va cubierta con un recorte de chapa de 1,5 mm, dando así forma a la parte posterior de la cabeza.

7. Ahora las dos partes que forman la cabeza son móviles. Cambiarlas de posición para darle a WALL•E otra expresión es fácil, solo hay que poner entre cada mitad y la «U» algún objeto para calzarla en esa posición o, como alternativa, puedes soldar un par de tuercas a la «U» y hacer pasar por ellas unos tornillos que empujen cada mitad hasta la altura deseada.

8. Cuello: para darle movimiento articulado observa el despiece del diseño propuesto en la Figura 9.19. Consiste en fabricar otras tres «U» de menor tamaño unidas entre sí por pletinas. Dado el considerable peso de la cabeza es recomendable que unas con dos pletinas de 8 mm punteadas entre sí cada una de las «U» del cuello.

9. Observa de nuevo el detalle de la Figura 9.19. En el interior de cada «U» va un tubo de 50,8 mm de diámetro (2 pulgadas) y 3 mm de pared al que debes soldar unas tapas con chapa del mismo espesor. Practica un orificio en cada tapa por donde hacer pasar una varilla roscada pasante. En los extremos de las varillas coloca unas tuercas autoblocantes para que la varilla no pueda extraerse.

   Para mover el cuello y fijarlo en distinta posición practica un par de taladros en los laterales de cada «U» y suelda una tuerca de 10 mm en cada uno de los taladros. Por último, realiza varios taladros en las tapas de los tubos que sean coincidentes con los de la «U». Con esto, el cuello ahora es articulado; basta con introducir un tornillo por los taladros de la «U» y las tapas de los tubos para fijar esa articulación en distintas posiciones.

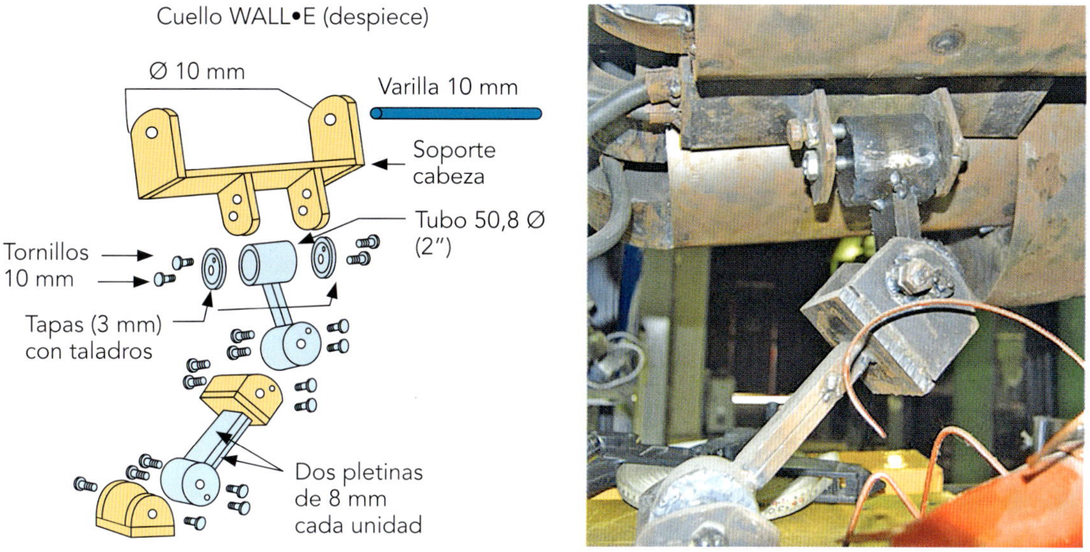

Figura 9.19. Detalle del despiece del cuello de WALL•E (imagen izquierda) y de su aspecto final (imagen derecha).

Grupo 2: cuerpo, brazos y manos

1. Brazos: para fabricarlos suelda un par de rectángulos de chapa de 3 mm a los que va soldado un tubo de 45 mm que da forma a la muñeca, a la que van unidas unas manos articuladas.

   Las manos se elaboran con chapa de acero de 1,5 mm. En concreto, una «U» de 1,5 mm unida al brazo por tornillería con taladros pasantes por los que pasa una varilla maciza que permite el movimiento de los dedos (Figura 9.20). Con este sencillo diseño cada uno de los tres dedos se puede articular y fijar a la varilla maciza; para ello, taladra cada dedo en la zona en contacto con dicha varilla, suelda una tuerca encima del taladro y haz pasar por ella un tornillo con cabeza de mariposa que permitirá fijar cada dedo en distintas posiciones.

Figura 9.20. Detalle de las manos, las articulaciones de los dedos y el anclaje con tuerca a la muñeca.

Grupo 3: orugas y ruedas motrices

1. La cinta de oruga sobre la que se desplaza WALL•E se puede hacer de muchas maneras. Una opción económica es utilizar un retal de chapa perfilada. Para darle más realismo, realiza cortes alternos en la chapa y cubre esos cortes con eslabones de cadena de bicicleta para simular una correa de distribución.
2. Coloca en el interior una chapa de acero de 1,5 mm que divida en dos mitades la cinta de oruga con el fin de que esta dé soporte y forma triangular a la chapa perfilada. El lado que queda a la vista decóralo con piezas a tu gusto (en la Figura 9.21 se ven piezas de una caja de cambios comprada en un desguace). También en esta parte vista, en concreto en la parte inferior, puedes replicar con tubos y chapas un falso tensor para la cinta de oruga.

Figura 9.21. Detalle de la cinta de oruga de WALL•E.

3. Por el lado interior de la cinta de oruga, oculto gracias a la decoración de piezas y tensor, suelda a la parte inferior de la máquina una estructura de tubo de 60 × 40 × 1,5 mm acabada en un par de ruedas de nailon en cada lado que soportan el peso de la réplica en contacto con el suelo a través de un corte en la chapa perfilada y que serían las verdaderas responsables del movimiento de WALL•E.
4. Para conseguir el aspecto oxidado y avejentado, tanto de las orugas como de los adornos que luce WALL•E en su película, pulveriza agua con sal sobre estas partes y deja actuar. Al día siguiente aplica un barniz incoloro mate para preservarlas y detener la corrosión.
5. El resultado final lo puedes ver en la Figura 9.23.

Figura 9.22. Cara oculta de las cintas de oruga con la estructura que soporta realmente a WALL•E.

Figura 9.23. Imagen general de WALL•E completamente terminado.

6. Opcionalmente, puedes añadir varios detalles que le den más gracia y para que sea más parecido al original:

   – **Brazos articulados:** para ello, suelda un trozo de tubo de 50,8 mm de diámetro al extremo del brazo y otro par al cuerpo de tal forma que el tubo del brazo quede entre los dos del cuerpo. Previamente, suelda unas tapas a los tubos que forman la articulación y realiza un taladro pasante en el centro de cada una de esas tapas por el que deberás introducir una varilla. Por último, suelda los extremos de la varilla a las tapas exteriores para que no se salga. Esta articulación permitirá el giro y ahora WALL•E puede dar «abrazos» (Figura 9.24).

Figura 9.24. Detalle de la articulación de los brazos de WALL•E.

Para evitar la sobrecarga de la articulación suelda un pequeño soporte dotado de un rodamiento para que los brazos estén siempre apoyados cuando estén pegados al cuerpo de WALL•E.

- **Cucaracha mascota de WALL•E (Hal):** con unas chapas de 1 mm o 1, 5 mm y unas varillas para antenas y patas, junto con algo de pintura roja o naranja, puedes dar vida a Hal, el amigo de WALL•E.

Figura 9.25. Hal está construido con chapas de 1,5 mm curvadas a martillo en un yunque bicornio.

- **Planta de WALL•E:** el tronco lo puedes realizar con una varilla maciza, previamente adelgazada con radial y disco de desbaste para imitar un tallo, con la base más gruesa que el extremo.

  Las hojas puedes fabricarlas con chapas de 1,5 mm recortadas, curvadas en el yunque y estampados sus nervios con cortafríos y martillo. Un poco de pintura verde lo dejarán más parecido a un joven brote (Figura 9.26, izquierda).

Figura 9.26. Detalle de la planta y de la parte posterior de WALL•E.

- **Tapa trasera:** en la imagen derecha de la Figura 9.26 puedes ver la puerta de una vieja estufa de leña adosada a la parte trasera del personaje, simulando la salida de los cubos de basura que comprime WALL•E.

Práctica 5. R2-D2

Material necesario:

- Chapa de acero de 1 mm.
- Chapa de acero de 3 mm.
- Chapa de acero de 8 mm.
- Varilla lisa/roscada de 10 mm. Tuercas y tornillos del mismo diámetro.
- Rodillos de curvado de chapa.
- Equipo de soldadura MAG.
- Ruedas de nailon.
- Bol o ensaladera metálica.
- Pintura blanca.
- Pintura azul.
- Vinilo adhesivo azul.

En esta práctica se va a dar forma al personaje R2-D2 de la saga Star Wars partiendo de un bol metálico (para la cabeza) y chapa de 1, 3 y 8 mm. Este ejercicio es ideal para usar tu imaginación en seleccionar objetos con los que decorar a R2-D2.

Inicio del proceso

La fabricación se va a dividir en tres fases, que se describen a continuación.

Fases de trabajo

1. Con ayuda de internet, busca imágenes de las que obtener un alzado, un perfil y una planta de R2-D2. Si lo prefieres, puedes usar el plano incluido en el Anexo 5.
2. Dibuja a R2-D2 a escala natural para su fabricación.
3. Divide con tus compañeros el trabajo en tres grupos para hacer el cuerpo, la cabeza y los pies, y las extremidades.

   a) Cuerpo.

   1. Mide el perímetro del cuerpo de R2-D2 en el dibujo a escala natural del tablero.
   2. Recorta un rectángulo de chapa de 1 mm cuyo lado coincida con la altura del cilindro que conforma el cuerpo de R2-D2 y su longitud con el perímetro de este.

3. Utiliza los rodillos de curvado para conformar el rectángulo de chapa.
4. Una vez curvado, puntea los extremos del cilindro
5. Introduce varias varillas de longitud igual al diámetro interior del cilindro en varios puntos del interior con el fin de actuar como radios para que el cilindro sea una esfera regular.
6. Suelda con MAG la costura del cilindro. No es necesario soldar toda la unión, unos tramos cortos de varios centímetros repartidos por esta serán suficientes y de este modo se evitará que el cuerpo se deforme. Esta estrategia va a ser una constante en la construcción de R2-D2.
7. Decora el cuerpo de R2-D2 con vinilo azul, recortes de chapa y elementos como circuitos o partes mecánicas de máquinas inservibles que simulen sus componentes.

Figura 9.27. Detalles del cuerpo.

b) Cabeza y pies

8. La parte más fácil de hacer es la cabeza. Un bol de metal adquirido en alguna gran superficie puede servir.
9. Decora la cabeza con vinilo azul y elementos de forma similar a los empleados en el cuerpo. Para el «ojo» de R2-D2 puede servir un pequeño espejo o un recorte del plástico de un intermitente de coche.

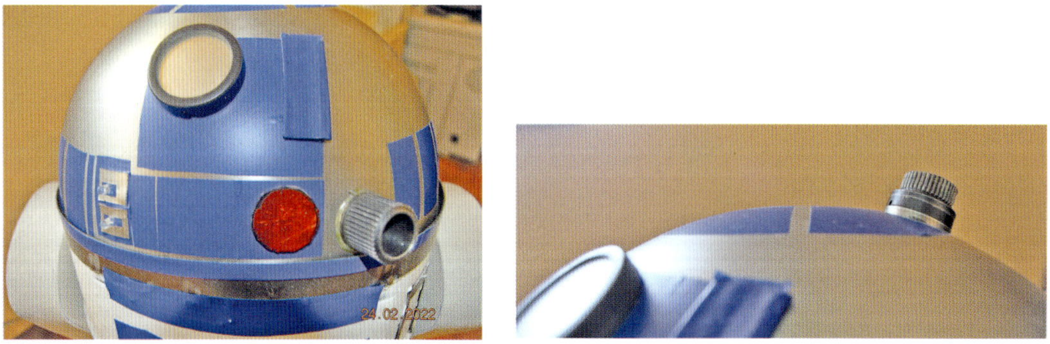

Figura 9.28. Detalles de la cabeza.

10. Para los pies, recorta chapa de 3 mm en forma de tolva. Monta, ajusta y puntéalos con MAG.

11. En la parte interior de los pies se colocarán unas ruedas de nailon o similar. Un recorte de varilla o tubo soldado con MAG a la cara interior de los pies debe servir como eje de la rueda.

12. Con chapa de 3 mm recorta la «caja» que aparece en la parte interior de cada pie. Corónala con una chapa curvada de 1 mm. Monta, ajusta, puntea y suelda el conjunto.

13. Decora los pies con elementos que simulen los cables.

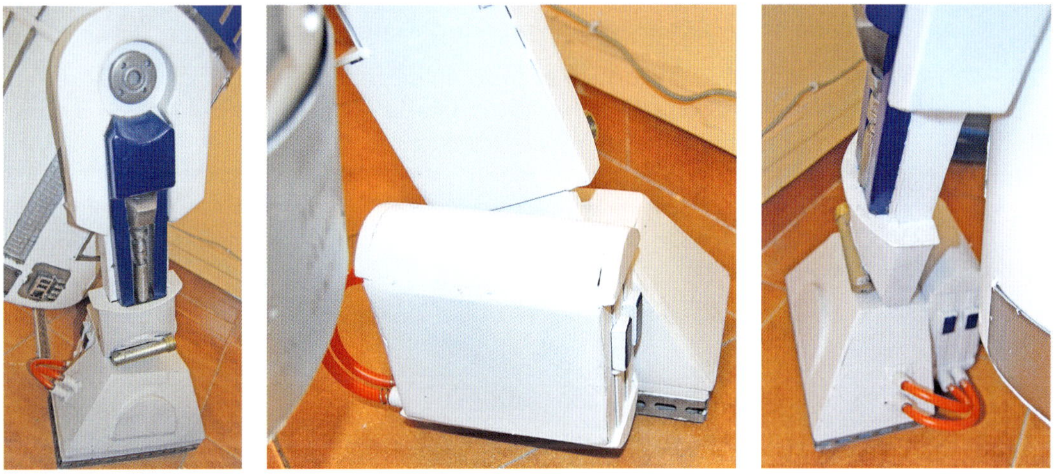

Figura 9.29. Detalles de los pies.

c) **Extremidades**

14. Fíjate en el despiece de la Figura 9.30. Cada extremidad consta de una pieza de 3 mm que sirve de base para las piezas con las que darle volumen y detalle.

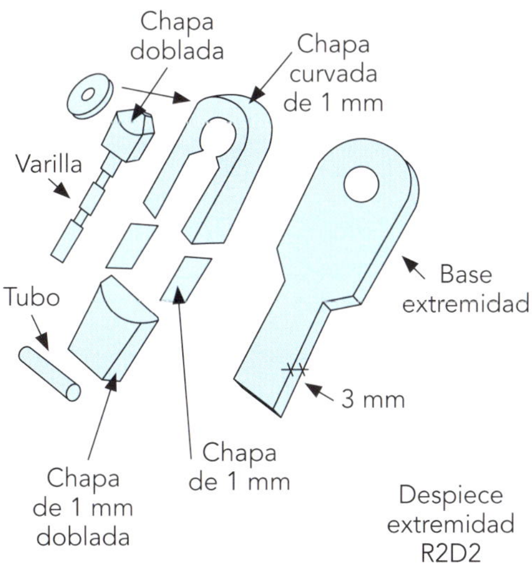

Figura 9.30. Despiece de las extremidades.

15. Prepara las piezas que sirven de adorno. Comenta con tu profesor la mejor forma de fabricarlas en función de los medios del taller. Por ejemplo, si dispones de una plegadora/curvadora, corta, dobla y curva las piezas. En caso contrario, corta todas las caras de cada pieza, monta y puntéalas con MAG.
16. Las varillas que decoran ambas extremidades se pueden fabricar a partir de un macizo trabajado con disco de radial y lima. En el mejor caso, si se dispone de ello, se puede mecanizar con torno paralelo.

Ensamblado de las partes.

17. Realiza un par de orificios en los costados de R2-D2 para alojar un tubo que una las dos extremidades. Puedes utilizar plasma u oxicorte ayudado de una plantilla para que el orificio quede lo más cercano a un círculo regular.
18. Suelda con MAG el tubo al interior del cuerpo de R2-D2.
19. A continuación, introduce el tubo en el orificio superior de las extremidades y posiciona estas con la inclinación indicada en el plano del Anexo 5 con respecto al cuerpo. Puntea el tubo a las extremidades.
20. Coloca los pies en las extremidades y suéldalos a estas con MAG.
21. Corta en chapa de 1 mm una pieza como la que se muestra en la Figura 9.31.

Figura 9.31. Anillo de chapa que sirva de solapa a la unión cabeza/cuerpo de R2-D2.

22. Curva esta pieza o confórmala mediante gatos de presión al contorno del cuerpo de R2-D2. Ve fijándola mediante puntos de soldadura. Su fin es que actúe como una solapa y permita colocar la cabeza de R2-D2 sobre el cuerpo.
23. Antes de seguir, cubre con cinta de carrocero las partes de R2-D2 que deben quedar sin pintar. Procede a pintar de blanco con pistola (recomendado) o con rodillo el cuerpo y las extremidades. Deja secar.
24. Pinta en azul (con pincel) las partes de cuerpo y extremidades que lucen de este color. Como alternativa, puedes usar vinilo adhesivo.
25. Coloca la cabeza sobre el cuerpo. Decide con tus compañeros si se deja libre para que pueda girar o si preferís fijarla a la solapa. Para este último caso, realiza un par de taladros pasantes de solapa a cabeza y fija con remaches el conjunto.

Anexos

Anexo 1

Plano con las medidas necesarias para construir la torre sin necesidad de realizar cálculos.

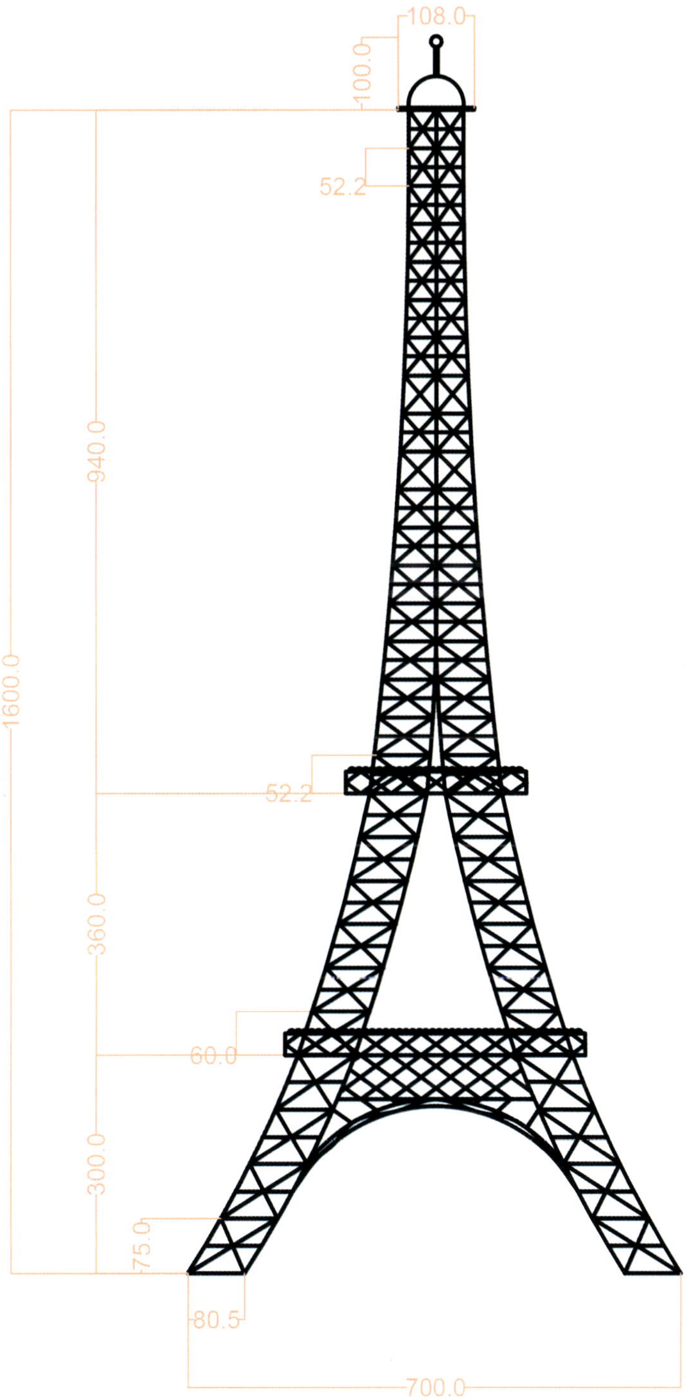

Anexo 2

Planta

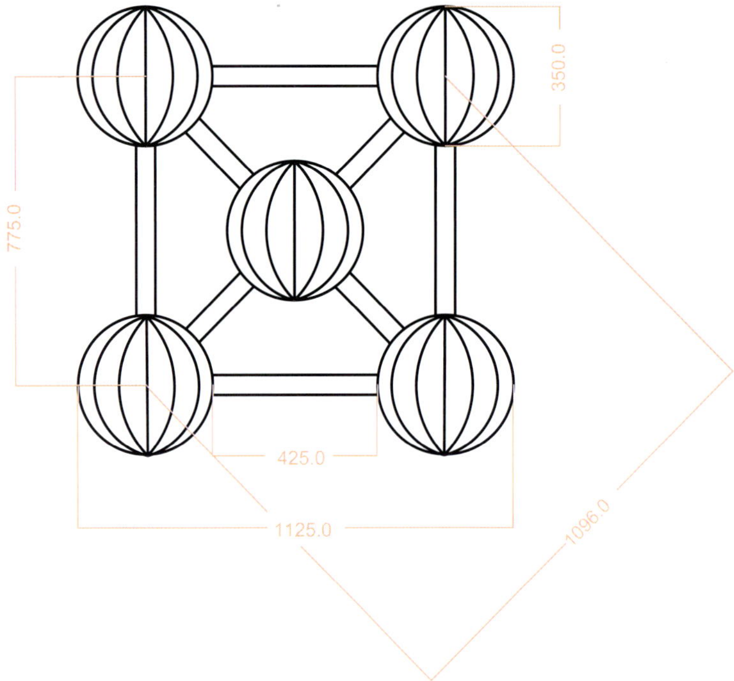

Perfil

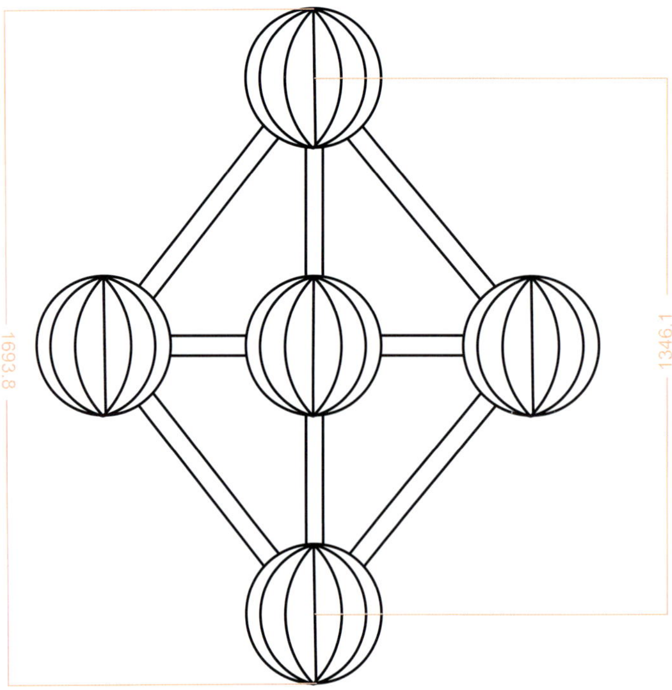

Anexo 3

Alzado general

Detalle 1

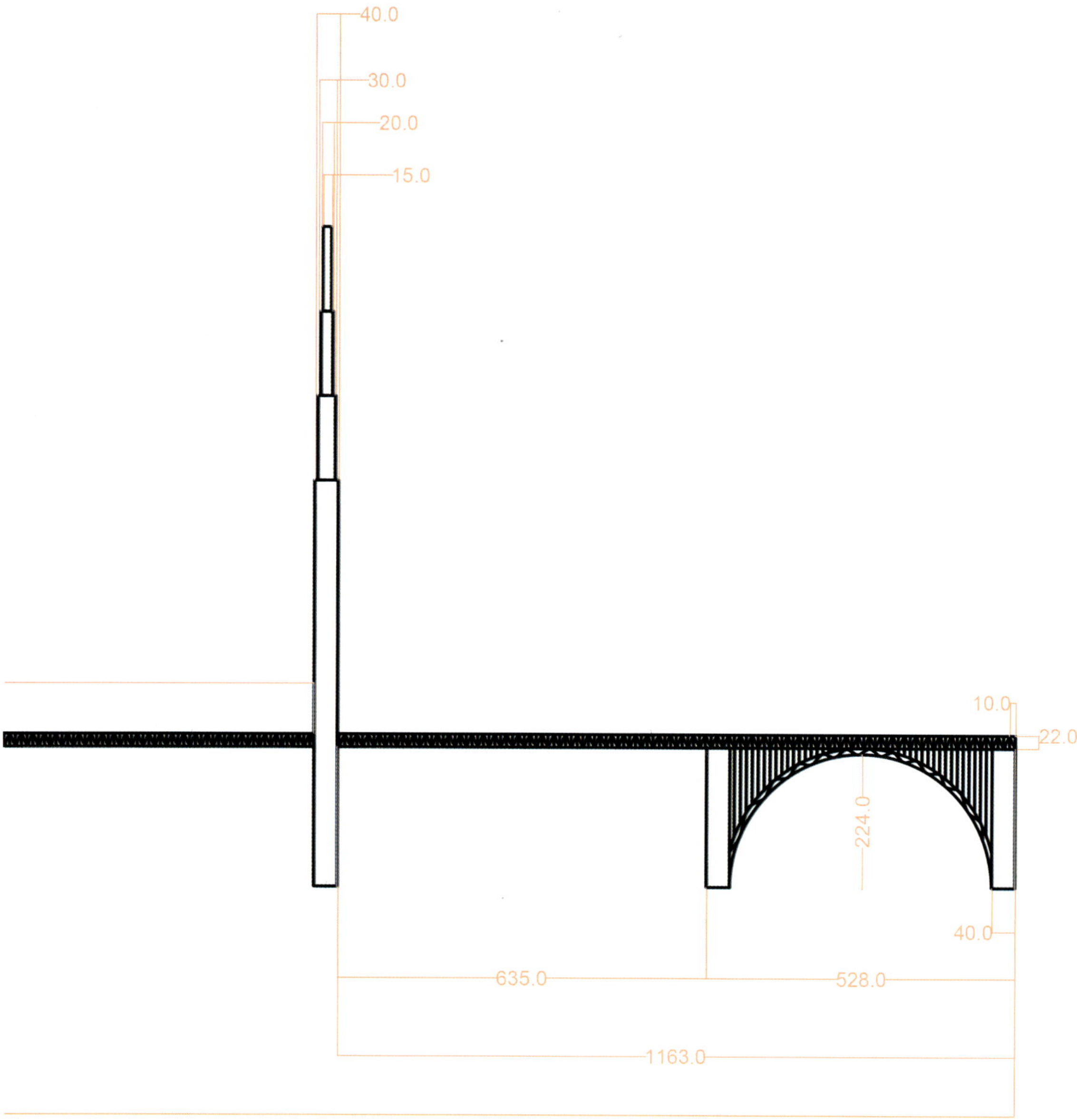

Detalle 2

Detalle 3

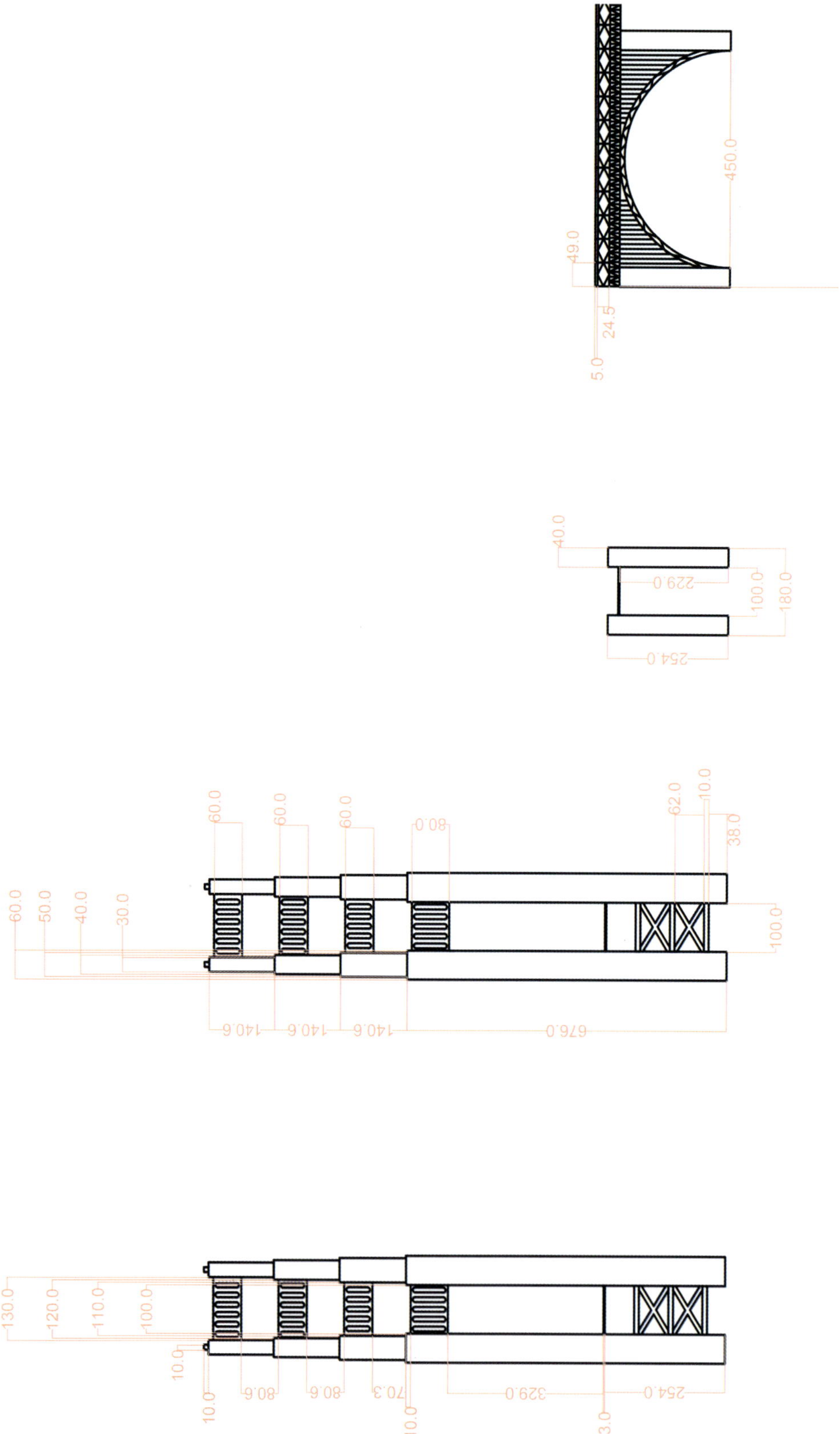
450.0
49.0
24.5
5.0
40.0
229.0
100.0
180.0
254.0
60.0
60.0
60.0
80.0
62.0
10.0
38.0
60.0
50.0
40.0
30.0
100.0
140.6
140.6
140.6
676.0
130.0
120.0
110.0
100.0
10.0
10.0
80.6
80.6
70.3
10.0
329.0
3.0
254.0

Anexo 4

Vista frontal

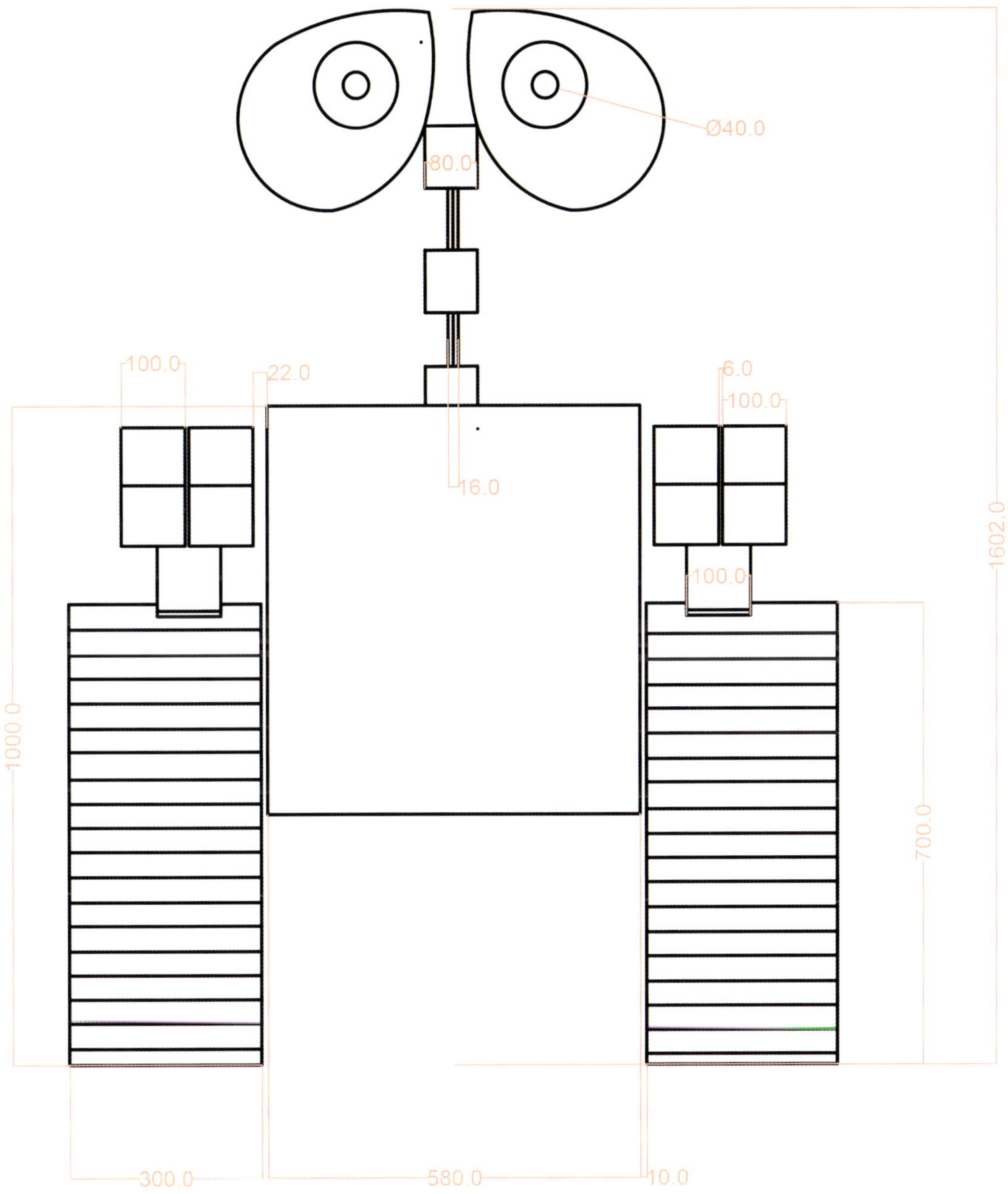

Vista lateral y posterior

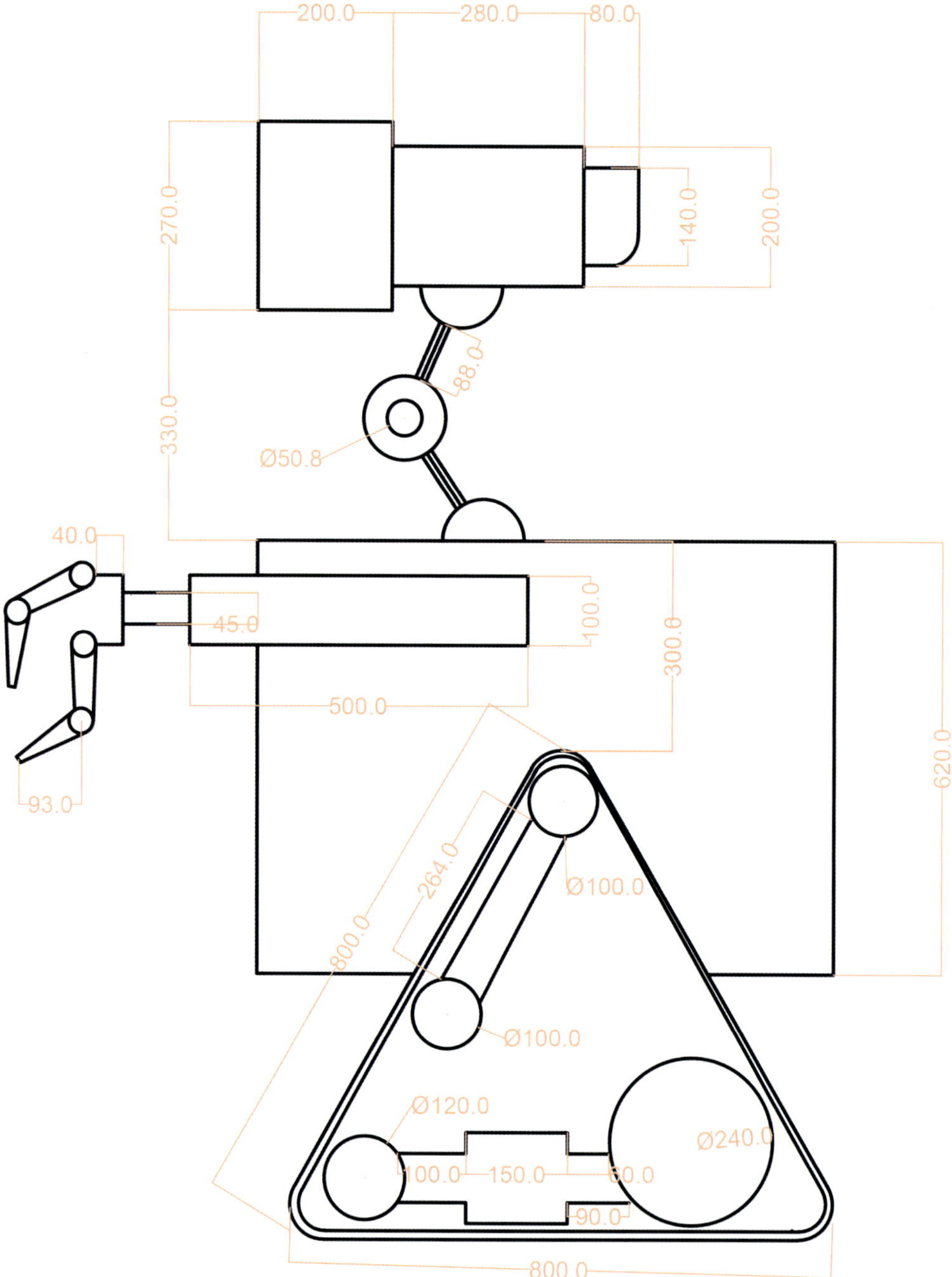

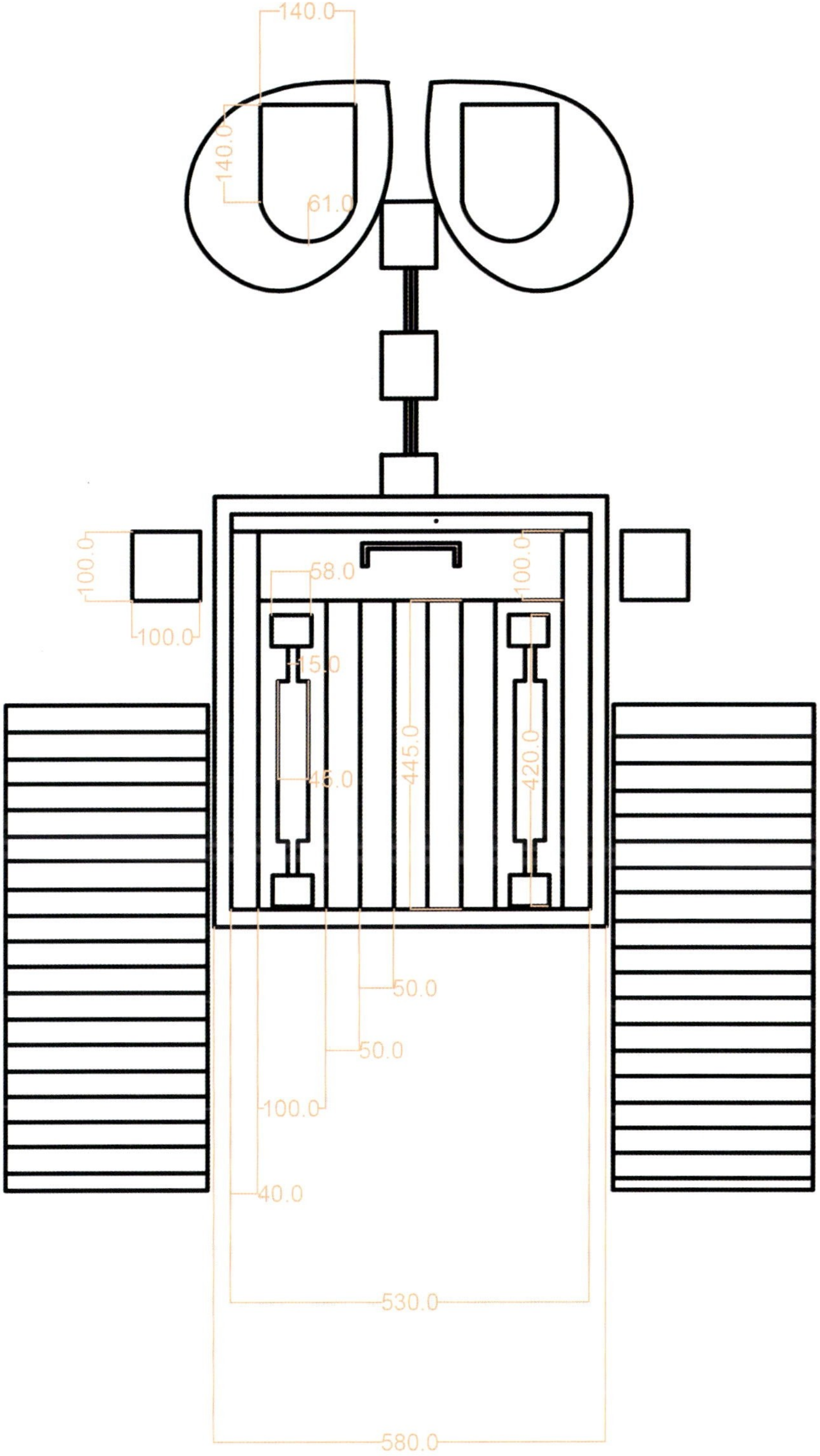
140.0
140.0
61.0
100.0
100.0
58.0
100.0
15.0
45.0
445.0
420.0
50.0
50.0
100.0
40.0
530.0
580.0

Detalle de la cabeza

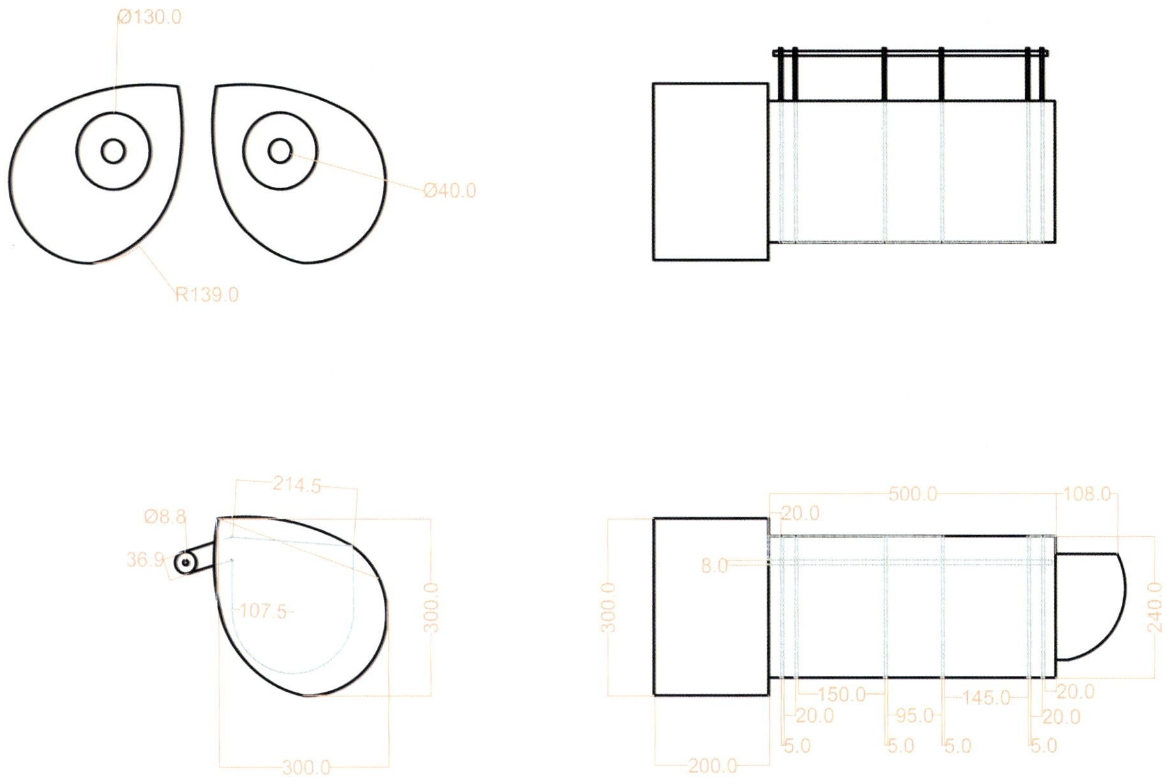

Anexo 5

- R2-D2 está inclinado 105° con respecto a la horizontal.
- Las extremidades de R2-D2 están inclinadas a 70° con respecto a la horizontal.
- El punto más alto del cuerpo de R2-D2 respecto al suelo está a 170 mm.